Microsoft Azure セキュリティテクノロジ [AZ-500] 合格教本

阿部 直樹／国井 傑／神谷 正 著

技術評論社

●ご購入・ご利用の前に必ずお読みください

はじめに

私がAZ-500の書籍執筆の企画の話を伺ったのは、2021年12月でした。そのときは、ちょうどマイクロソフトのトレーナーとしてAZ-500のトレーニングを開始してから数か月がたっていたので、自分の知識をアウトプットできるいい機会ととらえていました。

そこで、自分の担当となる範囲の執筆を始めました。しかし、改めて今までの知識を整理して執筆を始めると、自分が理解している内容が間違っていることや、足りない部分が改めてわかってきました。AZ-500を学ぶ際に、自分が経験したセキュリティを学ぶ上で前提として理解しておかなければ難しい内容が多々ありましたが、その前提となる内容はなるべく記載してわかりやすくしたつもりです。このAZ-500を学ぶ方法としてマイクロソフトではMS Learn というコンテンツが提供されています。しかしながら、わかりやすさという面では少々物足りない部分は否めません。今回執筆しているこの本は、わかりやすさの一助となれば幸いです。

AZ-500というトレーニング内容は Microsoftセキュリティを焦点としたものになっています。内容は多岐にわたり、Azureを使い始めて、セキュリティに対する知識を学びたい方向けとなっています。これらの内容は、Azureを管理、運用する際に大きな助けになると考えます。そして、この知識を認定する試験も提供されています。ぜひ、この本で学んでいただき、試験にもチャレンジして合格を目指していただければと思います。

実はこのAZ-500を担当する際、本当にこのコースを教えることができるのか？ と考えたことがありました。なぜなら、私にとっては初めてとなるセキュリティコースで、知らないサービスやツールが多くあったからです。そのためこのコースの準備には多くの時間を費やしました。また、同僚からのアドバイスなどをいただき現在に至ります。今でもトレーニングをすると常に新たな発見があり、勉強になります。このトレーニングで培ったノウハウをこの本にはあらゆるところにちりばめています。それがわかりやすさにつながるスパイスになると考えます。

最後に、AZ-500の試験対策本の執筆という機会を提供していただきました、株式会社 技術評論社の遠藤様には、深く感謝いたします。また、共同執筆者の国井様、神谷様もありがとうございました。

Microsoft Corporation
Worldwide Learning
Azure Technical Trainer
阿部 直樹

目次

CONTENTS

本書の構成

本書の特徴は、比較的短時間で一項目を学べることと、豊富な問題数です。

1章分テキストを読み切った後に、問題をまとめて行う参考書が大多数ですが、本書は節単位(2-1、2-2…など)で問題を入れ、わかりやすく解説しています。1章分テキストを読み切らないでも、少しずつ、無理なく、学習と問題演習を繰り返すことができるので、短時間でも学習することができます。

各節の演習問題と巻末の模擬問題には、さまざまな形式の問題が多数掲載されています。

本書は、5章に分けた本文と模擬問題で構成されています。各章の各節はテキストと演習問題で構成されています。

1 テキスト

本書は、マイクロソフト社が公表しているセキュリティテクノロジ(AZ-500)の試験範囲をもとに構成しています。「Azureについて学習するのははじめて」という方にも理解できるように、やさしく、わかりやすく各項目を解説しています。

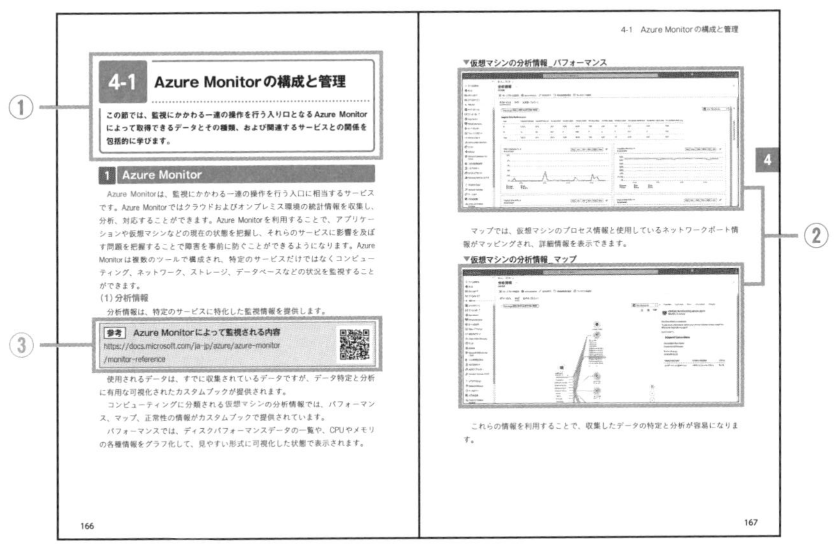

4-1 Azure Monitorの構成と管理

この節では、監視にかかわる一連の操作を行う入り口となるAzure Monitorによって取得できるデータとその種類、および関連するサービスとの関係を包括的に学びます。

1 Azure Monitor

Azure Monitorは、監視にかかわる一連の操作を行う入口に相当するサービスです。Azure Monitorではクラウドおよびオンプレミス環境の統計情報を収集し、分析、対応することができます。Azure Monitorを利用することで、アプリケーションや仮想マシンなどの現在の状態を把握し、それらのサービスに影響を及ぼす問題を把握することで障害を事前に防ぐことができるようになります。Azure Monitorは複数のツールで構成され、特定のサービスだけではなくコンピューティング、ネットワーク、ストレージ、データベースなどの状況を監視することができます。

(1) 分析情報

分析情報は、特定のサービスに特化した監視情報を提供します。

参考 Azure Monitorによって監視される内容
https://docs.microsoft.com/ja-jp/azure/azure-monitor/monitor-reference

使用されるデータは、すでに収集されているデータですが、データ特定と分析に有用な可視化されたカスタムブックが提供されます。

コンピューティングに分類される仮想マシンの分析情報では、パフォーマンス、マップ、正常性の情報がカスタムブックで提供されています。

パフォーマンスでは、ディスクパフォーマンスデータの一覧や、CPUやメモリの各種情報をグラフ化して、見やすい形式に可視化した状態で表示されます。

166

4-1 Azure Monitorの構成と管理

▼仮想マシンの分析情報_パフォーマンス

マップでは、仮想マシンのプロセス情報と使用しているネットワークポート情報がマッピングされ、詳細情報を表示できます。

▼仮想マシンの分析情報_マップ

これらの情報を利用することで、収集したデータの特定と分析が容易になります。

167

①節のテーマ：節のテーマとこの節で何を学習するかを示しています。
②図表：本書では、構成例や設定例などをわかりやすく、図や表にしています。
③URLとQRコード：さらに深い内容を知りたい方向けに、参考URL（詳細URL）と、スマートフォンなどで使えるQRコードを書籍に載せました。学習の補助としてご活用ください。

2 演習問題

本書には、各節毎に関連する演習問題を挟み込んでいます。テキストを読んだあとにすぐに問題が解けるので、短時間で着実に学習できます。

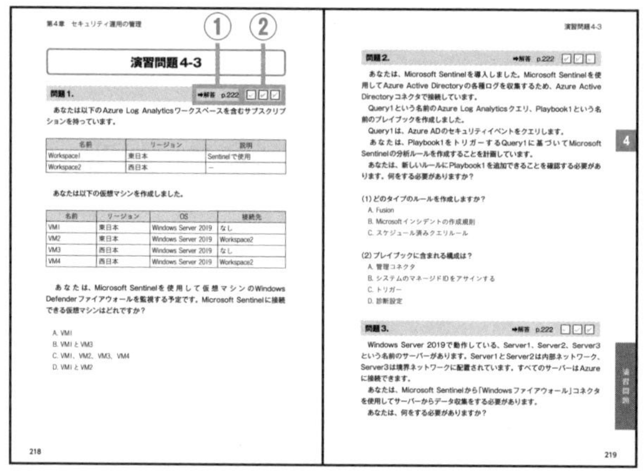

第4章 セキュリティ運用の管理

演習問題4-3

問題1. ➡解答 p.222

あなたは以下のAzure Log Analyticsワークスペースを含むサブスクリプションを持っています。

名前	リージョン	説明
Workspace1	東日本	Sentinelで使用
Workspace2	西日本	–

あなたは以下の仮想マシンを作成しました。

名前	リージョン	OS	接続先
VM1	東日本	Windows Server 2019	なし
VM2	東日本	Windows Server 2019	Workspace2
VM3	西日本	Windows Server 2019	なし
VM4	西日本	Windows Server 2019	Workspace2

あなたは、Microsoft Sentinelを使用して仮想マシンのWindows Defenderファイアウォールを監視する予定です。Microsoft Sentinelに接続できる仮想マシンはどれですか？

A. VM1
B. VM1とVM3
C. VM1、VM2、VM3、VM4
D. VM1とVM2

218

演習問題4-3

問題2. ➡解答 p.222

あなたは、Microsoft Sentinelを導入しました。Microsoft Sentinelを使用してAzure Active Directoryの各種ログを収集するため、Azure Active Directoryコネクタで接続しています。

Query1という名前のAzure Log Analyticsクエリ、Playbook1という名前のプレイブックを作成しました。

Query1は、Azure ADのセキュリティイベントをクエリします。

あなたは、Playbook1をトリガーするQuery1に基づいてMicrosoft Sentinelの分析ルールを作成することを計画しています。

あなたは、新しいルールにPlaybook1を追加できることを確認する必要があります。何をする必要がありますか？

(1) どのタイプのルールを作成しますか？
A. Fusion
B. Microsoftインシデントの作成規則
C. スケジュール済みクエリルール

(2) プレイブックに含まれる構成は？
A. 管理コネクタ
B. システムのマネージドIDをアサインする
C. トリガー
D. 診断設定

問題3. ➡解答 p.222

Windows Server 2019で動作している、Server1、Server2、Server3という名前のサーバーがあります。Server1とServer2は内部ネットワーク、Server3は境界ネットワークに配置されています。すべてのサーバーはAzureに接続できます。

あなたは、Microsoft Sentinelから「Windowsファイアウォール」コネクタを使用してサーバーからデータ収集をする必要があります。

あなたは、何をする必要がありますか？

4 演習問題

219

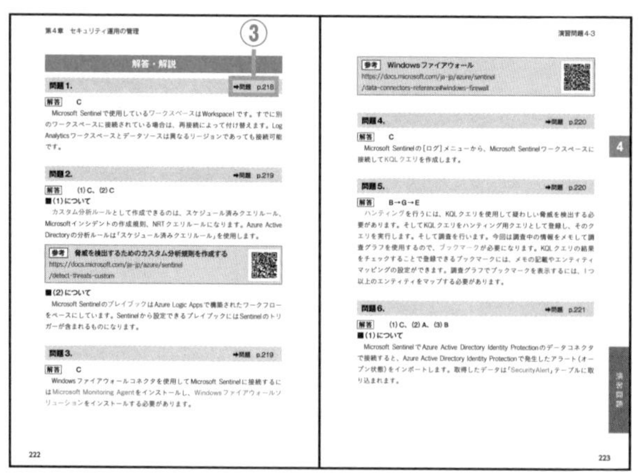

第4章 セキュリティ運用の管理

解答・解説

問題1. ➡問題 p.218

解答 C

Microsoft Sentinelで使用しているワークスペースはWorkspace1です。すでに別のワークスペースに接続されている場合は、再接続によって付け替えます。Log Analyticsワークスペースとデータソースは異なるリージョンであっても接続可能です。

問題2. ➡問題 p.219

解答 (1) C、(2) C

■(1)について

カスタム分析ルールとして作成できるのは、スケジュール済みクエリルール、Microsoftインシデントの作成規則、NRTクエリルールになります。Azure Active Directoryの分析ルールは「スケジュール済みクエリルール」を使用します。

参考 脅威を検出するためのカスタム分析規則を作成する
https://docs.microsoft.com/ja-jp/azure/sentinel/detect-threats-custom

■(2)について

Microsoft SentinelのプレイブックはAzure Logic Appsで構築されたワークフローをベースにしています。Sentinelから設定できるプレイブックにはSentinelのトリガーが含まれるものになります。

問題3. ➡問題 p.219

解答 C

Windowsファイアウォールコネクタを使用してMicrosoft Sentinelに接続するにはMicrosoft Monitoring Agentをインストールし、Windowsファイアウォールソリューションをインストールする必要があります。

222

演習問題4-3

参考 Windowsファイアウォール
https://docs.microsoft.com/ja-jp/azure/sentinel/data-connectors-reference#windows-firewall

問題4. ➡問題 p.220

解答 C

Microsoft Sentinelの［ログ］メニューから、Microsoft Sentinelワークスペースに接続してKQLクエリを作成します。

問題5. ➡問題 p.220

解答 B→G→E

ハンティングを行うには、KQLクエリを使用して疑わしい脅威を検出する必要があります。そしてKQLクエリをハンティング用クエリとして登録し、そのクエリを実行します。そして調査を行います。今回は調査中の情報をメモして調査グラフを使用するので、ブックマークが必要になります。KQLクエリの結果をチェックすることで登録できるブックマークには、メモの記載やエンティティマッピングの設定ができます。調査グラフでブックマークを表示するには、1つ以上のエンティティをマップする必要があります。

問題6. ➡問題 p.221

解答 (1) C、(2) A、(3) B

■(1)について

Microsoft SentinelでAzure Active Directory Identity Protectionのデータコネクタで接続すると、Azure Active Directory Identity Protectionで発生したアラート（オープン状態）をインポートします。取得したデータは「SecurityAlert」テーブルに取り込まれます。

4 演習問題

223

①解答のページ：解答の掲載ページを表しています。
②チェック欄：問題を解いたか、あるいは正解だったかなど、チェックを入れるチェック欄です。必要に応じてお使いください。
③問題のページ：問題の掲載ページを表しています。

3 模擬問題

模擬問題を巻末に掲載しました。最後の総仕上げに解いてみましょう。

模擬問題は2章から5章に関する問題をランダムに並べてあり、試験に近い形になっています。

解説には、参照する節を記してありますので、わからない場合やあやふやな場合は、テキストの該当する節に戻って復習をしましょう。

また、**模擬問題には、テキストでは触れていない問題も入っています。**この場合は、問題を解いて、覚え、知識を補完し、理解を深めてください。

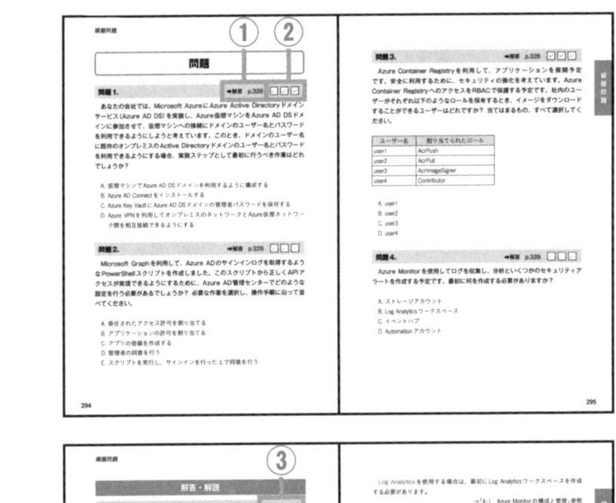

模擬問題

問題

問題1. →解答 p.328 □□□

あなたの会社では、Microsoft AzureにAzure Active Directoryドメインサービス(Azure AD DS)を実装し、Azure仮想マシンをAzure AD DSドメインに参加させて、仮想マシンへの接続にドメインのユーザー名とパスワードを利用できるようにしようと考えています。このとき、ドメインのユーザー名に既存のオンプレミスのActive Directoryドメインのユーザー名とパスワードを利用できるようにする場合、実装ステップとして最初に行うべき作業はどれでしょうか?

A. 仮想マシンでAzure AD DSドメインを利用するように構成する
B. Azure AD Connectをインストールする
C. Azure Key VaultにAzure AD DSドメインの管理者パスワードを保存する
D. Azure VPNを利用してオンプレミスのネットワークとAzure仮想ネットワーク間を相互接続できるようにする

問題2. →解答 p.328 □□□

Microsoft Graphを利用して、Azure ADのサインインログを取得するようなPowerShellスクリプトを作成しました。このスクリプトから正しくAPIアクセスが実現できるようにするために、Azure AD管理センターでどのような設定を行う必要があるでしょうか? 必要な作業を選択し、操作手順に沿って並べてください。

A. 委任されたアクセス許可を割り当てる
B. アプリケーションの許可を割り当てる
C. アプリの登録を作成する
D. 管理者の同意を行う
E. スクリプトを実行し、サインインを行った上で同意を行う

294

問題3. →解答 p.328 □□□

Azure Container Registryを利用して、アプリケーションを展開予定です。安全に利用するために、セキュリティの強化を考えています。Azure Container RegistryへのアクセスをRBACで保護する予定です。社内のユーザーがそれぞれ以下のようなロールを保有するとき、イメージをダウンロードすることができるユーザーはどれですか? 当てはまるもの、すべて選択してください。

ユーザー名	割り当てられたロール
user1	AcrPush
user2	AcrPull
user3	AcrImageSigner
user4	Contributor

A. user1
B. user2
C. user3
D. user4

問題4. →解答 p.328 □□□

Azure Monitorを使用してログを収集し、分析といくつかのセキュリティアラートを作成する予定です。最初に何を作成する必要がありますか?

A. ストレージアカウント
B. Log Analyticsワークスペース
C. イベントハブ
D. Automationアカウント

模擬問題

295

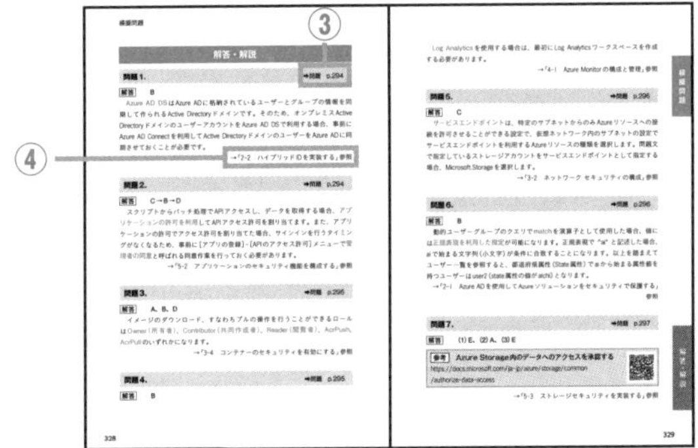

模擬問題

解答・解説

問題1. →問題 p.294

解答 B

Azure AD DSはAzure ADに格納されているユーザーとグループの情報を同期して作られるActive Directoryドメインです。そのため、オンプレミスActive Directoryドメインのユーザーアカウントを Azure AD DSで利用する場合、事前にAzure AD Connectを利用してActive Directoryドメインのユーザーを Azure ADに同期させておくことが必要です。

→「2-2 ハイブリッドIDを実装する」参照

問題2. →問題 p.294

解答 C→B→D

スクリプトからバッチ処理でAPIアクセスし、データを取得する場合、アプリケーションの許可を利用してAPIアクセス許可を割り当てます。また、アプリケーションの許可でアクセス許可を割り当てた場合、サインインを行うタイミングがなくなるため、事前に[アプリの登録]-[APIのアクセス許可]メニューで管理者の同意と呼ばれる同意作業を行っておく必要があります。

→「5-2 アプリケーションのセキュリティ機能を構成する」参照

問題3. →問題 p.295

解答 A、B、D

イメージのダウンロード、すなわちプルの操作を行うことができるロールはOwner(所有者)、Contributor(共同作成者)、Reader(閲覧者)、AcrPush、AcrPullのいずれかになります。

→「3-4 コンテナーのセキュリティを有効にする」参照

問題4. →問題 p.295

解答 B

328

Log Analyticsを使用する場合は、最初にLog Analyticsワークスペースを作成する必要があります。

→「4-1 Azure Monitorの構成と管理」参照

問題5. →問題 p.296

解答 C

サービスエンドポイントは、特定のサブネットからのみAzureリソースへの接続を許可させることができる設定で、仮想ネットワーク内のサブネットの設定でサービスエンドポイントを利用するAzureリソースの種類を選択します。問題文で指定しているストレージアカウントをサービスエンドポイントとして指定する場合、Microsoft.Storageを選択します。

→「3-2 ネットワーク セキュリティの構成」参照

問題6. →問題 p.296

解答 B

動的ユーザーグループのクエリでmatchを演算子として使用した場合、値には正規表現を利用した指定が可能になります。正規表現で "^ai" と記述した場合、aiで始まる文字列(小文字)が条件に合致することになります。以上を踏まえてユーザー一覧を参照すると、都道府県属性(State属性)でaiから始まる属性値を持つユーザーはuser2(state属性の値がaichi)となります。

→「2-1 Azure ADを使用してAzureソリューションをセキュリティで保護する」参照

問題7. →問題 p.297

解答 (1) E、(2) A、(3) E

参考 Azure Storage内のデータへのアクセスを承認する
https://docs.microsoft.com/ja-jp/azure/storage/common/authorize-data-access

→「5-3 ストレージセキュリティを実装する」参照

329

①解答のページ：解答の掲載ページを表しています。

②チェック欄：問題を解いたか、あるいは正解だったかなど、チェックを入れるチェック欄です。必要に応じてお使いください。

③問題のページ：問題の掲載ページを表しています。

④参照する節：この問題に対する説明がどの節に対応するかを記載しています。もう一度復習するときに、参考にしてください。

4 本書の使い方

まず、第1章から第5章の本文を読んでいきましょう。何度か読み終えたのちに、模擬問題を解きましょう。

(1) 一通り読んでみる

第1章は、セキュリティテクノロジ試験の概要、試験範囲、受験の仕方などについて触れています。必ず読みましょう。

第2章から第5章は、セキュリティテクノロジ試験の具体的な学習内容です。

はじめて読むときは、各節(2-1、2-2…など)をはじめから終りまで読み、演習問題を解いてみましょう。しっかり理解しながら、演習問題で理解したかどうかを確認していきます。

(2) 読み終えたら

第1章から第5章を一通り読み終えた、あるいは何回か読み終えたら、総仕上げとして模擬問題を解いてみましょう。模擬問題は、ジャンルを問わず問題が入っています。模擬問題を解いて、試験の雰囲気に慣れてください。また、模擬問題を解いて、間違ったところやわからなかったところは、必ずテキストに戻って復習してください。

(3) 問題集のように使ってみる

すべて読み終えたら、問題集のように使ってみましょう。

第2章から第5章の各節の演習問題、そして模擬問題を何回か解いてみましょう。解説を読み、さらにもう一度解けなかった箇所や学習項目をテキストで読み直して、復習しましょう。

問題を解いて、テキストを読み直す。この繰り返しで知識が定着していきます。

第1章

AZ-500試験とは

1-1 AZ-500試験

この節では、Microsoft認定資格のAzure Security Engineer Associateを取得するための認定試験AZ-500(Microsoft Azure セキュリティテクノロジ)の試験範囲、出題傾向などについて学びます。

1 Microsoft認定資格について

(1) Microsoft認定資格とは

マイクロソフトの認定資格(MCP:Microsoft Certifications Program)は、マイクロソフト製品に対する知識や技術を持つ個人を認定する世界共通のプログラムです。

製品別や役割(ロール)別、レベル別など、さまざまな種類の認定資格を取得することができます。

認定資格を取得するためには、所定の単一あるいは複数の認定試験に合格する必要があります。

(2) Microsoft認定資格の有効期限と更新

Microsoft認定資格の有効期限は1年です。そのため、Microsoft認定資格を1年以上維持するには、認定資格の更新が必要になります。この取り組みはMicrosoft認定資格所有者に継続的な学習を促し、最新のテクノロジーを把握できるようにするためのものです。Microsoft認定資格の更新は無料で、再度ピアソンVUEの試験を受ける必要はありません。Microsoft認定資格では、有効期限の約6か月前に更新期間が開始されますが、その直後から、いつでも都合のよいときにMicrosoft Learnでオンライン更新評価に合格するだけで認定資格を更新できます。

■有効期限が切れた場合

Microsoft認定資格の有効期限が切れた場合は、必要な試験に合格して、再度認定を取得する必要があります。ただし、Fundamentals認定資格には有効期限がないため、この要件は該当しません。

2 Microsoft認定資格の体系

(1) 職務による分類

Microsoftの認定資格は多数あり、職務による分類ごとに認定資格があります。よって、自分の職務にあった認定資格を選択することで必要な認定資格が明確になります。

以下に定義されている職務を明記します。

①開発者

開発者は、クラウドソリューションの設計、構築、テスト、保守を行います。

②管理者

管理者は、Microsoftのソリューションの実行、監視、保守を行います。

③ソリューションアーキテクト

ソリューションアーキテクトはコンピューティング、ネットワーク、ストレージ、セキュリティに関する専門知識を持っている必要があります。

④データエンジニア

データエンジニアは、すべてのデータサービスを使用してデータの管理、監視、セキュリティ、プライバシーを設計および実装します。

⑤データサイエンティスト

データサイエンティストは、機械学習技術を適用して、ビジネス問題を解決するモデルをトレーニング、評価、およびデプロイします。

⑥AIエンジニア

AIエンジニアは、Cognitive Services、機械学習、およびナレッジマイニングを使用して、Microsoft AIソリューションの設計と実装を行います。

⑦DevOpsエンジニア

DevOpsエンジニアは、エンドユーザーのニーズおよびビジネスの目的を満たす価値のある製品およびサービスを継続的に供給するために、人とプロセスとテクノロジーを結合させます。

⑧セキュリティエンジニア

セキュリティエンジニアは、セキュリティ制御と脅威からの保護を実装し、IDとアクセスを管理し、データ、アプリケーション、ネットワークを保護します。

⑨機能コンサルタント

機能コンサルタントは、Microsoft Dynamics 365とMicrosoft Power Platformを活用して、顧客のニーズを予測および計画します。

■認定資格のレベル

認定資格には、次の3つのレベルがあります。

・Fundamentals
・Associate
・Expert

職務ごとに認定資格が設定されており、その認定資格に対応した資格試験が用意されています。なお、すべての職務に3つのレベルが用意されているわけではありません。

また、それぞれのレベルに該当する認定資格を取得するための取得パスが定義されています。たとえば、Azure Solutions Architect Expertを取得するには「Azure Administrator Associate認定資格を取得し、AZ-305（Microsoft Azure Infrastructure Solutions の設計）の試験に合格すること」と定義されています。

出典：Microsoft の認定資格 | Microsoft Docs
https://docs.microsoft.com/ja-jp/learn/certifications/?WT.mc_id=certposter_poster-wwl

(2) ジョブロール向けの認定パス

職務の分類ではなく、技術的なジョブロール向けの認定パスも用意されています。技術的なジョブロール向けの認定パスは、次頁の図のようにAzure / Microsoft 365 / Dynamics 365 / PowerPlatform の4つに分類されています。そして、これらを横断する形で、Security, Compliance, and Identityが位置付けられています。

ジョブロール向けの認定パスにより、自分が担当する技術分野にどのようなMicrosoft認定試験があり、それに対応したMicrosoft認定資格がどれかを把握することができます。

▼ジョブロール向けのMicrosoft認定資格認定パス

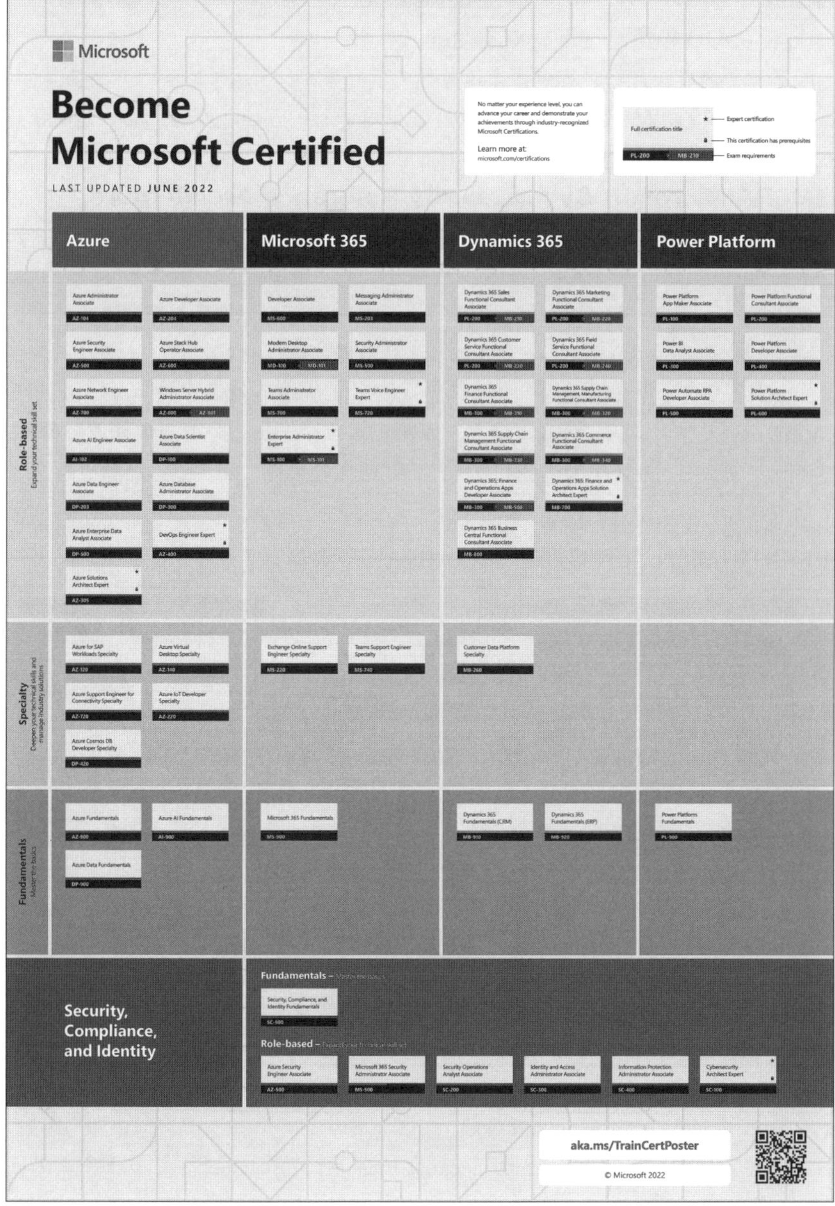

出典：https://aka.ms/TrainCertPoster

3 AZ-500を取得する目的と拡張性

(1) AZ-500の資格を取得する目的

AZ-500の認定試験は、職務による分類ではセキュリティエンジニアに該当し、試験に合格するとMicrosoft認定資格のAzure Security Engineer Associateを取得することができます。

■MCRA(Microsoft Cybersecurity Reference Architecture)

Microsoftが提供しているMCRA (Microsoft Cybersecurityリファレンスアーキテクチャ)には、ゼロトラストとモダンセキュリティを提供するテクノロジーが図示されており、Microsoft のサイバーセキュリティ機能の全体像を把握できます。

MCRAはMicrosoftのサイバーセキュリティ機能、ゼロトラストユーザーアクセス、セキュリティ操作、運用テクノロジー (OT：Operational Technology)、マルチクラウドおよびクロスプラットフォーム機能、攻撃チェーンの対象範囲、Azureネイティブセキュリティ制御、セキュリティ組織の機能に関する詳細な技術図等で構成されています。

▼MCRA (Microsoft Cybersecurityリファレンスアーキテクチャ)

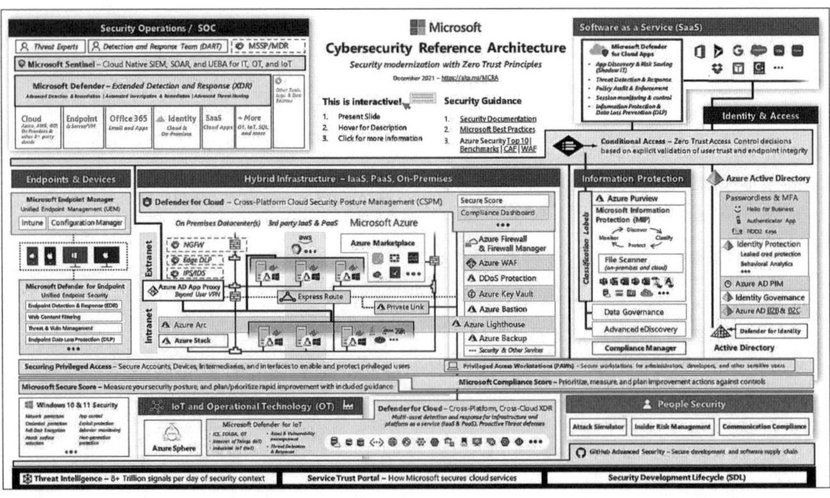

出典：Microsoft Cybersecurityリファレンスアーキテクチャ - Security documentation | Microsoft Docs

AZ-500試験で取得できるAzure Security Engineer Associateは、このMCRAの以下の内容に焦点をあてています。

・Security Operations

・Hybrid Infrastructure

・Azure Active Directory

　したがってAZ-500認定試験では、MCRAで定義されているサイバーセキュリティ技術の大きな部分をカバーできることになります。

▼AZ-500試験でカバーする技術（色枠で囲まれた部分）

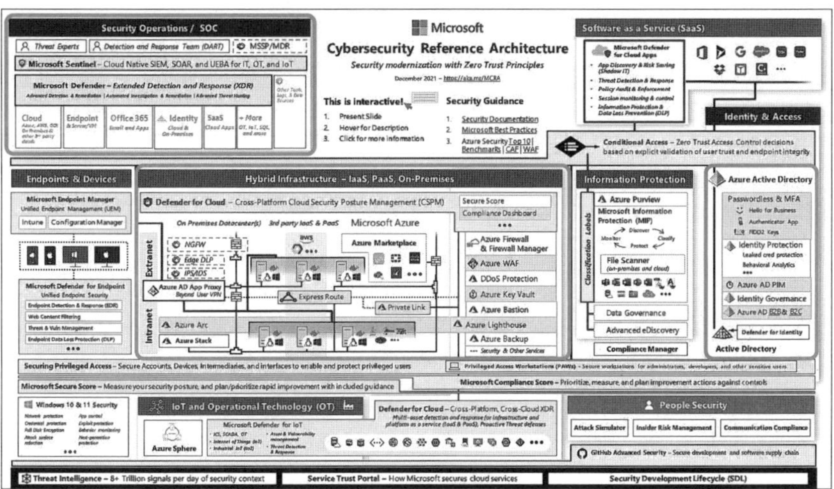

　AZ-500認定試験は、Microsoftによるゼロトラストとモダンセキュリティのスキルを取得する手段の一部として提供されており、非常に効率的なスキルの取得方法です。

(2) さらなるスキルを習得するには

　この他の内容については、さらなるスキル習得のために以下の認定試験が用意されています。

・SC-200 Microsoft Security Operations Analyst

・SC-300 Microsoft Identity and Access Administrator

・SC-400 Microsoft Information Protection Administrator

　AZ-500を学習することは、Microsoftによるゼロトラストとモダンセキュリティのスキル習得ロードマップでの最初の一歩と言えるでしょう。

4 Azureセキュリティテクノロジ(AZ-500)試験について

Azureセキュリティテクノロジ(AZ-500)試験は、Microsoft Azureに関するセキュリティ管理者向けの資格試験です。くわしくはマイクロソフト社のサイトで確認できます。なお、試験範囲は変わることも考えられますので、試験を受ける前に試験のホームページ等で確認してください。

・試験 AZ-500：Microsoft Azure セキュリティ テクノロジ
https://docs.microsoft.com/ja-jp/learn/certifications/exams/az-500

(1) Azureセキュリティエンジニアの知識と職務

Azureセキュリティエンジニアは、Azureセキュリティの実装に関する専門知識を持っている必要があります。具体的には、クラウドやハイブリッドにおけるアイデンティティ、アクセス、データ、アプリケーション、ネットワークを保護するためのエンドツーエンドのインフラストラクチャの一部として環境を構築することができる知識です。

Azureセキュリティエンジニアの職務には、セキュリティポスチャ(Security Posture：セキュリティの態勢)の管理、脆弱性の特定と修正、脅威のモデル化の実行、脅威防御の実装、セキュリティインシデントのエスカレーションへの対応なども含まれます。

Azureセキュリティエンジニアは、多くの場合、より大きなチームの一員として、クラウドベースの管理とセキュリティを計画し、実装します。

■AZ-500試験の受験者に求められる知識と経験

したがってAZ-500試験の受験者は、Azureおよびハイブリッド環境の管理に関する実践的な経験を持っている必要があります。また、infrastructure as code、セキュリティ運用プロセス、クラウド機能、およびAzureサービスの経験も必要です。

(2) AZ-500試験の基本情報

▼試験概要

試験時間	150分
問題数	40～60問程度
合格点	700点
試験形式	筆記（オンライン）

ピアソンVUE経由で、Microsoft認定試験を申し込むことができます。認定試験会場または、セキュリティ要件が確保された場所（自宅、ホテルなど）で試験を受験できます。

(3) 試験範囲

大きく分けて4項目の内容から、特定の割合で出題範囲が定められています。

▼出題範囲と出題割合

出題範囲	出題割合
IDとアクセスの管理	30～35%
プラットフォーム保護の実装	15～20%
セキュリティ運用の管理	25～30%
データおよびアプリケーションの保護	25～30%

さらにくわしく、出題範囲についてみていきましょう。

IDとアクセスの管理（出題割合：30～35%）

・Azure Active Directory（Azure AD）アイデンティティの管理

→Azureリソース用のマネージドIDの作成と管理

→Azure ADグループの管理

→Azure ADユーザーの管理

→Azure ADを利用した外部IDの管理

→管理単位の管理

→パスワードライトバックの設定

・Azure ADによるセキュアアクセスの管理

→Azure AD Privileged Identity Management (PIM)の設定
→多要素認証を含む条件付きアクセスポリシーの実装
→Azure AD Identity Protectionの実装
→パスワードレス認証の実装
→アクセスレビューの設定

・アプリケーションのアクセス管理

→認証のためのシングルサインオン(SSO)とIDプロバイダーの統合
→アプリ登録の作成
→アプリ登録の許可スコープを設定する
→アプリ登録許可同意の管理
→Azureサブスクリプションとリソースへの APIパーミッションの管理

・アクセスコントロールの管理

→管理グループ、サブスクリプション、リソースに対するAzureロールパーミッションを設定する
→グループ、リソース
→ロールおよびリソースパーミッションの理解
→組み込みのAzure ADロールを割り当てる
→Azureロールや Azure ADロールを含む、カスタムロールの作成と割り当て

プラットフォーム保護の実装(出題割合：15～20%)

・高度なネットワークセキュリティの実現

→ハイブリッドネットワークの接続性確保
→仮想ネットワークの接続性確保
→Azure Firewallの作成と設定
→Azure Firewall Managerの作成と設定
→Azure Application Gatewayの作成と設定
→Azure Front Doorの作成と設定
→Web Application Firewall (WAF)の作成と設定
→ストレージアカウント、Azure SQL、Azure Key Vault、Firewallや Azure App Serviceなどのリソースを設定する
→Web Appsと Azure Functionsのネットワーク分離を設定する

→Azure Service Endpointsの実装
→Azure Private Endpointsの実装(他のサービスとの統合を含む)
→Azure Private Linksの実装
→Azure DDoS Protectionの実装

- **コンピューティングのための高度なセキュリティの設定**

→仮想マシン(VM)向けのAzure Endpoint Protectionの設定
→VMのセキュリティアップデートの実装と管理
→コンテナーサービスのセキュリティ設定
→Azure Container Registryへのアクセス管理
→サーバーレスコンピュート用セキュリティの設定
→Azure App Serviceのセキュリティを設定する
→休止状態の暗号化の設定
→転送中の暗号化設定

セキュリティ運用の管理(出題割合:25~30%)

- **ポリシーの一元管理を設定する**

→カスタムセキュリティポリシーを設定する
→ポリシーイニシアティブ(ポリシーイニシアチブ)の作成
→Azure Policyによるセキュリティ設定と監査の設定

- **脅威保護の設定と管理**

→Microsoft Defender for Serversの設定(Microsoft Defender for Endpointは含まず)
→ワークロード保護からの脆弱性スキャンの評価
→Microsoft Defender for SQLの設定
→Microsoft脅威モデリングツールの使用

- **セキュリティ監視ソリューションの設定と管理**

→Azure Monitorを使用したアラートルールの作成とカスタマイズ
→Azure Monitorを使用した診断ログの設定とログの保持
→Azure Monitorを使用したセキュリティログの監視
→Microsoft Sentinelのアラートルールの作成とカスタマイズ
→Microsoft Sentinelのコネクタを設定する
→Microsoft Sentinelでのアラートとインシデントを評価する

データおよびアプリケーションの保護（出題割合：25～30%）

・ストレージのセキュリティを設定する

→ストレージアカウントに対するアクセス制御を設定する

→ストレージアカウントのアクセスキーの設定

→Azure Storage（Azureストレージ）および Azure Files 用に Azure AD 認証を設定する

→委任されたアクセスの設定

・データに対するセキュリティの設定

→Azure ADを使用したデータベース認証の有効化

→データベースの監査を有効にする

→SQL ワークロードの動的マスキングを設定する

→Azure SQL Databaseのデータベース暗号化の実装

→Azure Synapse Analytics と Cosmos DBなどのデータソリューションに対するネットワーク分離の実装

・Azure Key Vaultの設定と管理

→Key Vaultの作成と設定

→Key Vaultへのアクセス設定

→証明書、シークレット、キーの管理

→キーローテーションの設定

→証明書、シークレット、キーのバックアップとリカバリの設定

5 AZ-500試験の問題パターン

AZ-500の認定試験では、さまざまな問題の出題パターンが存在します。以下に出題パターンとその内容を記載します。

■4択問題（シナリオ問題含む）

典型的な出題形式で、適切な解答を選択する問題形式。シナリオによるケーススタディを複数の問題に分散するパターンや、特定の機能などを1問ごとに問うパターンなど多岐にわたります。解答の各選択肢を確認すると、明らかに該当しないものがある場合は消去して、残りの選択肢から解答を導くことができます。また、選択肢の中には広義の意味では複数該当する解答がある場合、より適切なものを選択します。また、Azure Portalの設定画面の一部が表示され、提示された要件に該当する解答を選択するなどがあります。

■2択問題

シナリオによるケーススタディに用いられることが多い問題形式です。シナリオに現状の課題（AS-IS）や要件（TO-BE）が記載されており、提案された内容が要件を満たしているかを問われます。この際、一度解答を提出すると修正ができないパターンがありますので、注意が必要です。

■穴埋め問題

ソースコードや文章の一部が空白となっており、解答を選択する形式です。ドロップダウンリストによる解答の選択が多い形式です。通常、その解答を促すドロップダウンリストの近くに正解を導くためのヒントが配置されています。

■手順や操作（コマンドも含む）問題

手順や操作が複数記載されており、適切な解答を適切な順番に並べる問題です。実際に操作を行ったことがないと解答するのが困難な実践的な問題が出題される傾向にあります。

第2章

IDとアクセスの管理

2-1 Azure ADを使用してAzureソリューションをセキュリティで保護する

この節ではMicrosoft Azureのサービスを利用するために必要な認証・認可に関わるサービスであるAzure Active Directoryについて学習します。

1 Azure Active Directoryの概要

近年、私たちは業務でクラウドサービスを利用する機会が多くなりました。どのクラウドサービスを利用する場合でもIDとパスワードを入力する操作は必ず行わなければならず、わずらわしさが課題になっていました。

Azure Active Directory（以降、Azure AD）はID／パスワードの入力が必要なクラウドサービスに対するシングルサインオンのサービスを提供します。シングルサインオン（SSO）とは、一度ID／パスワードを入力するだけでどこにでもアクセスできるようになるサービスです。Azure ADにアクセスするときにはID／パスワードを一度入力するだけです。どのクラウドサービスにアクセスするときも、改めてID／パスワードを入力する必要がなくなるメリットがあります。

▼シングルサインオン

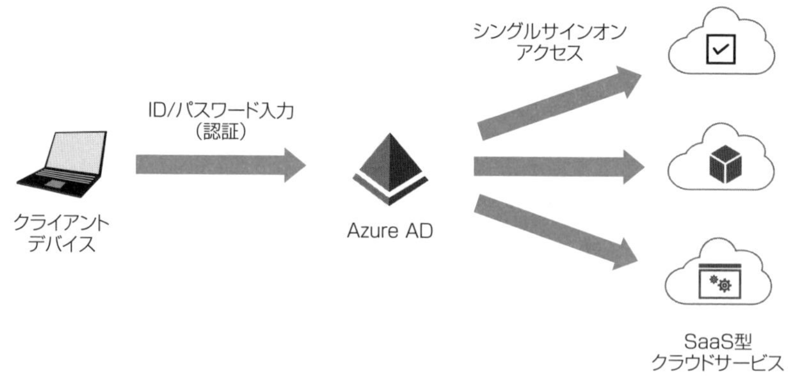

クライアントデバイスはAzure ADでのみ認証を行えば、その他のクラウドサービスにシングルサインオンアクセスができる。

クラウドサービスへのアクセスをSSO化させる場合、あらかじめIT管理者がクラウドサービスとAzure ADとの間で関連付け設定を行っておきます。現在、Azure ADと関連付けが可能なクラウドサービスにはGoogle Workspace、Salesforce、boxなど3000種類以上のSaaS型クラウドサービスの他、自社開発のWebアプリケーションに代表されるPaaS型のクラウドサービス、さらには社内で稼働しているWebサーバーなどがあります。

一方、マイクロソフトのクラウドサービスは、既定で認証基盤としてAzure ADを利用するため、Office 365やMicrosoft Azureを契約することによって自動的にAzure ADが作られ、これらのクラウドサービスと関連付けられます。

▼**Microsoft AzureテナントとAzure ADの関連付けの関係**

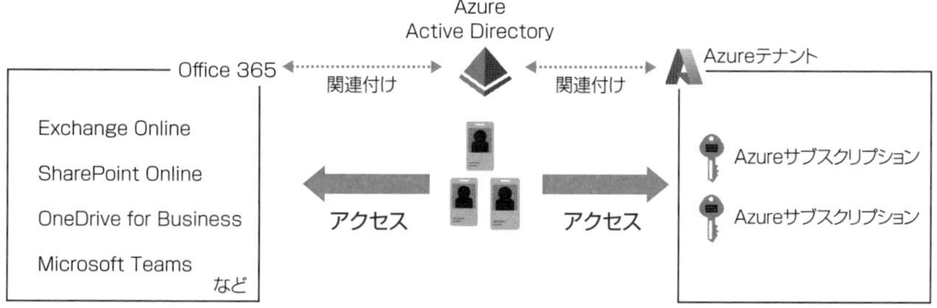

Microsoft AzureとOffice 365は契約時に自動的にAzure ADが作られ、関連付けされる。
そのため、Azure ADユーザーはMicrosoft AzureやOffice 365にアクセスできる。

2　Azure Active Directoryのライセンス

Azure ADを利用してSSOを実現する場合、Azure ADにアクセスするためのユーザーを作成したり、関連付けられたクラウドサービスにアクセスするためのアクセス許可を設定したり、不正アクセスがないかを監視したりと行うべき作業はさまざまです。こうした機能をAzure ADで実現する場合、どのようなライセンスを所有しているかによって実現できる機能が異なります。Azure ADには無償で利用可能な**Azure AD Free**の他、Office 365を契約することで自動的に利用可能になるライセンス、また別途有償契約が必要なライセンスである**Azure AD Premium P1**と**Azure AD Premium P2**があります。それぞれのライセンスで利用可能な主な機能は、以下の通りです。

▼ライセンスと実現できる機能

	Free	Office 365	P1	P2
ユーザーなどのオブジェクト数の上限	50,000	なし	なし	なし
SSO	無制限	無制限	無制限	無制限
稼働率	定義なし	99.99%	99.99%	99.99%
グループに対するアクセス許可	−	−	○	○
条件付きアクセス	−	−	○	○
Identity Protection	−	−	−	○
Privileged Identity Management	−	−	−	○

3 ユーザーとグループの管理

Azure ADでSSOを実現するためには、利用者であるユーザーと、クラウドサービスへのアクセス許可を割り当てるために使用するグループを作成する必要があります。ユーザーとグループはそれぞれAzure AD管理センター(https://aad.portal.azure.com)により管理します。

(1) ユーザーの種類

Azure ADで作成可能なユーザーにはメンバーとゲストの2種類があります。メンバーはAzure ADの一般的なユーザーで、Azure ADを利用する会社の従業員を対象としたユーザーを作成するときに利用します。一方、ゲストは別の会社のAzure ADにすでに作られたユーザーに対する、ショートカットとしての役割を果たすユーザーです。ゲストは、Azure ADに関連付けられたクラウドサービスへのアクセス許可を割り当てる際に、別の会社のユーザーに対してアクセス許可を割り当てられるようにする目的で利用します。

ゲストはAzure AD管理センターから事前に作成して、アクセス許可を割り当てられるようにする他、Microsoft TeamsやOneDrive for Businessでは、Azure ADに実在しないユーザーに対してアクセス許可を割り当てると自動的にゲストが作成されます。

自動的にゲストが作成されることは利用者にとって便利な機能ですが、一方で管理者はゲストが勝手に作成されることを好まない場合もあります。そこでAzure AD管理センターでは[Azure Active Directory] - [External Identities] - [外部コラボレーションの設定]より[ゲスト招待の設定]欄を利用して、新しくゲストを作成できるユーザーを管理者のみに限定することができます。

▼ゲストを作成できるユーザーの限定

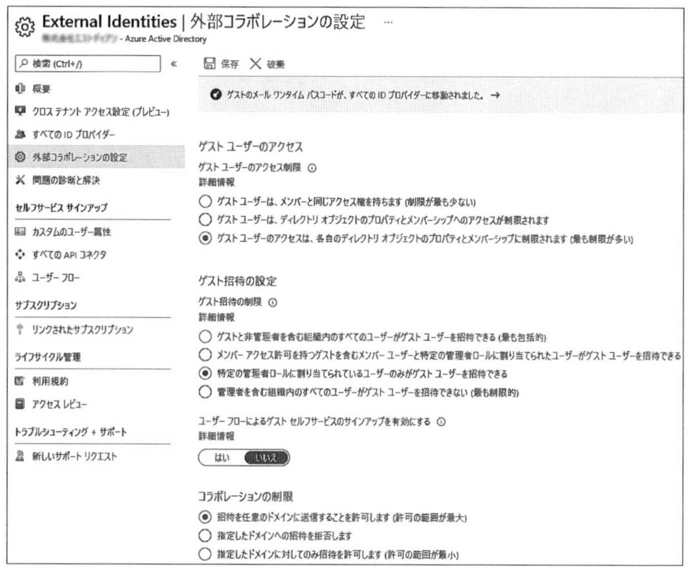

(2) グループの種類

Azure ADで作成可能なグループには、セキュリティグループとMicrosoft 365グループの2種類があります。

セキュリティグループは文字通りクラウドサービスにアクセスするためのアクセス許可を割り当てる目的で利用されるグループで、ユーザー、グループ、マネージドID、アプリの登録で登録されたアプリ(マネージドIDとアプリの登録については第5章で解説します)など、広範な対象をメンバーとして登録できます。一方、Microsoft 365グループはMicrosoft Teamsのチームの単位として利用されるグループで、グループに対応するメールアドレス(メールボックス)が自動的に作られることや、グループのメンバーにはユーザーだけが追加できることが特徴として挙げられます

Azure ADでグループを作成する際、グループのメンバーとなるユーザーまたはグループを選択します。メンバーの指定方法には割り当て済み、動的ユーザー、動的デバイスの3種類の割り当て方法があります。

割り当て済みは手動でメンバーを指定する方法であるのに対して、動的ユー

ザーと動的デバイスはメンバーとなるユーザーやデバイスをクエリで条件指定する方法です。動的ユーザーと動的デバイスで設定するクエリは、ユーザーやデバイスで事前に設定した属性をもとにした条件をクエリとして指定し、その条件に合致すれば自動的にメンバーとして追加し、条件に適合しなければ自動的にメンバーから外される仕組みです。たとえば、ユーザーの[利用場所]属性にJPという値が入っているユーザーはグループのメンバーとなるようなクエリを指定する場合、以下の図のように指定します。

▼動的ユーザーのクエリ設定

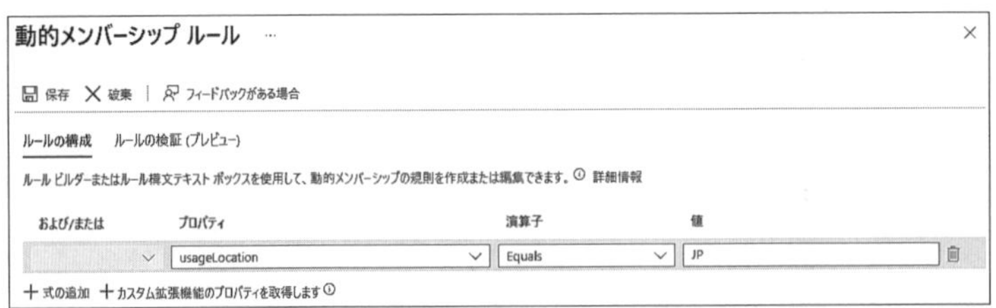

4 多要素認証／パスワードレス認証

Azure ADでSSOを行うように構成している場合、Azure ADへの不正アクセスがあると、すべてのクラウドサービスへの不正アクセスが実現できてしまいます。そのため、Azure ADのサインインはとても重要な機能といえます。本来サインインにはIDとパスワードを使いますが、これらは単なる情報であるため、盗まれるとかんたんに不正アクセスに遭う可能性があります。そこでID／パスワードの情報に加えてユーザーが所有するモノを利用して本人確認を行う方法が用意されています。このような認証方法を**多要素認証**と呼びます。

(1) 多要素認証の方法

ID／パスワードと共に利用する多要素認証には、主に次の方法があります。

■Microsoft Authenticatorアプリを利用した認証

■SMSを利用した認証

■通話による認証

利用する多要素認証の方法は、多要素認証の設定を有効化した後、最初に認証を行ったタイミングでユーザーが選択できます。

(2) パスワードレス認証

多要素認証はID／パスワードに加えて携帯電話などのデバイスを利用した本

人確認手段ですが、パスワードを入力するという手間が生じます。そこで利便性を高めるため、パスワードを利用せず、デバイスのみを利用した認証方法が利用できます。このような認証方法を**パスワードレス認証**と呼びます。パスワードレス認証には、次の方法が利用できます。

■Microsoft Authenticatorアプリを利用した認証

iOS／Androidアプリとして提供されているアプリで表示される通知に応答することで本人確認する方法です。

■Windows Hello for Businessを利用した認証

Windows Hello for Businessは、Windowsサインインに顔認証や指紋認証などのパスワード以外の方法で本人確認する方法を利用してAzure ADの認証を済ませてしまうサービスで、Azure AD参加と呼ばれるデバイス登録を済ませたWindowsデバイスなどで利用できます。

■FIDO2対応デバイスを利用した認証

Webアクセスに利用可能な認証の規格であるFIDO2を利用して本人確認する方法で、指紋認証デバイスなどのFIDO2に対応したデバイスを利用して実現します。

5 ロール

Azure ADでは、管理者としてふるまうユーザーに管理者権限を割り当てておくことで管理者としての作業を開始できます。管理者権限は**ロール**と呼ばれる単位で権限管理が行えるようになっており、ロールにはすべての管理が可能なロールである**グローバル管理者**や、Exchange管理者やSharePoint管理者などの特定のサービスに対する管理権限だけが割り当てられたロールも用意されています。主なロールには以下のようなものがあります。

▼主なロール

ロール名	説明
グローバル管理者	Azure ADおよびMicrosoft 365に関わるすべての管理作業を行うことができる。
パスワード管理者	管理者以外のユーザーとパスワード管理者のパスワードをリセットできる。
ヘルプデスク管理者	管理者以外のユーザーとヘルプデスク管理者のパスワードをリセットできる。
ユーザー管理者	ユーザー／グループの管理とパスワードのリセットができる。
アプリケーション管理者	SSOを行うために必要なクラウドサービスまたはWebサーバーを関連付けることができる。
条件付きアクセス	Azure ADの条件付きアクセスに関わる設定ができる。
特権ロール管理者	Azure Active DirectoryとAzure AD Privileged Identity Managementでロールの割り当てを管理できる。
セキュリティ管理者	Microsoft 365 セキュリティ センター、Azure AD Identity Protection、Privileged Identity Management 等のサービスでセキュリティ管理ができる。

6 管理単位

管理単位とはAzure ADにおけるユーザーとグループを管理するための単位で、グローバル管理者のようなAzure AD全体の管理権限ではなく、特定部署のユーザーとグループだけの管理権限を割り当てたいときに利用できます。管理単位はAzure AD管理センターより作成可能です。管理単位を作成し、管理単位内で管理するユーザーとグループ、そして管理単位の管理者を定義することで、管理者は管理単位の範囲だけの管理が始められます。

▼**管理単位**

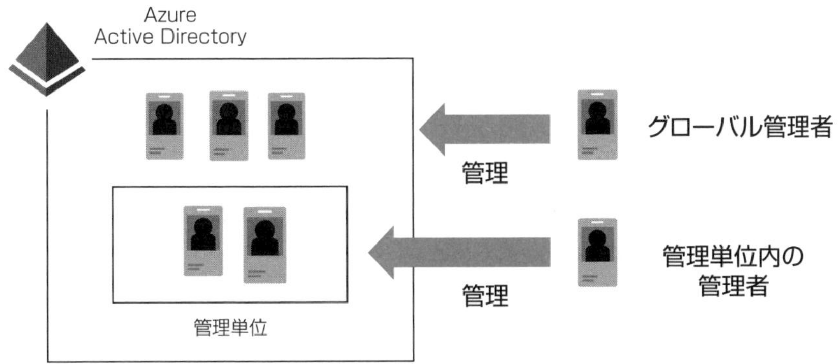

管理単位を設定すると、管理単位内だけの管理を行う管理者を定義できる。

管理単位の管理者を定義する場合、管理単位の範囲でどこまでの管理ができるかを一緒に定義します。管理単位内でのロールとして利用可能なものに以下があります（管理単位内でグローバル管理者のロールは割り当てられないことに注意してください）。

▼**管理単位内で利用可能なロール**

ロール名	説明
認証管理者	割り当てられた管理単位内でのみ、管理者以外のユーザーの認証方法の情報を表示、設定、リセットするためにアクセスできる。
グループ管理者	割り当てられた管理単位内でのみ、グループとグループ設定（名前付けポリシーや有効期限ポリシーなど）のすべての側面を管理できる。
ヘルプデスク管理者	管理者以外のユーザーとヘルプデスク管理者のパスワードをリセットできる。
ユーザー管理者	ユーザー／グループの管理とパスワードのリセットができる。
ライセンス管理者	管理単位内でのみ、ライセンスの割り当て、削除、更新を行うことができる。
条件付きアクセス	Azure ADの条件付きアクセスに関わる設定ができる。
パスワード管理者	割り当てられた管理単位内でのみ、管理者以外のユーザーとパスワード管理者のパスワードをリセットできる。

演習問題2-1

問題1.

➡解答　p.38 

Azure AD経由でクラウドサービスへのシングルサインオンを行う場合、Azure ADとクラウドサービスとの間での関連付け設定が必要になりますが、その設定が不要なクラウドサービスはどれですか？

A. Outlook.com
B. Google Workspace
C. Salesforce
D. Office365

問題2.

➡解答　p.38 

あなたの会社では、業務提携を行っているパートナー企業と協業で、あなたの会社で契約しているクラウドサービスAへアクセスしています。

パートナー企業のユーザーは、あなたの会社のIDを利用することなくクラウドサービスAにアクセスできるように構成する必要があります。

この場合、最初にAzure ADで行うべき作業として以下の操作は正しいでしょうか？

行った操作：Azure ADで動的ユーザーグループを作成し、パートナー企業のユーザーがメンバーになるように構成した。

A. はい
B. いいえ

問題3.

➡解答　p.39 

あなたは普段の業務でクラウドサービスへのアクセスをAzure AD経由で行っています。このクラウドサービスへのアクセス許可はAzure ADユーザーの[利用場所]属性がJPに設定されているユーザーのみになるように限定したいと考えています。また、グループのメンバーシップに関するメンテナンスを簡略化させる目的で、動的ユーザーグループを利用しようとしています。このとき、設定するクエリの条件として以下の設定は正しいでしょうか？

作成したクエリ：usageLocation Equals jp

A. はい
B. いいえ

問題4. ➡解答　p.39 

次のAzure ADで利用可能な認証方法のうち、多要素認証のID／パスワードに続く2番目の認証要素として利用できない認証方法はどれでしょうか？

A. 会社の代表番号に対する通話
B. 個人の携帯電話に対するショートメッセージでのワンタイムパスワード送付
C. FIDO2対応デバイスを利用した指紋認証
D. Microsoft Authenticatorアプリを利用したプッシュ通知

問題5. ➡解答　p.39 

あなたの会社では、自社で利用するAzure ADに作成されたユーザーとグループのうち、東京のオフィスで働く従業員のユーザーとグループだけを管理できるような管理者を作成し、管理を委任したいと考えています。このとき、必要最小限のロールを割り当てて委任したいと考えた場合、どのようなロールを割り当てればよいでしょうか？

A. 管理単位を設定し、管理単位内でユーザー管理者のロールを割り当てる
B. Azure ADでユーザー管理者とグループ管理者のロールを割り当てる
C. Azure ADで特権ロール管理者のロールを割り当てる
D. Azure ADでグローバル管理者のロールを割り当てる

解答・解説

問題1.

➡問題　p.36

解答　D

Office365は契約を締結する（テナントを作成する）ことによって自動的にAzure ADが作られ、ライセンスが割り当てられたユーザーはOffice365へのアクセス（シングルサインオン）が実現します。

問題2.

➡問題　p.36

解答　B

クラウドサービスが関連付けられたAzure ADとは別の会社のAzure ADユーザーにクラウドサービスに対するアクセス許可を割り当てる場合、ゲストユーザーを作成します。なお、動的ユーザーグループはグループのメンバーとなるユーザーの条件をクエリとして指定することで、自動的にグループのメンバーを構成するグループの種類です。

もし、クラウドサービスに対するアクセス許可をグループに割り当てる場合、先にゲストユーザーを作成してからグループを作成するため、最初に行うべき作業とはいえません。

問題3.

➡問題　p.36

解答　A

［利用場所］属性（usageLocation属性）がJPとなるような条件がクエリに設定されていれば、［利用場所］属性がJPに設定されているユーザーのみがグループのメンバーとして自動登録されます。

このとき演算子としてEqualsを選択していますが、Equals以降で指定した文字列と同じ文字列が設定されているユーザーだけがクエリの条件に合致します。Equalsでは大文字・小文字を区別しないため、usageLocation Equals jpと設定しても、usageLocation Equals JPと設定しても問題文にある条件をクリアすることになります。なお、演算子としてEquals以外にも、指定した文字列が含まれる場合であれば条件をクリアしたことになるContainsや、正規表現と利用した条件指定をするときに利用するMatchなどがあります。

問題4.

➡問題　p.37

解答　C

FIDO2デバイスは多要素認証としてではなく、**パスワードレス認証**の一種として利用します。つまりFIDO2デバイスを利用した指紋認証を行うことにより、ID／パスワードを利用した認証そのものが不要になります。

問題5.

➡問題　p.37

解答　A

Azure ADの一部のユーザーとグループだけを管理できるように構成する場合、**管理単位**を利用します。管理単位の中でどこまでの管理を行うかについては、管理単位内でのロールを選択して決定します。ユーザー管理者ロールはユーザーとグループに関わる管理を行うことができるため、問題文にある内容から考えて、ユーザー管理者のロールが割り当てられていれば十分と考えられます。

2-2 ハイブリッドIDを実装する

この節ではオンプレミスのActive DirectoryとAzure Active Directoryを同時に利用し、運用するハイブリッドIDについて解説します。

1 Azure Active Directory Connect

Azure ADをこれから使い始める場合、最初に従業員の情報をユーザーとして登録する作業を行います。しかし、これまでActive Directoryを利用してきた企業にとって、ユーザー情報はすでにActive Directoryに作成しており、Azure ADに改めてユーザーを作成することは二度手間です。そのため、Active DirectoryとAzure ADを接続し、Active Directoryに作成したユーザーやグループがAzure ADでも同じく利用できるように構成できます。このようなActive DirectoryとAzure ADの一体運用をハイブリッドIDと呼びます。

ハイブリッドIDを実装する際、Active Directoryに作成したユーザーやグループをAzure ADに同期し、同じユーザーやグループを利用できるようにする運用を行いますが、このとき同期を行うツールとしてAzure Active Directory Connect（以降、Azure AD Connect）があります。

▼Azure AD Connect

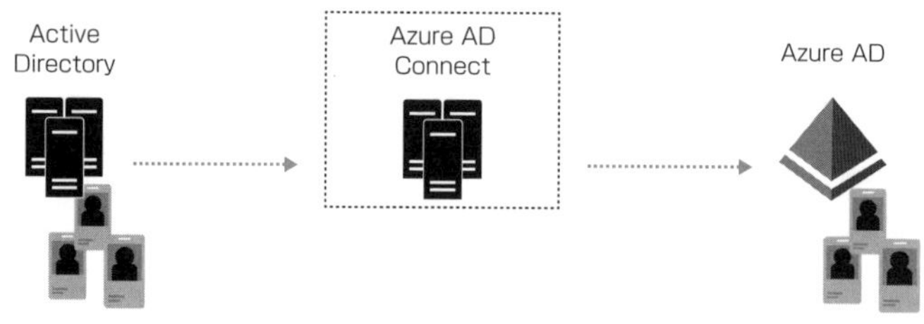

Azure AD ConnectはActive Directoryに作成したユーザーやグループをAzure ADへ同期する役割を担う。

Azure AD ConnectはマイクロソフトのWebサイトから提供されるツールで、Windows Serverにインストールして利用します。Azure AD Connectのインストールには簡単設定とカスタマイズの2種類の方法があり、カスタマイズを選択すると、後述する同期オプションなどを選択してインストールすることができます。

また、Azure AD Connectのインストールには Azure ADとActive Directoryに対する設定を行うため、それぞれのディレクトリに対する管理者権限(ロール)を持つユーザーを指定する必要があります。Azure ADに関してはグローバル管理者のロールを持つユーザー、Active Directoryに関してはEnterprise Adminsグループのメンバーであるユーザーをインストール中に指定します(カスタマイズインストールを行った場合には必要な権限が異なります。くわしくは以下のサイトを参照してください)。

参考 **Azure AD Connect:アカウントとアクセス許可**
https://docs.microsoft.com/ja-jp/azure/active-directory/hybrid/reference-connect-accounts-permissions

インストールしたAzure AD Connectは**30分間隔**で同期され、その結果はSynchronization Services Managerツールを利用して確認できます。

また、Azure AD ConnectとともにインストールされるSynchronization Rules Editorツールでは、同期対象のユーザーを制限したり、同期するユーザーの属性値を変更するなどのカスタマイズを行うことができます。

2 Azure AD Connectの同期オプション

Azure AD Connectでは、ユーザーやグループなどのActive DirectoryオブジェクトをAzure ADに同期する機能を提供しますが、ユーザーの同期を行う場合、ユーザーに対応するパスワードを同期する**パスワードハッシュ同期**とパスワードを同期しない**パススルー認証**があります。

(1) パスワードハッシュ同期

パスワードハッシュ同期はActive Directoryのユーザーを同期する際、パスワードも合わせて同期を行うオプションで、パスワードを暗号化した上で安全に同期を行う特徴があります。またAzure AD Connectで同期されたパスワードを含むユーザーの属性はActive Directoryがマスターとなるため、パスワードの長さや有効期限などの設定はすべてActive Directoryのポリシーに基づき、Azure ADでもパスワードの運用が行われます。

(2) パススルー認証

パススルー認証はユーザーのパスワードを同期しない同期オプションで、

Azure ADのようなクラウドサービスにパスワードを保存したくないというニーズに応えるためのオプションです。ただし、Azure ADにパスワードが保存されないため、ユーザーがAzure ADに対してユーザー名とパスワードを入力して認証を行う場合、Azure ADでパスワードが正しいものであるか確認することができません。そこで、Azure ADはパスワードをActive Directoryに転送し、パスワードが正しいものであるかのチェックを行います。

パススルー認証はこうした複雑な認証を行うため、Active Directoryに接続できないなどの障害が発生するとAzure ADへのサインインができなくなるという欠点があります。

▼パススルー認証

パススルー認証を利用する場合、Azure ADにパスワードが保存されないため、Active Directoryでパスワードの検証を行う。

3 シングルサインオン

前の節では、Azure ADとクラウドサービスを連携することで、Azure ADにサインインするだけでクラウドサービスへの認証が不要になるシングルサインオン(SSO)について解説しました。SSOはAzure ADとクラウドサービスの間でのみ行われるものではなく、Active DirectoryとAzure ADの間でもSSOを構成することができます。Active DirectoryとAzure AD間のSSOにはAzure AD Connectを利用して実現する**シームレスシングルサインオン**(シームレスSSO)と**AD FS**と呼ばれるWindows Serverの役割をインストールしてSSOを実現する方法があります。

(1) シームレスSSO

ドメイン参加のコンピューターがWindows起動時にActive Directoryのユーザーでサインインを行うと、Kerberos(ケルベロス)と呼ばれるプロトコルから認証が完了したことを表すチケットを受け取ります。シームレスSSOではこのチケットを利用してAzure ADにアクセスすることでAzure ADへのアクセスにユーザー名とパスワードを入力する必要がなくなります。

シームレスSSOには、パスワードハッシュ同期と組み合わせて利用する方法とパススルー認証と組み合わせて利用する方法があります。パススルー認証と組み合わせて利用する方法では、Kerberosチケットの検証を行うためにActive Directoryに接続を行います。

▼シームレスシングルサインオン

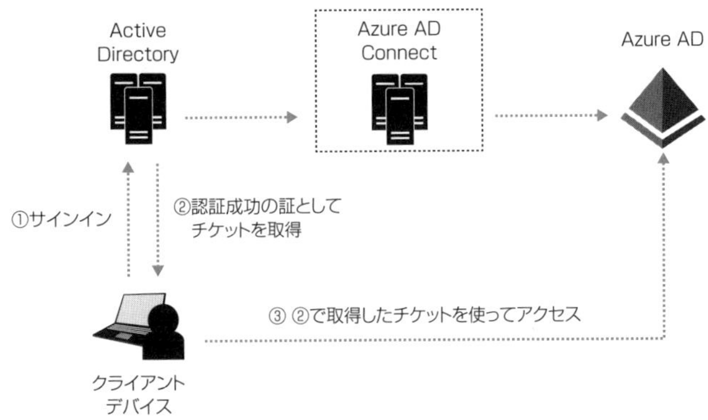

Active Directoryで発行されるチケットを利用してAzure ADにアクセスすることでサインインが省略される。

(2) AD FS

AD FSはActive Directoryフェデレーションサービスの略で、Active DirectoryのKerberosチケットを、クラウドサービスとの間でシングルサインオンを行うときの業界標準のプロトコルであるSAML（サムル）の情報（トークン）に変換し、SAMLトークンをAzure ADに提示することでSSOを実現します。AD FSは、専用のサーバーを用意しなければならないことや、シームレスSSOで手軽にSSOを実装できることなどから、利用する機会が少なくなっています。

4　パスワードライトバック

Azure ADの運用管理にはさまざまな管理がありますが、その1つにユーザーのパスワード管理があります。Azure ADのパスワード管理機能については主に次の2つの機能があります。

(1) セルフサービスパスワードリセット

ユーザーがパスワードを忘れたという問い合わせがあれば、管理者はパスワードをリセットし、新しいパスワードを設定します。しかし「パスワードを忘れた」という問い合わせは、別人を装った悪意の第三者である可能性があります。そこで、Azure ADではパスワードを忘れたユーザーに多要素認証で利用する認証要素（Microsoft Authenticatorや携帯電話）を利用して本人確認を行い、その結果に基づいてユーザー本人がパスワードをリセットできるような機能（**セルフサービスパスワードリセット**）を用意しています。セルフサービスパスワードリセットは、あらかじめ利用可能なユーザーをAzure AD管理センターで定義しておくことで利用開始できます。

(2) パスワードライトバック

Azure AD Connectを利用してActive DirectoryからAzure ADへユーザーやグループの同期を行った場合、そのマスターデータベースはActive Directoryになります。そのため、パスワードの変更を含む属性変更は必ずActive Directoryで行う必要があります。しかし、パスワードを変更したいと考えている、すべてのユーザーがActive Directoryに接続可能なネットワーク（社内ネットワーク）にいるとは限りません。

そこで、Azure ADではセルフサービスパスワードリセットを利用して、同期されたユーザーのパスワードをリセットし、リセットされたパスワードをActive Directoryに対して逆方向の同期を行うことで、Active Directoryのパスワードを変更（厳密にはパスワードの変更ではなくリセット）することができます。このような逆方向に行われるAzure AD Connectのパスワード同期を**パスワードライトバック**と呼びます。パスワードライトバックはAzure AD Connectの同期オプションとして事前に設定しておく必要があります。

▼パスワードライトバック

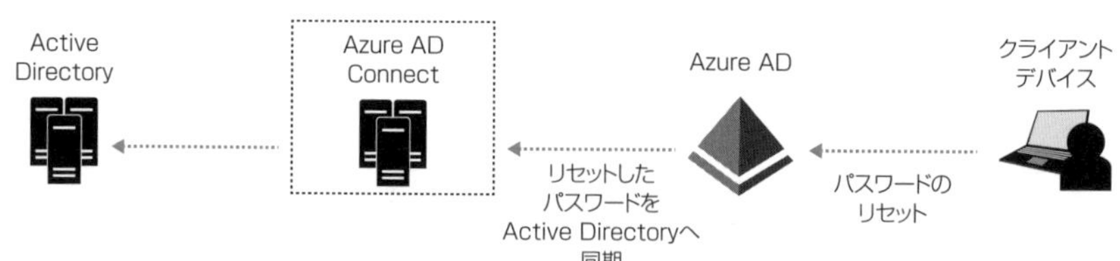

Azure ADユーザーのパスワードをリセットした場合、Active Directoryユーザーのパスワードと同じパスワードになるように逆方向の同期を提供している。

演習問題2-2

問題1.

➡解答 p.47 

あなたの会社では、Active DirectoryとAzure ADのハイブリッドIDによる運用を行い、合わせてAzure AD Connectを実装しています。Azure ADユーザーのパスワードは定期的に変更しないように構成する必要があります。この場合、どのような設定を行う必要があるでしょうか？

A. Azure AD管理センターからパスワードポリシーの設定を行う
B. Microsoft 365管理センターからパスワードポリシーの設定を行う
C. Azure ADユーザーとしてサインインした状態でMicrosoft Authenticatorアプリを利用してパスワードの変更を行う
D. Active Directoryドメインコントローラーのグループポリシーからパスワードポリシーの設定を行う

問題2.

➡解答 p.47 

あなたの会社では、Active DirectoryとAzure ADのハイブリッドIDによる運用を行い、合わせてAzure AD Connectを実装しています。Active Directoryから同期されるユーザーの国／地域属性の値をAzure ADユーザーの利用場所属性になるように同期を構成したいと考えています。このときに利用すべきAzure AD Connectのツールはどれでしょうか？

A. Synchronization Rules Editor
B. AD Synchronization Service Manager
C. Azure AD Connect構成ウィザード
D. 同期の構成をカスタマイズすることはできない

問題3.

➡解答　p.47

あなたの会社では、Active DirectoryとAzure ADのハイブリッドIDによる運用を行い、合わせてAzure AD Connectを実装しています。Active Directoryで新しくユーザーを作成し、作成したユーザーでActive DirectoryとAzure ADにそれぞれサインインを行いました。しかし、Azure ADにはサインインすることができませんでした。このとき、どのようにしてこの問題を解決すればよいでしょうか？

A. Azure AD Synchronization Rules Editorを利用して作成したユーザーが同期されるように追加のルールを作成する
B. Azure AD Connectサーバーをインストールする
C. 新規にAzure ADにユーザーを作成する
D. 1時間経過してから改めてAzure ADにサインインする

問題4.

➡解答　p.48

あなたの会社では、Active DirectoryとAzure ADのハイブリッドIDによる運用を行い、合わせてAzure AD Connectを実装しています。ユーザーからはそれぞれのID管理システムにサインインする操作が煩雑であるため、シングルサインオンを実装したいと要望があがっています。

Active DirectoryとAzure ADの間でシングルサインオンを実現するにあたり、Azure Directoryへのアクセスが失われたとしてもAzure ADには引き続きアクセスできるような可能性を担保する必要があります。このとき、どのようなシングルサインオン方法を実装するべきでしょうか？

A. パスワードハッシュ同期によるシームレスシングルサインオン
B. パススルー認証によるシームレスシングルサインオン
C. AD FSサーバーを利用したシングルサインオン
D. Active DirectoryにアクセスできないAzure ADへのアクセスはできない

解答・解説

問題1.

➡問題　p.45

解答　D

Azure AD Connectによって同期されたユーザーの属性は、Active Directoryで管理されます。このことはパスワードやパスワードの変更間隔などを定めたパスワードポリシーの設定に関しても同様です。そのため、パスワードの変更を定期的に行うための設定はActive Directory側から行う必要があります。Active Directoryでは、**グループポリシーを利用してパスワードポリシーを設定**します。グループポリシーのパスワードポリシーで設定した間隔に基づいてパスワードが定期的に変更されれば、変更されたパスワードがAzure ADに同期されるため、結果的にAzure ADユーザーのパスワードも定期的に変更されたことになります。

問題2.

➡問題　p.45

解答　A

Azure AD Connectの同期に関わるカスタマイズは、**Synchronization Rules Editor**を通じて行うことができます。

問題3.

➡問題　p.46

解答　D

Azure AD Connectの同期間隔は30分です。そのため、Active Directoryに作成したばかりのユーザーはまだ同期されていないため、Azure ADに該当のユーザーが作られていない可能性があります。この場合、次の同期が行われたタイミングでユーザーがAzure ADに生成されます。なお、PowerShellのコマンドレットを実行して、同期間隔に関わりなく同期を今すぐ実行することも可能です。

問題4.

➡問題　p.46

解答　A

シングルサインオンを実装している状態でActive Directoryにアクセスできない場合、シングルサインオン機能は利用できないため、Azure ADのIDとパスワードを入力してAzure ADにアクセスします。よってAzure ADユーザーのパスワードを同期する**パスワードハッシュ同期**を利用した同期を行う必要があります。

一方、パススルー認証ではパスワードをAzure ADに保存しないため、Azure ADへのサインインはできなくなります。また、AD FSサーバーを利用する場合もパスワードはAzure ADに保存しないため、Azure ADへのサインインはできなくなります。

2

2-3 Azure AD Identity Protection をデプロイする

この節ではAzure ADへの不正アクセスと思われるサインインを検出するAzure AD Identity Protectionと検出結果に基づくアクセス制御を行う条件付きアクセスの実装方法について学習します。

1 Azure AD Identity Protectionとは

Azure AD Identity Protectionとは、Azure ADにおける不正アクセスを検知もしくは未然に防止するためのサービスで、有償契約であるAzure AD Premium P2ライセンスを通じて提供されます(Azure AD Premium P1ライセンスでも一部機能を利用可能)。

Azure AD Identity Protectionには、[ユーザーリスク]と[サインインリスク]の2種類があります。ユーザーリスクは行動に基づくリスクの高いユーザーの検出、サインインリスクは普段とは異なる不正アクセスの可能性が高い認証の検出を行います。

これらの不正アクセスを検出した場合、Azure AD管理センターの[Azure Active Directory]-[セキュリティ]-[Identity Protection]よりアラートとして、その結果を確認することができます。

▼ユーザーリスク画面

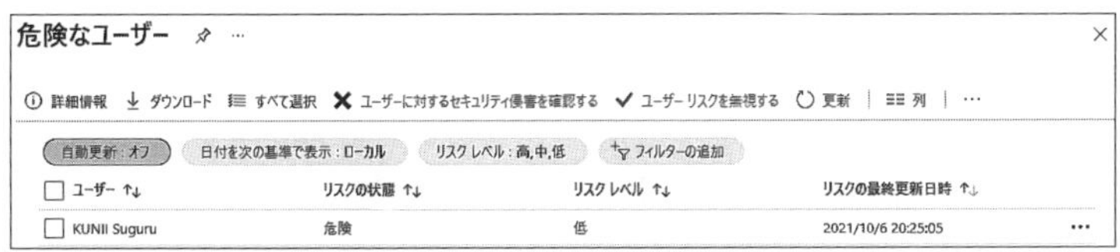

▼サインインリスク画面

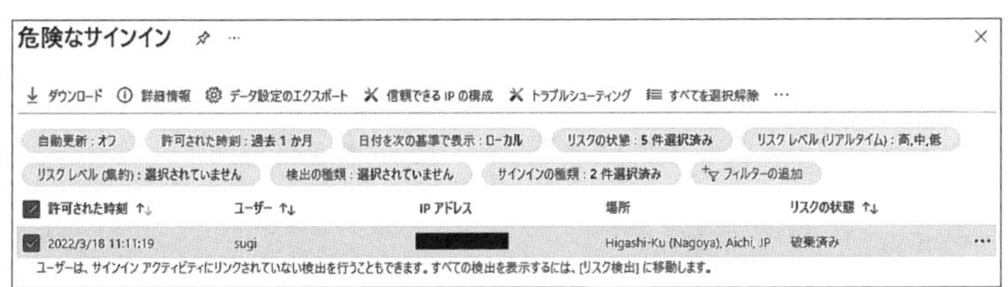

また、アラートは管理者にメールで通知したり、ポリシーを作成して認証そのものをブロックしたり、多要素認証を強制したりするように構成することが可能です。

2 検出されるリスクの種類

Azure AD Identity Protectionで不正アクセスを検出する方法は多彩です。主な検出方法として次のようなものがあります。

(1) 漏えいした資格情報

情報漏えい事件などにより、おおやけになった(ネットで入手可能な)パスワードを利用しているユーザーがいる場合に、このアラートが出力されます。

(2) 匿名IPアドレス

ダークウェブで利用されるようなIPアドレスからのアクセス(Torブラウザーによるアクセスなど)があった場合に、このアラートが出力されます。

(3) 特殊な移動

1度目のサインインから2度目のサインインまでの間にありえない移動(東京で認証を行った1分後に香港で認証するなど)があった場合に、このアラートが出力されます。

(4) 通常とは異なるサインインプロパティ

過去のサインイン履歴から異常なサインインを検出し、アラートを出力します。この検出方法は一定期間のサインインを学習し、その結果から「通常ではない」サインインを検出します。具体的にはサインイン時のIPアドレスや緯度／経度などを参照します。

(5) 悪意のあるIPアドレス

短時間に多数のサインイン失敗履歴のあるIPアドレスからのサインインを検出した場合に、このアラートが出力されます。

以上のアラートが出力されるとき、アラートの種類とともにリスクレベルが高・中・低の3段階で提示されます。リスクレベルの算出方法については、公開されていませんが、漏えいした資格情報に関するアラートに対しては高いリスクレベル、悪意のあるIPアドレスに対しては低いリスクレベルが提示される傾向にあります。

3 ユーザーリスクポリシー

Azure AD Identity Protectionでは、ユーザーリスクで危険なユーザーを検知した場合、Azure AD管理センターから結果を参照し、結果に対するアクションを選択できます。実行可能なアクションには、以下のものがあります。

・パスワードのリセット
・ユーザーのブロック
・ユーザー侵害の確認
・ユーザーリスクの無視

ユーザー侵害の確認とユーザーリスクの無視は、出力されたアラートが誤検知であるかを報告するものです。

これらのアクションは、アラートの出力結果に基づいて行うものですが、アラートが出力されたら自動的にアクションを行うように構成することも可能です。それが、**ユーザーリスクポリシー**と呼ばれるポリシーです。ユーザーリスクポリシーには、以下の設定をそれぞれ定義します。

・ポリシーの対象となるユーザー／グループ
・リスクレベル
・アラートが出力されたときに行うアクション（アクセスのブロック、パスワードの変更）

以上の設定により該当するアラートが出力されると、自動的にアクションを実行し、不正アクセスを未然に防ぐことができます。

4 サインインリスクポリシー

Azure AD Identity Protectionでは、Azure ADに対するサインイン要求を監視し、危険なサインインを検知した場合、ユーザーリスクと同様にAzure AD管理センターから結果を参照できます。また、ユーザーリスクポリシーと同様に**サインインリスクポリシー**としてアラートが出力されたら、自動的にアクションを行うように構成することができます。サインインリスクポリシーには、以下の設定をそれぞれ定義します。

・ポリシーの対象となるユーザー／グループ
・リスクレベル

・アラートが出力されたときに行うアクション（アクセスのブロック、多要素認証の要求）

以上の設定により該当するアラートが出力されると、自動的にアクションを実行し、不正アクセスを未然に防ぐことができます。

5 Azure AD Identity Protectionの管理に必要なロール

Azure AD Identity Protectionでは、ポリシーを作成する、出力されたアラートを参照する、アラートに基づくアクションを手動で実行するなどの管理作業がありますが、それぞれの管理作業に必要なロールは以下の通りです。

▼管理作業に必要なロール

ロール名	管理可能な作業
グローバル管理者	Identity Protectionに関わるすべての作業
セキュリティ管理者	ユーザーのパスワードリセットを除く、すべての作業
セキュリティオペレーター セキュリティ閲覧者	出力されたアラートの参照

6 条件付きアクセス

Azure AD Identity Protectionから作成したユーザーリスクポリシーとサインインリスクポリシーは、条件付きアクセスの設定の一部として管理されます。ここではAzure AD Identity Protectionのポリシーを管理する、条件付きアクセスについて解説します。

条件付きアクセスは、Azure ADに関連付けられたクラウドサービスにアクセスするためのアクセス制御機能です。アクセス対象となるユーザー／グループ、クラウドサービス、アクセス条件をそれぞれ定義し、すべての条件に合致するときに、アクセス許可／拒否を条件付きアクセスのポリシーで設定します。条件付きアクセスポリシーの作成はAzure AD管理センターの[セキュリティ]-[条件付きアクセス]-[ポリシー]から行います。

(1) ユーザー／グループ

条件付きアクセスポリシーのユーザー／グループ（メニューの名称は[ユーザーまたはワークロードID]）では、アクセス制御を行いたいユーザーまたはグループを指定します。アクセス制御の設定は[対象]と[対象外]の項目から行います。たとえば、[対象]欄にITグループを指定した場合、ITグループのメンバーがアクセス制御の対象となります。

対象	ITグループ

一方、**[対象]と[対象外]の項目の両方を設定した場合、対象外の設定が優先されます**。たとえば、[対象]欄にITグループ、[対象外]欄にAdminユーザーが設定されている場合、Adminユーザー以外のITグループのメンバーがアクセス制御の対象となります。

対象	ITグループ
対象外	Adminユーザー

▼条件付きアクセスポリシーの設定画面

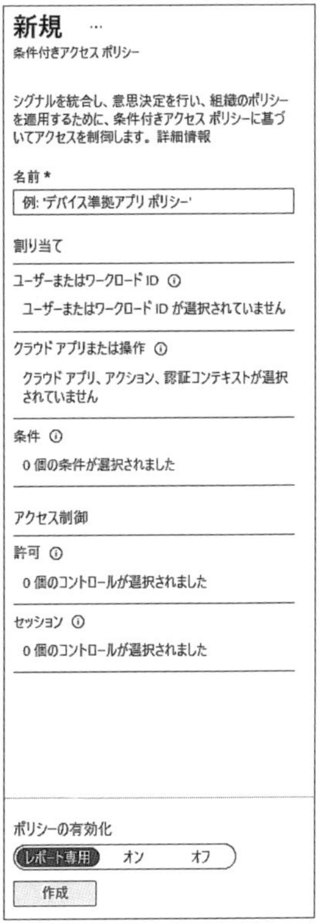

新規 …
条件付きアクセス ポリシー
シグナルを統合し、意思決定を行い、組織のポリシーを適用するために、条件付きアクセス ポリシーに基づいてアクセスを制御します。詳細情報
名前 *
例: 'デバイス準拠アプリ ポリシー'
割り当て
ユーザーまたはワークロード ID
ユーザーまたはワークロード ID が選択されていません
クラウド アプリまたは操作
クラウド アプリ、アクション、認証コンテキストが選択されていません
条件
0 個の条件が選択されました
アクセス制御
許可
0 個のコントロールが選択されました
セッション
0 個のコントロールが選択されました
ポリシーの有効化
レポート専用 オン オフ
作成

(2) クラウドサービス

条件付きアクセスポリシーのクラウドサービス（メニューの名称は[クラウドアプリまたは操作]）では、アクセス制御の対象となるクラウドサービスを選択します。クラウドサービスにはAzure ADに関連付けられたSaaS型クラウドや自社開発のWebアプリケーションなどを選択できます。

なお、ユーザーとグループ、クラウドサービスの2つの項目は、条件付きアクセスポリシーにおける必須設定項目です。

(3) 条件 – ユーザーのリスク／サインインのリスク

条件付きアクセスポリシーの[条件]項目には6つの設定項目があります。

▼条件付きアクセスポリシー[条件]項目の一覧画面

新規 …
条件付きアクセス ポリシー

シグナルを統合し、意思決定を行い、組織のポリシーを適用するために、条件付きアクセス ポリシーに基づいてアクセスを制御します。詳細情報

名前 *
例: 'デバイス準拠アプリ ポリシー'

割り当て

ユーザーまたはワークロード ID
ユーザーまたはワークロード ID が選択されていません

クラウド アプリまたは操作
クラウド アプリ、アクション、認証コンテキストが選択されていません

条件
0 個の条件が選択されました

アクセス制御

許可
0 個のコントロールが選択されました

セッション
0 個のコントロールが選択されました

リスク、デバイス プラットフォーム、場所、クライアント アプリ、またはデバイスの状態などの条件からのシグナルに基づいて、アクセスを制御します。詳細情報

ユーザーのリスク
未構成

サインインのリスク
未構成

デバイス プラットフォーム
未構成

場所
未構成

クライアント アプリ
未構成

デバイスのフィルター
未構成

このうち、[ユーザーのリスク]と[サインインのリスク]は、Azure AD Identity Protectionで出力されたアラートに基づくポリシーを定義する項目です。Azure AD管理センターの[Identity Protection]項目からポリシーを設定できることを前の項で解説しましたが、条件付きアクセスポリシーからも同じ設定を行うことができます。

(4) 条件 – デバイスプラットフォーム

条件付きアクセスポリシーの[条件]-[デバイスプラットフォーム]項目では、クラウドサービスにアクセスするデバイスのOS種類に基づくアクセス制御を行います。

(5) 条件 – 場所

条件付きアクセスポリシーの[条件]-[場所]項目では、クラウドサービスにアクセスするデバイスのIPアドレスまたは国に基づくアクセス制御を行います。IPアドレスや国の定義は、事前にAzure AD管理センターの[セキュリティ]-[条件付きアクセス]-[ネームドロケーション]から行います。

▼**条件付きアクセス[ネームドロケーション]からのIPアドレスの定義**

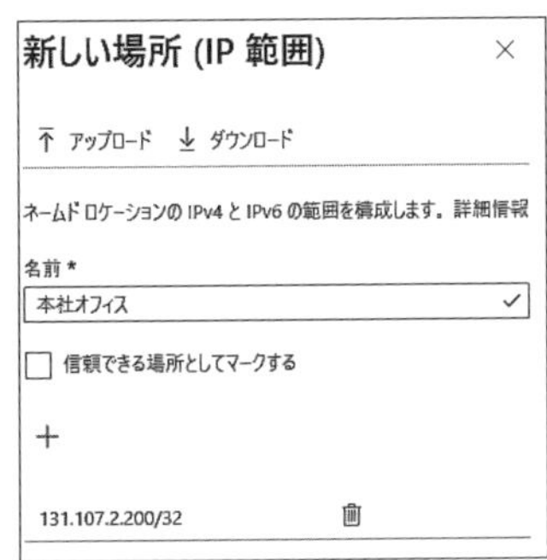

(6) 条件 - クライアントアプリ

条件付きアクセスポリシーの[条件]-[クライアントアプリ]項目では、クラウドサービスにアクセスする際に利用するクライアントアプリケーションに基づくアクセス制御を行います。ブラウザーまたはOutlookなどのアプリケーションによるアクセスなどを定義できます。

(7) 条件 - デバイスのフィルター

条件付きアクセスポリシーの[条件]-[デバイスのフィルター]項目では、クラウドサービスにアクセスするデバイスの属性に基づく条件（デバイスの製造元メーカーやモデル名、デバイスの名前など）を設定できます。

以上、(3)から(7)までで解説した[条件]項目は、複数の条件を設定した場合、すべての条件を満たしたときにアクセス制御の対象となります。

(8) アクセス許可／拒否

(1)から(7)までで解説した設定項目の内容をすべて満たした場合、条件付きアクセスポリシーの[許可]の項目で、アクセスを許可するか拒否するかを定義します。

▼条件付きアクセスポリシー[許可]項目から選択可能なメニュー一覧

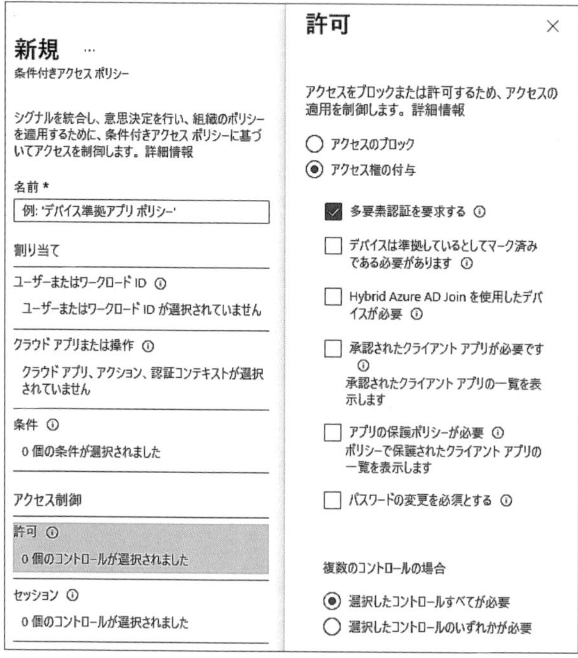

[許可]の項目で[アクセスのブロック]を選択した場合は、単純にアクセスを拒否します。一方、[アクセス権の付与]を選択した場合、以下のいずれかの項目を選択し、その条件をクリアしたときにアクセスを許可します。

・多要素認証
・デバイスの準拠(Microsoft Intuneにデバイスが登録されていること)
・ハイブリッドAzure AD参加(Active Directoryドメイン参加デバイスであること)
・指定されたアプリの利用([承認されたクライアント アプリが必要です]項目または[アプリの保護ポリシーが必要]項目で設定)
・パスワードの変更を行った場合

(9) セッション管理

条件付きアクセスポリシーの[許可]の項目では、(1)から(7)までで解説した設定項目の内容をすべて満たした場合にアクセス許可／拒否の制御ができますが、[許可]項目の代わりに[セッション]項目を利用すると、クラウドサービスへのアクセス時のセッション管理に関わる設定を行うことができます。

セッション管理に関わる項目として、主に次の2つがあります。

■サインインの頻度

サインインを行ってクラウドサービスへのアクセスを行った場合、一定期間キャッシュが残るため、アクセスのたびにサインインを行う必要がありません。このとき、キャッシュをいつまで残すかを定義した項目が[サインインの頻度]です。

Outlookなどのアプリケーションからサインインを行った場合、既定では最後に利用した日から90日間キャッシュが残るように構成されていますが、この設定は[サインインの頻度]項目から変更できます。

■永続的なブラウザーセッション

ブラウザーからAzure ADのサインインを行った際、「サインインの状態を維持しますか?」というメッセージが表示されます。維持するように設定すれば、ブラウザーを閉じたのちもサインイン状態が維持されるため、再度ブラウザーを開いても改めてサインインを求めることはありません。

この設定は「サインインの状態を維持しますか?」というメッセージがブラウザー画面で表示されたときにユーザーが選択しますが、[永続的なブラウザーセッション]項目では管理者が事前に選択することができます。そのため、この設定を行っておくことにより、ユーザーのブラウザー画面に「サインインの状態を維持しますか?」というメッセージが表示されることはなくなります。

演習問題2-3

問題1.

➡解答　p.62 

あなたの会社では、現在、Azure AD Identity Protectionを利用してユーザーリスクレベルに合わせてアクセスを制限するようなポリシーを作成しようとしています。このときに設定を行うユーザーに求められるロールはどれでしょうか？

A. グローバル管理者
B. セキュリティ管理者
C. セキュリティ閲覧者
D. Azure AD Identity Protection管理者

問題2.

➡解答　p.62 

あなたの会社では、現在、Azure AD Identity Protectionを利用してサインインリスクレベルが中以上の場合、サインイン試行をブロックするようなポリシーを作成しました。対象ユーザーには[すべてのユーザー]、対象外ユーザーにはuser1ユーザーを指定した場合、次のケースでアクセスはブロックされるでしょうか？

発生したアラート：user1ユーザーが匿名IPアドレスからサインインした。

A. はい
B. いいえ

問題3.

➡解答　p.62  

あなたの会社では、現在、Azure AD Identity Protectionを利用してサインインリスクレベルが中以上の場合、サインイン試行をブロックするようなポリシーを作成しました。対象ユーザーには[すべてのユーザー]、対象外ユーザーにはuser1ユーザーを指定した場合、次のケースでアクセスはブロックされるでしょうか？

発生したアラート：user2ユーザーが普段とは異なる場所からサインインを行った。

A. はい
B. いいえ

問題4.

➡解答　p.62

条件付きアクセスでサインインの頻度をカスタマイズする場合、条件付きアクセスポリシーのどの項目から設定すればよいでしょうか？

A. ユーザー／ワークロードID
B. 条件
C. 許可
D. セッション

問題5.

➡解答　p.63

　あなたの会社では、条件付きアクセスポリシーを利用してOffice 365へのアクセス制御を行おうとしています。あなたの会社ではOffice 365へのアクセスは社内ネットワークからアクセスするときに許可し、社外からのアクセス時には多要素認証を要求するように構成するために、以下のような条件付きアクセスポリシーを作成しました。

■条件付きアクセスポリシー

ユーザー	対象：すべてのユーザー
クラウドアプリ	対象：Office 365
条件－場所	対象：社内ネットワーク
許可	アクセス権の付与 －多要素認証を要求する

■ネームドロケーション設定

名前	社内ネットワーク
信頼できるネットワーク	はい
IPアドレス	131.107.2.200/32

　しかし、会社の要望に合わせたアクセス制御が行われません。条件付きアクセスポリシーをどのように設定変更することで会社の要望に合わせたアクセス制御ができるようになるでしょうか？

A. [許可]項目で多要素認証を要求する設定を選択しない
B. [ユーザー]項目で社内ネットワークにいるユーザーを選択する
C. [条件]-[場所]項目で[社内ネットワーク]の場所を対象から対象外に設定変更する
D. 既存のポリシーを削除し、新規に作成しなければならない

問題6.

➡解答 p.63

あなたの会社では、条件付きアクセスポリシーを利用して社内ネットワークからMicrosoft Azureへのアクセスを行う際、多要素認証を要求するように構成しようとしています。この条件を実現するために以下のような条件付きアクセスポリシーを作成しました。

■条件付きアクセスポリシー

ユーザー	対象：すべてのユーザー
クラウドアプリ	対象：Microsoft Azure Management
条件ー場所	対象：社内ネットワーク
許可	アクセス権の付与 ー多要素認証を要求する

■ネームドロケーション設定

名前	社内ネットワーク
信頼できるネットワーク	はい
IPアドレス	131.107.2.200/32

次のうち多要素認証が要求されるアクセスはどれでしょうか？

A. Azure ADユーザーによる社内ネットワークからMicrosoft Azure管理ポータルサイトへのアクセス
B. Azure ADユーザーによる社内ネットワークからMicrosoft AzureのApp Serviceで作られたWebサイトへのアクセス
C. 匿名ユーザーによる社内ネットワークからMicrosoft AzureのApp Serviceで作られたWebサイトへのアクセス
D. Azure ADユーザーによる自宅からMicrosoft Azure管理ポータルサイトへのアクセス

解答・解説

問題1.

➡問題　p.58

解答　A

Azure AD Identity Protectionでポリシーを作成する場合、**グローバル管理者**のロールが割り当てられていることが前提条件になります。なお、Dの「Azure AD Identity Protection管理者」というロールはありません。

問題2.

➡問題　p.58

解答　B

ユーザーリスクポリシー／サインインリスクポリシーは、条件付きアクセスポリシーのルールと同条件で動作します。そのため、問題文にあるサインインリスクポリシーで、対象ユーザーと対象外ユーザーを設定した場合は、**対象外ユーザーの設定が優先**されます。したがって、user1ユーザーはサインインリスクポリシーの対象外となり、ポリシーが適用されることはありません。よって、匿名IPアドレスからのアクセスがあっても、サインインがブロックされることはありません。

問題3.

➡問題　p.59

解答　A

user2ユーザーが行ったサインインは[**通常とは異なるサインインプロパティ**]に該当するアラートが出力されています。このアラートは一般的にリスクレベル中で出力されるアラートであると同時にuser2ユーザーはサインインリスクポリシーの対象ユーザーであるため、ポリシーの設定に基づいてサインインがブロックされます。

問題4.

➡問題　p.59

解答　D

条件付きアクセスポリシーの[**セッション**]**項目内にある**[**サインインの頻度**]

ではAzure ADへのサインインを行う間隔を定義できます。

問題5. ➡問題 p.60

解答　C

条件付きアクセスポリシーで対象と対象外の設定を同時に行った場合、**対象外の設定が優先**されます。社内ネットワークの場所を対象から対象外に変更することで「社内ネットワーク以外のすべての場所」となり、すなわち社外からのアクセスを意味する設定になります。

そうすることで「社外からのアクセスには多要素認証が必要」という設定になり、会社の要望に添った設定になります。なお、この設定変更により社内ネットワークからのアクセスに対しては、ポリシーがまったく適用されなくなります。条件付きアクセスポリシーでは、明示的にアクセスをブロックする設定を行わなかった場合、自動的にアクセスは許可されます(厳密にはAzure AD管理センター画面の[エンタープライズアプリケーション]メニューでアクセスが許可されているユーザーであれば、条件付きアクセスポリシーで明示的にブロックする設定がなかったときにアクセスが許可されます)。

問題6. ➡問題 p.61

解答　A

条件付きアクセスポリシーでアクセス制御の対象となるアプリを指定する場合、そのアプリは**Azure ADにアプリとして登録されていることが必要**です。デフォルトでMicrosoft Azure Managementというアプリが登録されており、これはMicrosoft Azureの管理ポータルサイト(https://portal.azure.com)へのアクセスを制御するために用意されたものであり、Microsoft Azureの中で作られたリソースはアクセス制御の対象にはなりません。もしMicrosoft Azureの中で作られたAzure App ServicesのWebサイトを条件付きアクセスのアクセス制御対象にするのであれば、Webサイト自体をAzure ADのアプリとして登録しておく必要があります。

2-4 Azure AD Privileged Identity Managementを構成する

この節ではMicrosoft Azure/Azure ADのロール管理機能のAzure AD Privileged Identity Managementとライフサイクル管理機能のアクセスレビューについて学習します。

1 Azure AD Privileged Identity Managementとは

Azure AD Privileged Identity Managementとは、管理ロールの割り当てられたユーザーが管理者として作業を行う際、必要なタイミングでのみロールを利用できるようにする機能です。

通常、ロールを特定のユーザーに割り当てると永続的に管理者としての作業ができるようになります。しかしAzure AD Privileged Identity Management(以下、Azure AD PIM)経由でロールの割り当てを行うと、ロールが割り当てられたユーザーは、ロール利用の申請を行わないと管理者としての作業を行うことができません。また管理者としての作業も、あらかじめ決められた時間(デフォルトでは8時間)だけしか行えないように制限されます。これにより管理者権限が不正アクセスによって悪用されることを防ぐ効果があります。

下図ではAzure AD PIMを利用した場合のロールの運用管理フローを表しています。下図のフローに沿ってAzure AD PIMによるロール利用のステップを確認します。

▼Azure AD PIMの運用管理

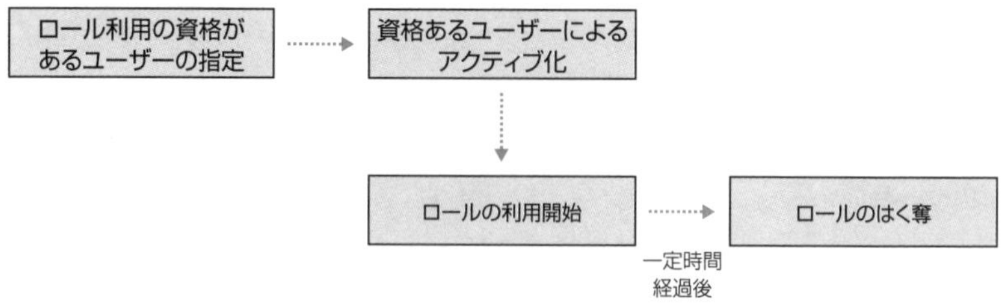

Azure AD PIMを利用して上記のステップを踏むことでロールを利用できる。

(1) ロール利用の資格があるユーザーの指定

最初にグローバル管理者がロールを割り当てたいユーザーに対して、ロール利用の資格を割り当てます。

(2) 資格あるユーザーによるアクティブ化

資格が割り当てられたユーザーは、自身でアクティブ化と呼ばれる操作を行い、ロール利用の申請を行います。申請は自動的に承諾されて利用開始することも、事前に管理者による承認を得てから利用開始するように構成することも可能です。

(3) ロールの利用開始

(2)のステップが完了すると、ロールの権限を利用開始できます。ロールは永続的に利用できるわけではなく、デフォルトでは利用開始のタイミングから8時間だけ管理者としての作業を行うことができます。これにより不必要なタイミングでロールの権限が利用できないため、ロール割り当てユーザーが不正アクセスに遭っても攻撃者が管理者としての作業をできないように構成できます。

(4) ロールのはく奪

アクティブ化を行ったときに指定した時間が経過すると、自動的にロールの権限ははく奪され、(1)の状態に戻ります。アクティブ化は何度でも繰り返し行うことができるため、ユーザーは管理作業が必要になったタイミングごとにアクティブ化を繰り返して日常の管理作業を遂行します。

2 Azure AD Privileged Identity Managementのユーザーインターフェース

Azure AD PIM (Azure AD Privileged Identity Management) は、Azure AD Premium P2のライセンスを通じて利用可能なサービスです。そのため、Azure AD Premium P2またはMicrosoft365 E5などのAzure AD Premium P2が含まれるライセンスを事前に取得しておきます。ライセンスを取得すると、Microsoft Azure管理ポータルまたはAzure AD管理センターの[Identity Governance]-[Privileged Identity Management]より管理を開始することができます。

▼Azure管理ポータルのPrivileged Identity Management画面

3 Azure AD Privileged Identity Managementの利用開始

p.64の図「Azure AD PIMの運用管理」のステップのうち、最初のステップで行ったロール利用の資格があるユーザーの指定は、グローバル管理者が事前設定で行います。事前設定にはAzure ADのロールを管理するための事前設定と、Azureのロールを管理するための事前設定があり、それぞれ異なる設定が必要になります。

(1) Azure ADロールの管理

Azure ADロールをAzure AD PIMで管理する場合、グローバル管理者のAzure ADロールを持つユーザーが利用開始のための設定を行います。

▼Azure ADロール管理の初期設定ステップ

Azure ADロール管理の最初のステップとして行う作業が、グローバル管理者の多要素認証（MFA）の有効化です。多要素認証が有効でない状態では初期設定を完了できないことに注意してください。

多要素認証の有効化が完了したら、Azure AD PIM画面でPIM経由の管理を行いたいロールを選択し、ロールの設定を行います。

▼グループ管理者をPIMで利用するための初期設定画面

上図では、グループ管理者ロールをPIMで管理するための設定を行っています。主な設定項目として[アクティブ化の最大期間]があります。この設定では、ユーザーがロールのアクティブ化を実行するときに「1時間だけ利用する」などのように利用時間を定義し、ユーザーが利用時間として指定可能な最大時間を指定しています。また、[アクティブにするには承認が必要]項目を利用すると、アクティブ化を実行する際にあらかじめ指定した承認者による承認を得てから利用開始することを定義できます。

以上の設定が完了したら、最後にロール利用の資格があるユーザーを指定(ロールの割り当て)します。ロールの割り当ては、Azure AD PIM画面またはAzure AD管理センターの[ロールと管理者]から設定します。

ロールの割り当てには[資格のある割り当て]と[アクティブな割り当て]の2種類がありますが、[資格のある割り当て]を選択することでロール利用の資格があるユーザーを指定できます。

▼[資格のある割り当て]に割り当てられたユーザー一覧

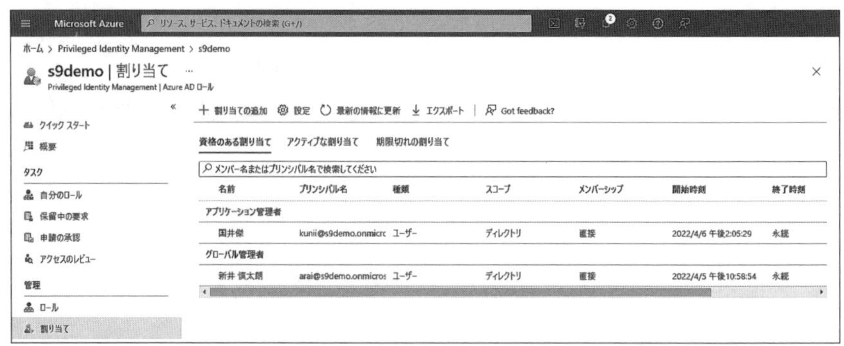

(2) Azureリソースの管理

AzureリソースをAzure AD PIMで管理する場合、サブスクリプションまたは管理グループに対するMicrosoft.Authorization/roleAssignments/write権限を持つユーザーが、利用開始のための設定を行います。

▼Azureリソース管理の初期設定ステップ

Azureリソース管理の初期設定ステップで最初に行う作業は、Azureリソースのオンボードです。**Azureリソースのオンボード**とは、PIMによる管理を行う対象を登録する作業のことで、サブスクリプション、管理グループ、リソースグループ、特定のリソースのいずれかを対象として登録することができます。

リソースのオンボードが完了すると、登録したリソースに対して利用可能なロール一覧が表示されるので、ロール一覧からPIMで管理するロールを選択し、ロール設定を行います。

▼Azureリソースのロール一覧

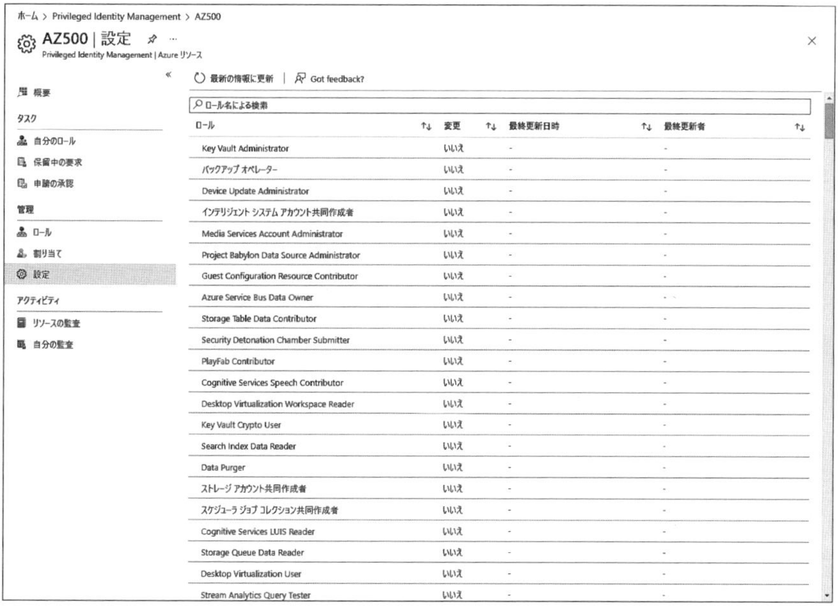

ホーム > Privileged Identity Management > AZ500

AZ500 | 設定

Privileged Identity Management | Azure リソース

概要

タスク

自分のロール

保留中の要求

申請の承認

管理

ロール

割り当て

設定

アクティビティ

リソースの監査

自分の監査

最新の情報に更新 | Got feedback?

ロール名による検索

ロール	変更	最終更新日時	最終更新者
Key Vault Administrator	いいえ	-	-
バックアップ オペレーター	いいえ	-	-
Device Update Administrator	いいえ	-	-
インテリジェント システム アカウント共同作成者	いいえ	-	-
Media Services Account Administrator	いいえ	-	-
Project Babylon Data Source Administrator	いいえ	-	-
Guest Configuration Resource Contributor	いいえ	-	-
Azure Service Bus Data Owner	いいえ	-	-
Storage Table Data Contributor	いいえ	-	-
Security Detonation Chamber Submitter	いいえ	-	-
PlayFab Contributor	いいえ	-	-
Cognitive Services Speech Contributor	いいえ	-	-
Desktop Virtualization Workspace Reader	いいえ	-	-
Key Vault Crypto User	いいえ	-	-
Search Index Data Reader	いいえ	-	-
Data Purger	いいえ	-	-
ストレージ アカウント共同作成者	いいえ	-	-
スケジューラ ジョブ コレクション共同作成者	いいえ	-	-
Cognitive Services LUIS Reader	いいえ	-	-
Storage Queue Data Reader	いいえ	-	-
Desktop Virtualization User	いいえ	-	-
Stream Analytics Query Tester	いいえ	-	-

以上の設定が完了したら、最後にロール利用の資格があるユーザーを指定（ロールの割り当て）します。ロールの割り当てには[資格のある割り当て]と[アクティブな割り当て]の2種類がありますが、[資格のある割り当て]を選択することでロール利用の資格があるユーザーを指定できます。

4 ロールのアクティブ化

管理者によるAzure AD PIMの初期設定が完了したら、ユーザーは管理作業を行うタイミングでアクティブ化を実行します。アクティブ化はAzure管理ポータルまたはAzure AD管理センターから行います。

[資格のある割り当て]タブ（次頁上図）にアクティブ化可能なロールが一覧で表示されるので、利用したいロールの[アクティブ化]リンクをクリックします。続く画面でアクティブ化の開始時刻とアクティブ時間を設定すると、アクティブ化が完了します。アクティブ化が完了すると、[アクティブな割り当て]タブ（次頁下図）より現在利用可能なロールを確認できます。

▼アクティブ化の開始

▼アクティブ化完了の確認

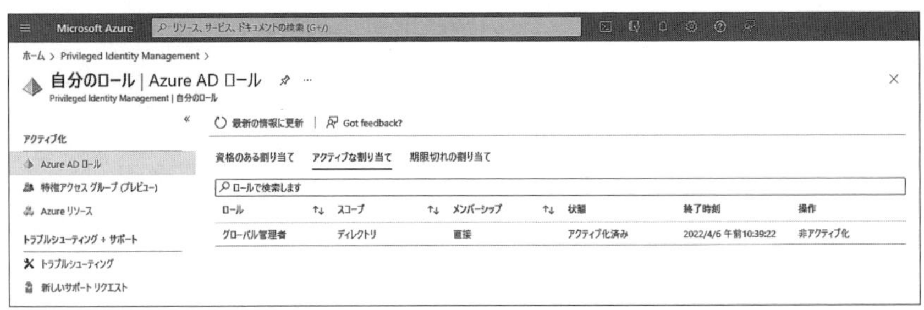

5 アクセスレビュー

ここまでAzure AD Privileged Identity Managementの機能を通じて特定のタイミングでのみ管理者権限が利用できるというライフサイクル管理についてみてきました。一方、一般ユーザーに割り当てられたクラウドサービスやアプリケーションへのアクセス管理をAzure ADで行っている場合、アクセス権が不要になったタイミングで適切にアクセス権をはく奪するような運用が求められます。このようなアクセス権の棚卸を行う機能を提供するのが、**アクセスレビュー**です。

たとえば、Microsoft Teamsを利用している企業で、Teamsチームに対して複数のユーザーにアクセス権を設定しているとしましょう。このとき、チームへのアクセスが必要なユーザーもいれば、すでに退職したり異動してしまったりしてチームへのアクセスが不要なユーザーもいるでしょう。アクセスレビューでは、アクセスが不要なユーザーを見つけてアクセス権を削除することができます。

アクセスレビューを実行する場合、管理者が最初に**レビュアー**を指定します。レビュアーはTeamsチームを実際に利用している、業務に精通したユーザーを指定するとよいでしょう。レビュアーに指定されたユーザーはメールで送られてくるチームに対するアクセス権一覧を参照し、適切なアクセス権が割り当てられているかを確認します(下図)。このとき、アクセス権を割り当てる必要のないユーザーにアクセス権が割り当てられている場合、レビュアーはそのユーザーを削除します。アクセス権の削除はレビュアーが直接行うことも、削除を管理者に依頼するように構成することも可能です。

▼アクセスレビューの作業ステップ

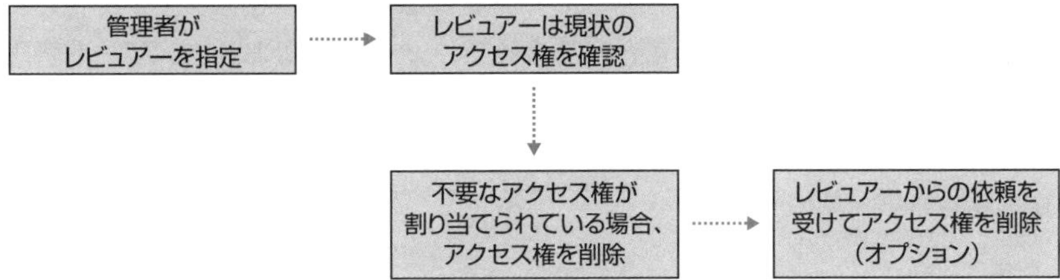

▼レビュアーによるアクセス権の確認画面

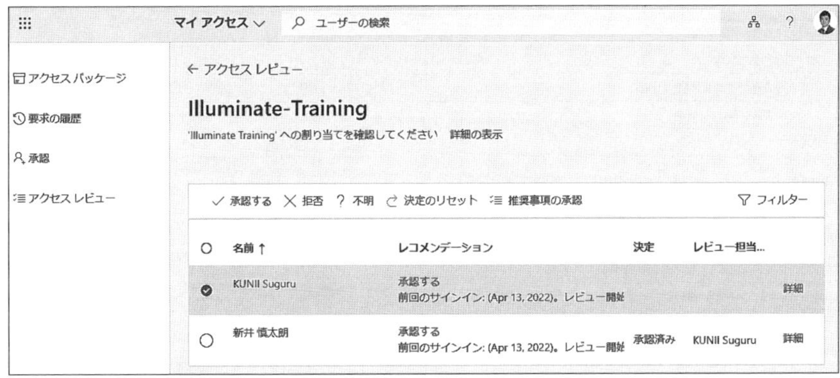

演習問題2-4

問題1.

➡解答　p.79

Azure AD Privileged Identity Managementを利用して、あなたの会社の同僚である小泉さんにパスワード管理者のロールを一時的に利用できるようにしました。ある日、小泉さんがパスワード管理者のロールをアクティブ化しようとした際、次の作業を行うことはできるでしょうか？ なお、パスワード管理者のロール設定は以下の通りです。

ロール設定の詳細 - パスワード管理者 …

Privileged Identity Management | Azure AD ロール

編集

アクティブ化

設定	状態
アクティブ化の最大期間 (時間)	1 時間
アクティブ化に理由が必要	はい
アクティブ化の時にチケット情報を要求します	いいえ
アクティブにするには承認が必要です	はい
承認者	1 メンバー、0 グループ

割り当て

設定	状態
永続的に資格のある割り当てを許可する	はい
次の後に、資格のある割り当ての有効期限が切れる:	-
永続するアクティブな割り当てを許可する	はい
次の後に、アクティブな割り当ての有効期限が切れる:	-
アクティブな割り当てに Azure Multi-Factor Authentication を必要とする	いいえ
アクティブな割り当てに理由が必要	はい

(1) 行った作業1：他の管理者の作業を必要とすることなくアクティブ化を完了させる。

A. はい
B. いいえ

（2）行った作業2：Azure ADユーザーのパスワード変更を8時間連続して作業を行う。

A. はい
B. いいえ

（3）行った作業3：ステータス管理の一環として小泉さんがアクティブ化を実行するタイミングでコメントを残す。

A. はい
B. いいえ

問題2.

➡解答 p.79 

あなたの会社では、Azure Active Directoryの不正アクセス対策に取り組んでおり、その一環としてAzure AD Privileged Identity Managementを導入しようとしています。PIMによる管理対象を定義する管理者として、次のようなユーザーを指定することは正しいでしょうか？

行った作業：パスワード管理者ロールを持つユーザーの多要素認証を有効化した。

A. はい
B. いいえ

問題3.

➡解答 p.79 

Azure AD Privileged Identity Managementを利用して、あなたの会社の同僚である小泉さんにパスワード管理者のロールを一時的に利用できるようにしました。小泉さんはパスワード管理者のロールをアクティブ化する際、4月1日9:00になったらロールを利用開始できるようにアクティブ化を事前に済ませておきたいと考えています。この場合、どのような設定が必要でしょうか？

A. ロール設定でアクティブ化の開始時刻を指定する
B. 条件付きアクセスを利用してアクセス制御を行う
C. グローバル管理者がパスワード管理者のロールの資格のある割り当てを行う際、4月1日から開始できるように設定する
D. 小泉さんがアクティブ化を行う際、開始時刻を指定してアクティブ化を設定する

問題4.

➡解答　p.80

あなたの会社のMicrosoft Teamsには、社内プロジェクトで使用するチームがあります。このチームにアクセス許可が割り当てられているユーザーのうち、プロジェクトから離脱したユーザーに対するアクセス許可を削除しようとしています。しかし管理者はプロジェクトの詳細を知らないため、アクセス許可が誰に割り当てられているべきかがわかりません。この場合、どのようにしてチームに必要なアクセス許可の見極めをすればよいでしょうか？

A. Azure AD Privileged Identity Managementを利用して、チームの管理者にTeams管理者のロールを割り当てる
B. Azure AD管理センター画面で、チームの管理者にTeams管理者のロールを割り当てる
C. Azure ADアクセスレビューを利用して、チームの所有者をレビュアーとするレビューを作成する
D. Azure ADアクセスレビューを利用して、チーム内の各々のメンバーをレビュアーとするレビューを作成する

問題5.

➡解答　p.80

あなたの会社では、Azure AD Privileged Identity Management (PIM) を利用して、限定的なロール割り当てを行おうとしています。ユーザーへのロール割り当てに先立ち、アプリケーション開発者のAzure ADロールに対して、次のようなロールの設定を行いました。

アクティブ化

設定	状態
アクティブ化の最大期間 (時間)	8 時間
アクティブ化に理由が必要	はい
アクティブ化の時にチケット情報を要求します	いいえ
アクティブにするには承認が必要です	いいえ
承認者	なし

割り当て

設定	状態
永続的に資格のある割り当てを許可する	いいえ
次の後に、資格のある割り当ての有効期限が切れる:	1 月
永続するアクティブな割り当てを許可する	いいえ
次の後に、アクティブな割り当ての有効期限が切れる:	15 日
アクティブな割り当てに Azure Multi-Factor Authentication を必要とする	いいえ
アクティブな割り当てに理由が必要	はい

Azure AD PIMを利用してアプリケーション開発者ロールの資格のある割り当てを2022年10月1日に行った場合、ロールが割り当てられたユーザーがアクティブ化できない日付はどれでしょうか？ 当てはまるものすべて選択してください。

A. 2022年10月3日
B. 2022年10月8日
C. 2022年10月20日
D. 2022年11月3日

問題6.

➡解答 p.80

あなたの会社では、Azure AD Privileged Identity Management (PIM) を利用して限定的なロール割り当てを行うべく、それぞれのロールに対して以下のような資格のある割り当てをユーザーに対して行おうとしています。

■ユーザーと割り当て予定のロール一覧

ユーザー	割り当てるロール
user1	Virtual Machine Administrator Login
user2	セキュリティ管理者
user3	アプリケーション開発者
user4	ユーザー管理者

■ユーザーの多要素認証設定状況

ユーザー	多要素認証の設定
user1	無効
user2	無効
user3	有効
user4	有効

■ユーザーに割り当てられたライセンス

ユーザー	ライセンス
user1	Office 365 E5、Azure AD Premium P1
user2	Office 365 E5、Azure AD Premium P2
user3	Office 365 E3、Azure AD Premium P1
user4	Office 365 E1、Azure AD Premium P2

user1、user2、user3、user4の各ユーザーのうち、Azure AD PIMを利用して割り当てられたロールのアクティブ化ができるユーザーを選択してください。

A. user1
B. user2
C. user3
D. user4

問題7.

➡解答 p.80  

あなたの会社のMicrosoft Teamsには、社内プロジェクトで使用するチームがあります。このチームにアクセス許可が割り当てられているユーザーのうち、プロジェクトから離脱したユーザーに対するアクセス許可を削除する必要があります。この操作を抜け漏れなく実行できるよう、Azure ADアクセスレビューを利用しようとしています。アクセスレビューを行うために必要な手順を、実行する順番に並べ替えてください。なお、以下の4つの操作はすべて必要なステップになります。

A. Azure AD管理センターでアクセスレビューを新規作成する
B. アクセスレビューの新規作成画面で、レビュー対象となるチームを選択する
C. レビュー対象となるチームのレビュアーを指定する
D. Azure AD Premium P2のライセンスをすべてのユーザーに割り当てる

問題8.

➡解答 p.81  

あなたの会社のMicrosoft Teamsには、社内プロジェクトで使用するチームがあります。このチームにアクセス許可が割り当てられているユーザーのうち、プロジェクトから離脱したユーザーに対するアクセス許可を削除する必要があります。この操作を行うために、アクセスレビューで以下のような設定を行いました。

新しいアクセス レビュー …

*レビューの種類　*レビュー　設定　*確認と作成

以下のレビュー ステージ、レビュー担当者、およびタイムラインを決定します。

(プレビュー) 複数ステージのレビュー * ⓘ

レビュー担当者の指定

レビュー担当者を選択する *　ユーザーによる自分のアクセスのレビュー

Identities who cannot review their own access will be reviewed by the group owner. Click here to learn more.

レビューの繰り返しの指定

期間 (日数) *　3

確認の繰り返し *　1 回

開始日 *　2022/10/01

ところが、退職者ユーザーのアクセス許可が削除されることがありませんでした。アクセスレビューの設定をどのように変更して、退職者ユーザーのアクセス許可が削除されるようにすればよいでしょうか？

A. レビュー担当者を変更する
B. レビュー期間を長く設定する
C. 確認の繰り返し期間を複数回に設定する
D. レビュー開始日を退職日前に設定する

解答・解説

問題1.

➡問題　p.72

解答　(1) B、(2) B、(3) A

■(1)について

パスワード管理者のロール設定にある[アクティブ化には承認が必要]項目が[はい]に設定されています。この場合、他の管理者による承認を経てはじめてアクティブ化が完了し、パスワード管理者のロールを利用開始できます。なお、承認を行う管理者は[承認者]項目で指定します。

■(2)について

アクティブ化したロールは、アクティブ化のときに指定した時間を超えて利用し続けることはできません。**ロール設定では最大期間が1時間に設定**されているので、8時間連続でパスワード変更を行うことはできません。

■(3)について

アクティブ化を実行するときに、**コメント**を一緒に設定することができます。ロール設定の[アクティブ化に理由が必要]項目が[はい]に設定されている場合は、コメント設定が必須になります。この問題ではコメントを入力できるかを問う問題なので、[アクティブ化に理由が必要]項目の設定にかかわらず答えは「コメント入力できる」になります。

問題2.

➡問題　p.73

解答　B

Azure ADロールをPIMで管理する場合、**Azure ADのグローバル管理者**または**特権ロール管理者**がPIMで管理するロールを指定する必要があります。またグローバル管理者は、多要素認証が有効であることが必要です。

問題3.

➡問題　p.73

解答　D

ユーザーがアクティブ化を実行する場合、**アクティブになる時間(ロールの開始時刻)**を指定できます。

2

演習問題

問題4.

➡問題　p.74

解答　C

Microsoft Teamsの**チームを対象とするアクセスレビュー**を行う場合、チームの事情にくわしいユーザーにレビューを依頼するべきです。Microsoft Teamsでのアクセス許可には所有者とメンバーと呼ばれる役割があり、所有者としてのアクセス許可が割り当てられているユーザーは、他のユーザーをチームに招待する権限を持つため、チームの事情にくわしいユーザーであるといえます。そのため、チームの所有者をレビュアーとして設定することが適切と考えられます。

問題5.

➡問題　p.74

解答　D

資格のある割り当ては一度設定すると、いつでもアクティブ化できるわけではなく、資格のある割り当てを行った日付から[次の後に、資格のある割り当ての有効期限が切れる]項目で定められている日数が経過すると、資格のある割り当て設定そのものが削除されます。この問題では[次の後に、資格のある割り当ての有効期限が切れる]項目を1月(1か月)と設定しているため、資格のある割り当てを設定したタイミング(2022年10月1日)から1か月以上が経過した2022年11月3日にはアクティブ化ができなくなります。

問題6.

➡問題　p.75

解答　D

Azure AD PIMはAzure AD Premium P2で提供するサービスであり、資格のある割り当てでロールが割り当てられたユーザー全員がP2のライセンスを保有している必要があります。また、ロールのアクティブ化を行う際、多要素認証が有効化されていることも前提条件になります。以上の要件を満たすユーザーはuser4のみになります。

問題7.

➡問題　p.77

解答　D→A→B→C

Azure ADアクセスレビューはAzure AD Premium P2のライセンスを通じて提供される機能で、レビュー対象となるすべてのユーザーに割り当てられている必要があります(D)。ライセンスの割り当てが完了したらAzure AD管理センターの[Identity Governance]-[アクセスレビュー]よりアクセスレビューを新規作成します(A)。アクセスレビューの新規作成ウィザードでは、レビュー対象のアプリの指定とレビュアーの指定を順に行います(C)。

なお、アプリの指定画面では、チームを選択すればMicrosoft Teamsのチームのうち、どのチームをレビュー対象とするかを選択することができます(B)。

問題8.

➡問題 p.77

解答 A

レビュー担当者は文字通りアクセスレビューの機能を用いてレビューを行うユーザーのことで「レビュアー」とも呼ばれているユーザーのことです。この問題の設定では、レビュー担当者を[ユーザーによる自分のアクセスのレビュー]に設定しており、自分で自分のレビューを行うような設定になっています。これではすでに退職したユーザーはレビューを行うことなく、退職者のアクセス許可が残り続けてしまいます。この問題を解決するためにはレビュー担当者をグループ所有者などに変更し、第三者がレビューを行うように構成する必要があります。

2

演習問題

2-5 エンタープライズ ガバナンス戦略を設計する

この節ではMicrosoft AzureおよびAzure ADにおけるアクセス制御の仕組みとガバナンスを効かせた運用に利用可能な機能について学習します。

1 Microsoft Azureの管理単位

Microsoft Azureを利用開始する場合、個人情報の登録や使用許諾契約の同意などを行って利用開始のための手続きを行いますが、このような手続きを経て利用するAzureの利用範囲をテナントと呼びます。

Azureテナントは作られると同時にAzure Active Directory（以下、Azure AD）に関連付けられ、テナントにはAzure ADユーザーでサインインして運用管理を行う仕組みになっています。しかし、これでは全体の管理ができる管理者と何もできないユーザーという極端な管理体制になってしまいます。そこでマイクロソフトではテナントの一部分だけが管理できるような仕組みとして、次のような概念を用意しています。

(1) サブスクリプション

サブスクリプションは、Azureで実行する仮想マシンやWebアプリなどのリソースを管理する単位で、テナントを作成すると必ず最初のサブスクリプションが同時に作成されます。サブスクリプションは課金の単位にもなっているため、最初のサブスクリプションとは別にサブスクリプションを作成することによって、サブスクリプションごとに請求先を変えるような運用が可能です。

(2) リソースグループ

リソースグループは、Azureのリソースを管理する単位で、サブスクリプションの中に作って運用します。リソースグループは主にリソースをグループ化して管理する目的で利用します。

(3) 管理グループ

管理グループは、1つ以上のサブスクリプションをまとめたもので、ユーザーに対してサブスクリプションに対する管理権限を割り当てる際、サブスクリプションごとに管理権限を割り当てるのではなく、複数のサブスクリプションがグループ化された管理グループに対して管理権限を割り当てることで管理権限の割り当てが簡略化できるメリットがあります。

ここまでテナント、サブスクリプション、リソースグループ、管理グループについて解説しましたが、それぞれの関係性は次のように表現できます。

▼テナント／サブスクリプション／リソースグループ／管理グループの関係性

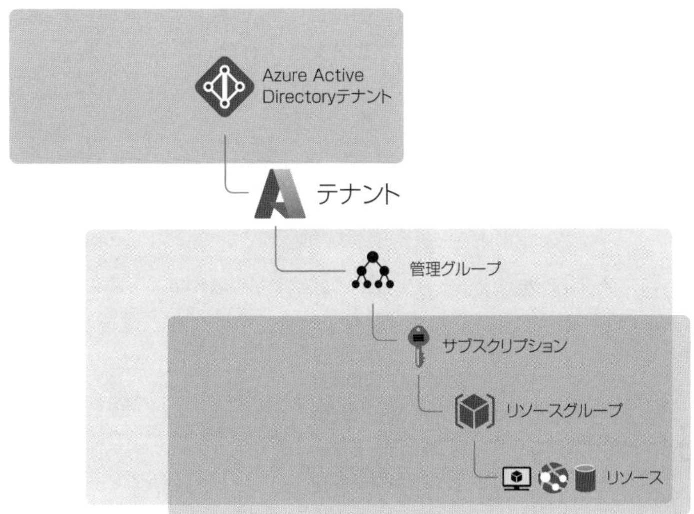

Microsoft Azureでは以上のようにテナント全体の管理だけでなく、サブスクリプションやリソースグループなどのように一部分だけの管理を行うことができるようなモデルを採用しています。このような細かな運用管理を行うことができるアクセス制御モデルを**ロールベースのアクセス制御**(**RBAC**：Role-Based Access Control)と呼びます。

2 ロール

RBACと呼ばれる管理モデルでは「管理が可能な範囲」と「管理可能な権限」を組み合わせて、管理者が管理できることを決定します。**スコープ**とも呼ばれる「管理が可能な範囲」については、テナント、サブスクリプション、管理グループ、リソースグループの単位で設定できることを前のセクションで解説しました。一方「管理可能な権限」は、**ロール**と呼ばれる設定で定義します。

Microsoft Azureで仮想マシン、Webアプリ、ストレージサービス、SQLデータベースなどのリソースを運用するとき、管理者がリソースを管理するときに行うアクションとして、仮想マシンを開始する、停止する、などの操作があります。こうした操作を**アクション**と呼びますが、誰にどのアクションを実行する権限を割り当てるかを考えた場合、その設定は面倒なものになります。そこで、管理者の行うアクションをひとまとめにし、割り当てしやすくする運用が可能になっています。このとき、ひとまとめにしたアクションを**ロール**と呼びます。

▼アクションとロール

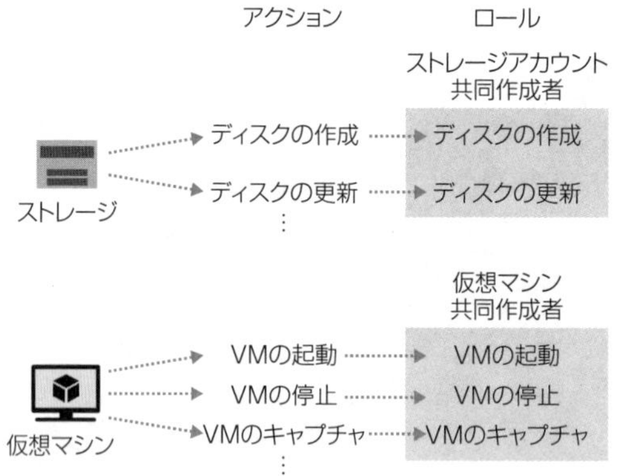

　ロールには、あらかじめいくつかのアクションをひとまとめにして事前に用意した**組み込みロール**と、管理者が利用するアクションを自分でまとめて作る**カスタムロール**があります。組み込みロールにはさまざまなものがありますが、代表的なロールに次のようなものがあります。

▼代表的な組み込みロール

ロール名	説明
所有者	スコープの範囲内における、すべての管理が可能
共同管理者	スコープに対して割り当てられたアクセス許可設定の変更を除く、すべての管理が可能
閲覧者	Azureリソースの設定を閲覧することだけが可能
仮想マシン共同作成者	Azure 仮想マシンの管理が可能

3 Azure Policy

RBACでは、ユーザーによるリソース管理が可能な範囲と操作を定義してアクセス制御を行いました。これに対して、**Azure Policy**はAzureリソースの中にある特定の項目を決められた設定になるように定義するものです。たとえば、仮想マシンを作成する場合、RBACでは仮想マシンそのものの作成を許可／拒否を定義します。それに対してAzure Policyでは、仮想マシンを作成する際、特定のリージョンだけを選択して作成できるようになります。

2

▼RBACとAzure Policyの制御の違い

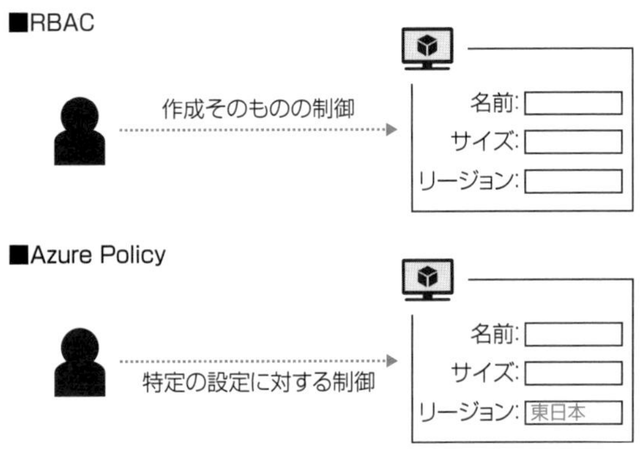

次からはAzure Policyの特徴について順番に確認します。

(1) ポリシー定義

ポリシー定義とはAzure Policyで利用する、1つひとつのポリシーを指します。Azure Policyではポリシーの中で定義した内容を特定の範囲(管理グループ、サブスクリプション、リソースグループ、特定のリソースのいずれか)に割り当てることによって動作します。ポリシー定義を割り当てる範囲を**スコープ**と呼びます。

ポリシー定義では、JSON(JavaScript Object Notation)形式でAzureリソースに対する制御を定義します。ポリシー定義は一から作成することもできますが、デフォルトで用意されているポリシーに利用したい設定があれば、そのポリシーを流用することもできます。Microsoft Azure Portalサイトの[ポリシー]項目から[定義]の項目をクリックすると、図のようにさまざまなポリシー定義が用意されていることがわかります。

▼Azure Policyのポリシー定義一覧

Azure管理ポータルから特定のポリシー定義を選択し、[割り当て]を選択すると、ポリシー定義を割り当てるスコープを定義できます。

▼ポリシー定義をAZ500Group管理グループに割り当てている様子

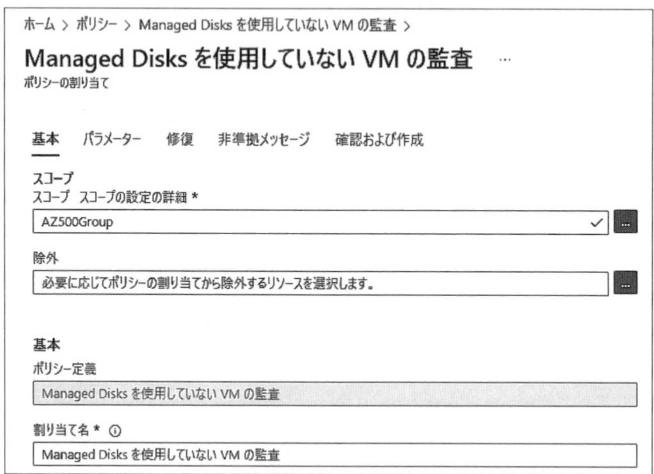

(2) イニシアティブ定義（イニシアチブ定義）

Azure Policyでは、会社のルールの適用を徹底するため、さまざまなポリシー定義を作成し、割り当てることが想定されます。しかし、割り当てるポリシー定義が複数ある場合、割り当てる作業は非常に煩雑になります。そこでAzure Policyでは、**イニシアティブ定義**（イニシアチブ定義）と呼ばれるポリシーを作成することで、複数のポリシー定義を1つにまとめて運用することができます。イニシアティブ定義は、ポリシー定義のグループという言い方もできます。

イニシアティブ定義は、Azure Policyの一覧から作成することができます。また、デフォルトで用意されたイニシアティブ定義もあり、ISO 27001に準拠するために必要なポリシー定義をまとめたイニシアティブ定義や、プライバシー保護を目的とした米国国立標準技術研究所（NIST）の規定であるNIST SP 800-53に準拠したポリシー定義をまとめたイニシアティブ定義などもあります。

イニシアティブ定義は、ポリシー定義と同じようにスコープを指定して割り当てを行うことで、どの範囲でポリシー定義を適用させるかを指定できます。

▼NIST SP 800-53イニシアティブ定義内のポリシー定義一覧

4 Azureブループリント

私たちがMicrosoft Azureで複数のWebサイトや仮想マシンを作成する場合、作成するリソースの数だけ繰り返し操作を行う必要があります。こうした操作を簡略化させるために**Azureブループリント**があります。Azureブループリントは、Azureリソースを作成する際に必要な、次の項目を自動作成するテンプレートを用意します。

・リソースグループ
・作成するリソース
・RBACによるロールの割り当て
・Azure Policyによる設定の割り当て

下の図ではリソースグループ、Azureリソース（下の図ではWebアプリ）、リソースに対するロール（下の図では共同作成者ロール）、Azureポリシー（下の図では東日本リージョンの利用のみを許可するポリシー）の4つを定義してAzureブループリントを作成しています。

▼Azureブループリントの構成要素

Azureブループリント

リソースグループ

Webアプリ

共同作成者ロール

東日本リージョンの利用のみを
許可するAzureポリシー

Azureブループリントを作成ができたら、続いて割り当てを行います。割り当てを設定すると、ブループリントの中で定義されたリソースが自動作成されます。これを繰り返すことによって、次頁の図のようにリソースグループ、Webアプリ、ロール、ポリシーのセットをかんたんに複数作ることができます。

▼Azureブループリントからリソースを作成

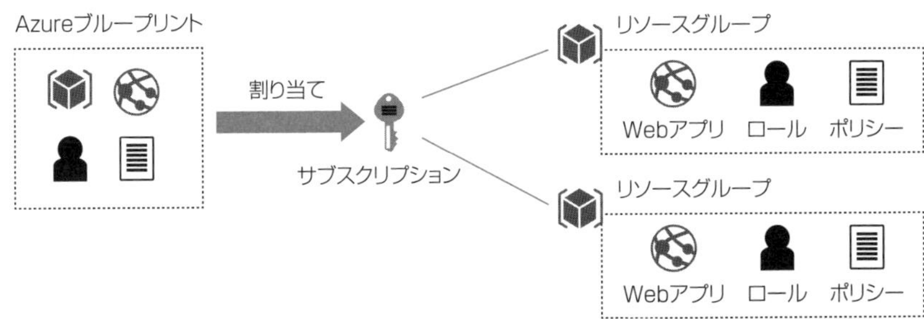

5 リソースロック

仮想マシンやWebアプリなどのMicrosoft Azureに作られたリソースは、管理者による誤った操作などによって意図せず設定が変更されたり、リソースそのものが削除されたりする可能性があります。こうした問題を起こさないようにするためにAzureリソースでは**リソースロック**を設定し、リソースに対する特定の操作を制限することができます。

リソースロックは、管理グループ、サブスクリプション、リソースグループ、特定のリソースのいずれかの単位で、[読み取り専用]または[削除]の制限を設定できます。

演習問題2-5

問題1.

➡解答　p.91 

あなたの会社では、Microsoft Azureを利用して仮想マシンを作成する際、非管理ディスクを利用して仮想マシンを作成するようなルールを設けました。このルールに沿って仮想マシンが作成されるように構成する場合、どのような方法で実現すればよいでしょうか？

A. Azure ADグローバル管理者として作業する
B. 仮想マシン作成者のロールを割り当てる
C. アクセスレビューを利用して仮想マシン利用履歴を追跡する
D. Azure Policyを利用する

問題2.

➡解答　p.91 

Microsoft AzureにRG1という名前のリソースグループがあります。このRG1リソースグループにはWS19という名前の仮想マシンがあり、あなたはその管理を委任されました。実際にWS19仮想マシンを起動し、RDP接続できることを確認しました。

ある日、WS19仮想マシンの高可用性を目的として2台目の仮想マシンを作成しましたが、その仮想マシンには構成に誤りがあったため、削除して再作成をしようとしました。ところが削除することができません。この場合、どのような設定で仮想マシンを削除できるようにすればよいでしょうか？

A. リソースグループに仮想マシン作成者のロールを割り当てる
B. Azure Policyで仮想マシンを削除できるように構成する
C. リソースグループに割り当てられた、すべてのリソースロックの設定を削除する
D. アクセスレビューを利用してリソースグループのレビューを行う

問題3.

➡解答　p.92 

あなたの会社では、Microsoft Azureテナント内に複数のサブスクリプションを作成し、運用を行おうとしています。それぞれのサブスクリプションに対して、同じ共同作成者ロールとNIST SP800-53準拠のポリシーを割り当てたいと考えています。この作業を最も効率よく行う必要がある場合、Microsoft Azureのどの機能を利用して実現すればよいでしょうか？

A. Azureブループリント
B. リソースロック
C. イニシアティブ(イニシアチブ)定義
D. Azure Policy

解答・解説

問題1.

➡問題　p.90

解答　D

Azure PolicyはAzure内での特定のリソースの取り扱いを制限するサービスで、仮想マシンを作成するときに同時に利用する仮想ディスクとして、管理ディスク／非管理ディスクのどちらを利用するかなどを制限できます。

問題2.

➡問題　p.90

解答　C

リソースグループの中で仮想マシンを作成することができるが、仮想マシンを削除することができないという現象が発生している場合、**リソースロックの[削除]の設定**が施されている可能性があります。[削除]のロックを削除することによって、リソースグループの中で自由に仮想マシンの作成や削除を行うことができます。

問題3.

➡問題　p.91

解答　　A

Azureサブスクリプション等に対してAzure Policyやロールなどをまとめて割り当てたい場合、**Azureブループリント**を利用します。なお、NIST SP800-53準拠のポリシーはAzure Policyの複数のポリシー定義をまとめたイニシアティブ（イニシアチブ）定義として提供されていますが、Azureブループリントでは、ポリシー定義の代わりにイニシアティブ定義を選択することも可能です。

第3章

プラットフォーム保護を実装する

3-1 境界セキュリティを実装する

ゼロトラストが叫ばれる今日ですが、セキュリティの基本となる境界セキュリティが必要であることに変わりはありません。この節ではAzure上で境界セキュリティをどのように実現するかを確認します。

1 多層防御

クラウドを利用する際にも、オンプレミス環境と同様にネットワークセキュリティを考える場合は、セキュリティの概念の基本となる多層防御の観点で考えることが可能です。もちろん、物理的なセキュリティ部分はMicrosoftに任せることになりますが、それ以外の構成はクラウドでも構成可能です。この節では、特に外部と内部を分ける部分のセキュリティについて解説しています。

(1) 多層防御の概要

多層防御とは、セキュリティを実現する上でネットワークのみ、ホストのみといった個別のセキュリティではなく、システム全体を階層化して各層ごとにセキュリティを実現することで、トータルのセキュリティを高める手法を指します。

▼多層防御

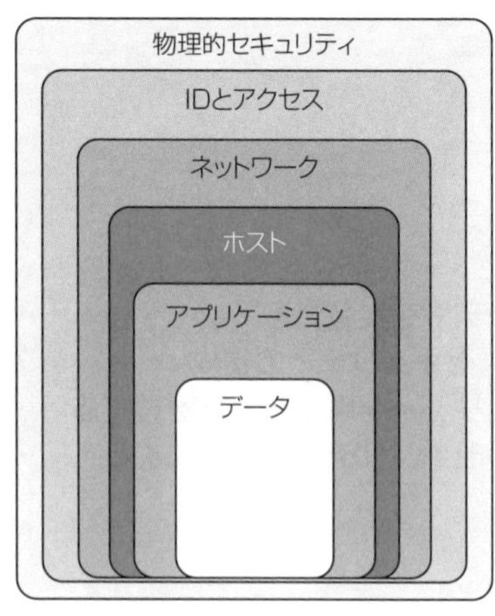

たとえば、物理的セキュリティはAzureを管理するMicrosoftが完全に制御しているため利用者には何の制御もできません。

IDとアクセスは、Azure ADを利用したユーザーの管理や監視が可能であり、さらにアクセス制御も可能です。

ネットワークは、Azure Firewallによる制御やNSGによるサブネット、ネットワークインターフェースレベルの制御が可能です。さらにDDoS Protectionの機能を利用した防御も可能となります。

(2) セキュリティの手法

ゼロトラストの考え方では、従来型の単純な防御以外に検査や検知といった対策も重要だと考えられています。一般的には以下の3対策が必要です。

- **入口対策**
- **内部対策**
- **出口対策**

Azureでは、すべての対策をとることが可能です。入口対策はMicrosoft自身が行っている物理的セキュリティやAzure Portalなどのセキュリティ対策の他、ユーザー自身がIDとアクセスやネットワークレベル、ホストレベルといった前項で紹介した対策を実施できます。

さらに、内部対策や出口対策の手法としてAzure Defender for CloudやMicrosoft Sentinel、Azure AD Identity Protectionなどさまざまソリューションが存在しています。

2 仮想ネットワーク

仮想ネットワーク(VNet)は、Azure上でプライベートなネットワークを構築する際に利用可能なリソースです。また、仮想マシン(VM)の利用には、仮想ネットワークが必須です。仮想マシンとAzureの各リソースを接続する際に、プライベートな通信にしたい場合にも利用可能であり、オンプレミス環境とAzureを接続する際にも仮想ネットワークが必要となります。

▼仮想ネットワーク

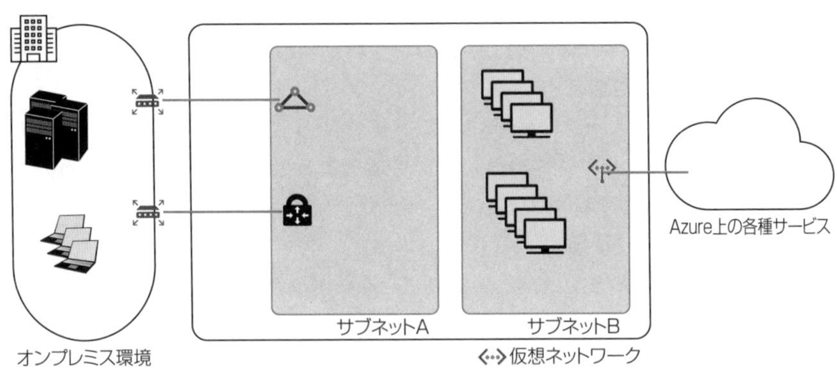

(1) 仮想ネットワークの構成

仮想ネットワークは、1つのAzureリージョン上に作成することが可能で、1つ以上のサブネットから構成されます。アドレス空間を持ち仮想ネットワークに配置された仮想マシンや、仮想ネットワークに接続されたAzureリソースや、オンプレミス環境との通信を実現します。仮想ネットワークを構成する際に関連する要素には、以下のものがあります。

・IPアドレス
・IPアドレス空間
・サブネット
・ネットワークアダプター
・ネットワークセキュリティグループ

また、仮想ネットワーク内のサブネット間は自動的にルーティングがなされますが、**仮想ネットワーク間はネットワークが接続されないため注意が必要**です。仮想ネットワーク間を接続するには、以下の方法が可能です。

■VNetピアリング

VNetピアリングとは、仮想ネットワーク同士を相互接続する機能で、Azureのバックボーンを利用して仮想ネットワークを拡張可能です。異なるリージョン間でも接続が可能で、高速かつ低遅延で、仮想ネットワーク同士を接続できます。

■**VPNのサイト間接続**

仮想ネットワークゲートウェイを利用して、仮想ネットワーク同士を接続可能です。このオプションはオンプレミス環境との接続にも利用できる機能で、インターネットなどを介して拠点間を結ぶソリューションです。この機能を仮想ネットワーク同士の接続にも利用できます。

現在、仮想ネットワーク同士を接続するときには、VNetピアリングが一般的なソリューションとなります。VPNのサイト間接続はオンプレミス環境との接続に利用されることがあります。また、オンプレミス環境との接続にはExpressRouteと呼ばれる専用線ソリューションも利用されています。

(2) IPアドレス

Azure上で利用するリソースは、IPアドレスを持つことが可能です。仮想ネットワークを利用するリソースも、もちろんIPアドレスを利用可能です。アドレスには以下の2種類があります。

■**プライベートIPアドレス**

仮想ネットワークなどで利用するアドレスで、Azureの内部でのみ利用可能です。仮想マシンの場合は、VNIC（仮想ネットワークインターフェースカード）にアドレスが割り当てられます。

■**パブリックIPアドレス**

仮想マシンやAzure Firewall、ロードバランサーなどの外部からのアクセスを受け付けるリソースに対して設定可能です。専用のパブリックIPアドレスリソースを紐づけることで外部との通信が可能となります。

(3) IPアドレス空間

仮想ネットワークで利用できるアドレスの範囲です。通常はプライベートIPアドレスの範囲を利用するため、RFC 1918に準拠するアドレス範囲を指定します。仮想ネットワークには、複数のアドレス範囲を指定可能です。

▼アドレス空間の構成

(4) サブネット

　仮想ネットワークに構成できるネットワークです。仮想ネットワークには1つ以上のサブネットが構成可能で、仮想ネットワークに設定されたアドレス空間に含まれるアドレス範囲を指定して、サブネットを構成することができます。1つの仮想ネットワークに構成されたサブネットは自動的にルーティングされるため、個別のルーティングを行いたい場合は、ユーザー定義ルート(UDR)を構成する必要があります。UDRについては「4　その他のセキュリティ」で解説します。

▼サブネットの構成

(5) ネットワークアダプター(仮想ネットワークインターフェース)

仮想マシン(VM)が仮想ネットワークに参加するためには、接続用のネットワークアダプターが必要となります。Azure上のネットワークアダプターは仮想ネットワークインターフェース(VNIC)と呼ばれます。VNICを仮想ネットワークのサブネットに接続することができます。その結果、VNICにプライベートIPアドレスが割り当てられます。また、VNICはパブリックIPアドレスリソースをリンクすると、対象の仮想マシンでパブリックIPアドレスを利用した通信が可能となります。

(6) ネットワークセキュリティグループ

サブネットとVNICにリンクすることで、一般的なファイアウォールと同様にアクセス制御が可能となります。くわしくは次の3-2節で解説します。

3 Azure Firewall

Azure Firewallは、仮想ネットワークに対してファイアウォール機能を提供するリソースです。単体の仮想マシンやネットワークではなく、Azureで構成するシステム全体のセキュリティを向上させるネットワークファイアウォールとして動作可能です。

(1) Azure Firewall

Azureを保護するクラウドネイティブなネットワーク型のファイアウォールです。高可用性があらかじめ組み込まれており、追加のロードバランサーなどの必要がないので、セキュリティの機能に注力して構成が可能です。Azure Firewallで利用できる代表的な機能は以下の通りです。

■アプリケーションのFQDNのフィルタリング規則(アウトバウンド制御)

FQDN(Fully Qualified Domain Name：完全修飾ドメイン名)の一覧に対して、送信のトラフィック(Http/Https)の制限が可能です。この制限にはAzure SQLトラフィックを含めることもできます。FQDNの一覧にはワイルドカードも利用可能です。

■ネットワークトラフィックのフィルタリング規則(アウトバウンド/インバウンド制御)

送信元と送信先のIPアドレス、ポート、プロトコルを基準として許可・拒否を制御できます。

■**脅威インテリジェンス**

脅威インテリジェンスベースのフィルター処理を有効化できます。この機能を利用することで、Microsoft脅威インテリジェンスフィードを使用した、既知の悪意あるIPアドレスやドメインとのトラフィックに対して警告や拒否といった制御が可能となります。

■**送信SNAT（Source NAT）のサポート**

仮想ネットワークで発生した外部向けの通信は、SNATを利用し、Azure FirewallのパブリックIPアドレスに変換できます。外部向けの通信を特定して許可を与えることが可能になります。

■**受信DNAT（Destination NAT）のサポート**

Azure FirewallのパブリックIPアドレスで受信した接続を、仮想ネットワークのプライベートIPアドレスでフィルター処理することが可能です。

■**Azure Monitorログ記録**

Azureの監視とログを一元的に管理するAzure Monitorで、Azure Firewallの活動状況を確認することができます。

また、Azure Firewallブックを利用して、高度なレポートをAzure Portalで確認することができます。

詳細　**Azure Firewallブックを使用してログを監視する**

https://docs.microsoft.com/ja-jp/azure/firewall/firewall-workbook

さらにStandardとPremiumの2つのSKUが用意されておりPremiumを利用するとStandardの機能に加えて、IDPS、TLSインスペクション、URLフィルタリング、Webカテゴリ（機能強化）を追加することが可能となります。

詳細

・**Azure Firewall Standardの機能**

https://docs.microsoft.com/ja-jp/azure/firewall/features

・**Azure Firewall Premiumの機能**

https://docs.microsoft.com/ja-jp/azure/firewall/premium-features

(2) Azure Firewallの構成

Azure Firewallは、規則の構成にポリシーを利用します。また、外部からの受信接続にはDNATのルール構成で、内部のネットワークに通信をマッピングすることができます。Azure Firewallの基礎構成は、以下の設定で達成可能です。

・仮想ネットワークにAzure Firewall用のサブネットを作成

・Azure Firewallのデプロイ　　　　・アプリケーションルールの構成

・既定のルート作成　　　　　　　　・ネットワークルールの構成

※ルールの構成はポリシーを利用して構成します。

(3) Azure Firewallの実装ポイント

Azure Firewallは、仮想ネットワークに対して1つのみ構成が可能であるため、ネットワークごとに異なるAzure Firewallを構成するのではなく、システム全体で1つのAzure Firewallを構成し、すべてのトラフィックを検査することでセキュリティの確保が可能です。ただし、異なる要件が必要となるシステムの場合は、システムごとに仮想ネットワークを個別に用意し、Azure Firewallを個別に運用することも可能です。

以下にAzure Firewallの一般的なデプロイパターンを紹介します。

■ハブスポークネットワーク（ハブアンドスポーク）

Azure Firewallを有効化したハブ仮想ネットワークと、リソースを配置したスポーク仮想ネットワークを、ピアリングで接続します。これにより、仮想ネット

▼Azure Firewallの一般的な実装例

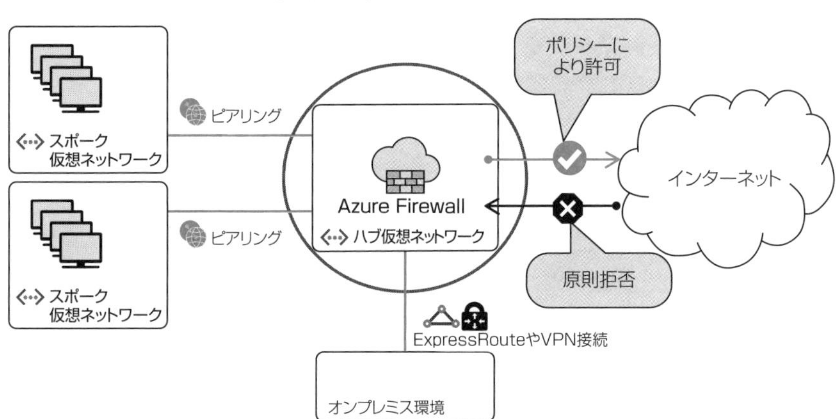

ワークを利用したシステム構成と外部通信をフィルターするAzure Firewallの機能が利用可能となります。

4 その他のセキュリティ

Azure Firewallは、仮想ネットワークに対してファイアウォール機能を提供するリソースです。単体の仮想マシンやネットワークではなく、Azureで構成されたシステム全体のファイアウォールとして動作させることができるネットワーク型のファイアウォールです。

(1) DDoSプロテクション

DDosプロテクションは、サービス拒否攻撃(DDos)と呼ばれる攻撃からAzureの各サービスを保護する仕組みです。Azureの各種サービスでは、規定で防御機能が有効になっています。さらにAzure DDoS Protection Standardを有効にすると、レポートによる詳細な攻撃のレポートと、Azure Monitorを利用したさまざまな情報の確認が可能となります。この他にも多くの機能がStandardプランでは提供されます。

参考　**Azure DDoS Protection Standardの概要**
https://docs.microsoft.com/ja-jp/azure/ddos-protection/ddos-protection-overview

(2) VPN強制トンネリング

VPN強制トンネリングを構成すると、仮想ネットワーク内で発生したトラフィックをインターネットではなく、オンプレミス環境に転送することが可能となります。したがって、Azure上の仮想ネットワークにあるリソースを直接インターネットに接続させたくない場合は、この機能を利用することでオンプレミス環境へ通信を送り、一元的に管理することができます。VPN強制トンネリングは、VPN接続とExpressRouteの両方で実装が可能です。

(3) ユーザー定義ルート(UDR)

UDR(User Defined Route)は、仮想ネットワーク内のサブネットに対して新しいルーティングルールを構成する方法です。すでに紹介した通り、同一仮想ネットワークのサブネットはすべて自動的にルーティングがなされています。

▼自動的にルーティングされた状態

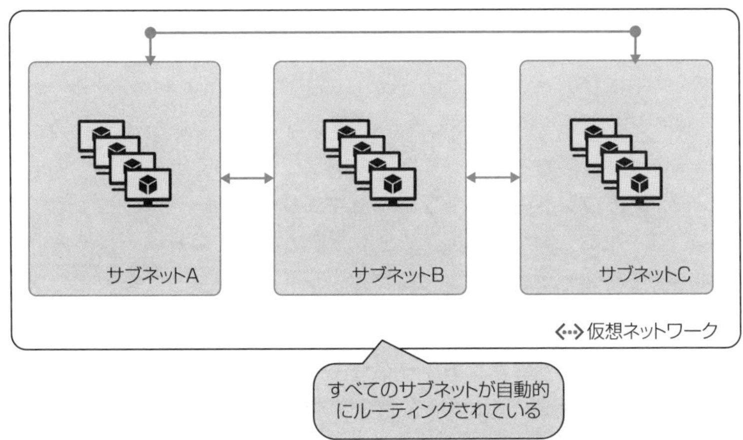

UDRを利用することでこのようなルーティングの環境を変更することが可能です。一例としてはNVA（ネットワーク仮想アプライアンス）を利用したルーティングの変更が可能です。

▼NVAを利用したルーティングの変更

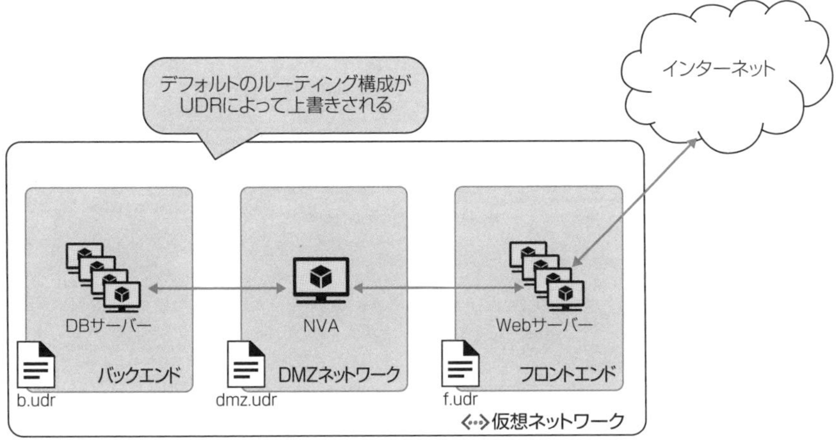

上記のように構成することで、外部からの通信をフロントエンドのWebサーバーで受け取り、バックエンドのDBサーバーが行う通信をUDRで制御できます。

(4) Azureストレージのネットワークセキュリティ

Azureストレージは Azure上のデータ保存に利用できる領域で、仮想マシンのデータや仮想ハードディスクを置く場所としても利用することができます。また、デフォルトでは、インターネットからのアクセスが可能なストレージです。Azureストレージも仮想ネットワークに配置することで、仮想ネットワークからのアクセスに限定し、セキュリティを高めることが可能です。

■ストレージアカウントのネットワークセキュリティ

Azureストレージへのネットワークセキュリティは、ストレージアカウントのリソースで構成可能です。ストレージアカウントへのアクセスを特定のIPアドレス、IPアドレス範囲、仮想ネットワークのみに限定できます。

▼ストレージアカウントのネットワークセキュリティ

演習問題3-1

問題1.

➡解答　p.108

次の説明文に対して、はい・いいえで答えてください。

Azure Firewallで各種リソースの保護を考えています。1つのサブネットを含む仮想ネットワークを構成して、IPアドレス空間とサブネットのアドレスを設定しました。サブネットの名前はAzureFirewallSubnetです。これでAzureのリソースを保護できますか？

A. はい
B. いいえ

問題2.

➡解答　p.108 

企業内にあるサーバールームをAzure上に移行する計画を作成中です。以下のような形で仮想マシンと仮想ネットワークを構成予定です。

仮想マシン	仮想ネットワーク/サブネット
Web001	Vnet01/Frontend
Web002	Vnet01/Frontend
DB01	Vnet02/DBnet

上記構成で各仮想マシンは、プライベートIPを利用して相互に通信をする予定です。

上記の条件を満たすことは可能ですか？

A. はい
B. いいえ

問題3.

➡解答　p.108 

Azure上に4つの仮想ネットワークがあり、それぞれに仮想マシンが設置されており、さまざまなサービスを展開する予定です。これらのサービスは、インターネットからの接続やオンプレミス環境との通信も行うハイブリッドな環境を必要としています。また、コストを可能な限り抑えたいと考えています。4つの仮想ネットワークを保護するAzure Firewallを導入します。どのソリューションが適切ですか？

A. 仮想ネットワークごとにAzure Firewallを実装する
B. 新しい仮想ネットワークを作成し、Azure Firewallを構成後、新しい仮想ネットワークと4つの仮想ネットワークをピアリングする
C. 新しい仮想ネットワーク作成し、Azure Firewallを構成する
D. 新しい仮想ネットワーク作成し、すべての仮想ネットワークにAzure Firewallを構成する

問題4.

➡解答　p.109 

Azure上に社内システムを移行予定です。社内システムの安全を確保するために、Azure仮想ネットワーク上で発生したインターネット向けの通信をオンプレミス環境に転送したいと考えています。どの機能を利用しますか？

A. Azure Firewall
B. Azure DDoS Protection Basic
C. Azure DDoS Protection Standard
D. VPN強制トンネリング

問題5.

➡解答　p.109  

Azureストレージを構成してデータをAzure上に保存しました。オンプレミス環境からAzureへは、仮想ネットワークを利用してVPN接続を行っています。Azureストレージの安全性を確保するために、インターネットからのAzureストレージへのアクセスを制限したいと考えています。Azure Portalでストレージアカウントの設定を変更します。どのメニューを利用して設定を変更しますか？

A. アクティビティログ
B. Azure CDN
C. ネットワーク
D. Geoレプリケーション

問題6.

➡解答　p.109  

以下の構成でAzure上に仮想マシンを配置予定です。VM01と通信が可能な仮想マシンの組み合わせを選択してください。

仮想マシン	仮想ネットワーク/サブネット
VM01	Vnet01/Frontend
VM02	Vnet02/Frontend
VM03	Vnet03/cl
File	Vnet01/sv

・Vnet01とVnet02は相互にピアリングされている
・Vnet01とVnet03は相互にピアリングされている

A. Fileのみ
B. すべての仮想マシンと通信不可
C. VM02とVM03
D. VM02とVM03とFile

解答・解説

問題1.

➡問題　p.105

解答　B

Azure Firewallを利用する際には、Azure Firewall用のサブネットとリソース用のサブネットを作る必要があります。

今回の設問にある構成では、サブネットが不足しています。Azure Firewall用のサブネットとして「AzureFirewallSubnet」という名前のサブネットとリソース用のサブネットが必要です。なお、リソース用のサブネットの名前は任意のものが利用可能です。

問題2.

➡問題　p.105

解答　B

Azureの仮想ネットワーク内のサブネット同士は、UDRを設定しない限りすべて自動ルーティングがなされます。したがって、同じ仮想ネットワークに所属するWeb001とWeb002は通信が可能です。しかし、異なる仮想ネットワークにデプロイされたDB01は、このままではアクセスができません。異なる仮想ネットワーク同士でプライベートIPを利用した通信が必要な場合は、ピアリングを利用します（VNet間VPNもありますが、一般的ではありません）。

問題3.

➡問題　p.106

解答　B

Azure Firewallは構成する場合、一般的な設定はハブアンドスポーク型を利用します。したがってBが解答となります。また、すべての仮想ネットワークにAzure Firewallを構成することでも目的は達成できますが、複数のAzure Firewallを構成するとコストが非常に大きくなるため、今回のコストを落としたいという要望を達成できません（A、D）。新しい仮想ネットワークを作成しAzure Firewallを構成した場合は、あわせてピアリングなどを利用して仮想ネットワーク同士を接続しないと、Azure Firewallがある仮想ネットワークとの通信ができません（C）。

問題4.

➡問題 p.106

解答　D

VPN強制トンネリングを利用すると、仮想ネットワークで発生したインターネット向けのトラフィックをオンプレミス環境に転送可能です。Azure Firewallは、名前の通りネットワークタイプのファイアウォールとなるため、インバウンド／アウトバンドの通信を制御します。

Azure Firewallは、通信の遮断は可能ですが、ルーティングの機能は持っていません（A）。Azure DDoS Protectionは、DDoS攻撃を顕現する機能とレポートなどを出力する機能を備えた防御サービスです（B、C）。

問題5.

➡問題 p.107

解答　C

ストレージアカウントのファイアウォール構成は、［ネットワーク］メニューから変更可能です。ネットワークの［ファイアウォールと仮想ネットワーク］タブの［選択した仮想ネットワークとIPアドレスから有効］のチェックボックスを操作することでAzureストレージへのアクセスを制御可能です。

アクティビティログは、ストレージアカウントへの管理作業などのログです（A）。

世界各地からアクセスがあるストレージアカウントは、Azure CDNを利用して近くのAzureデータセンターへキャッシュを持つことでアクセス効率を上げることが可能となります。（B）。ストレージアカウントの可用性を調整するには、Geoレプリケーションを利用します（D）。

問題6.

➡問題 p.107

解答　D

VM01とFileは同じ仮想ネットワークに所属するため通信が可能です。また、Vnet01とVnet02は相互にピアリングされているため、VM01とVM02も通信が可能です。同様にVM03とも通信が可能となります。ただし、UDRなどが構成されていた場合は、この基本の動作に変更が可能であるため、注意が必要です。

3-2 ネットワーク セキュリティの構成

Azureで構成できるネットワークセキュリティについて学習します。また、ネットワークレベルのセキュリティを実現する方法を確認し、仮想ネットワークに接続するリソースの保護方法を確認します。

1 仮想ネットワークの保護

仮想ネットワークの保護方法には、NSG（ネットワークセキュリティグループ）が利用可能です。NSGは、仮想ネットワークのリソースに対して通信に関する規則を定義したものです。したがって、NSGでは、ネットワーク層の保護が可能で、仮想ネットワーク内の仮想マシンへのネットワークトラフィックを効率よく保護することが可能です。また、NSGを利用することで仮想マシン別に構成を用意して、個別の防御をすることができます。

(1) NSG（ネットワークセキュリティグループ）

NSGを利用することで、仮想ネットワーク内のリソースに対して、高度なセキュリティルールを構成することができます。基本的にはリソースへの送受信の制御が可能となり、一般的なファイアウォールルールと同様の構成が可能となります。

▼NSG

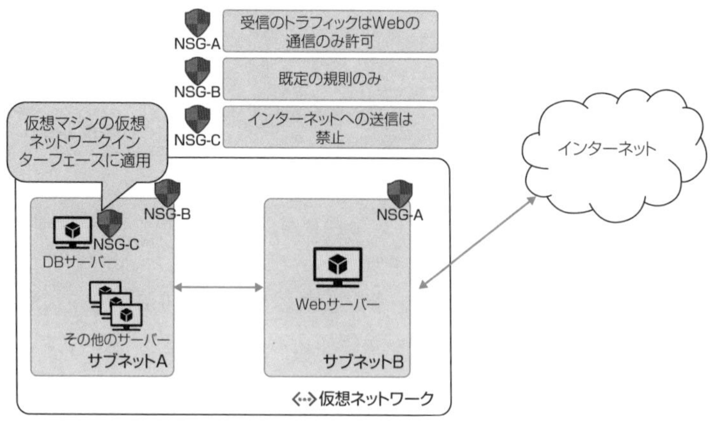

NSGは、仮想ネットワークのサブネットと仮想マシンの仮想ネットワークインターフェースにリンクすることができます。また、NSGでは送信と受信のルールを個別に構成可能です。

NSGの作成の流れは、以下の通りです。

1. NSGの作成　　NSGの名前と適用範囲を指定する
2. NSGの構成　　NSGに適用するセキュリティルールを構成する
3. NSGのリンク　　ネットワークインターフェースまたはサブネットにNSGをリンクし、セキュリティルールを有効にする

(2) NSGで構成可能な項目

NSGで構成可能な項目は、以下の通りです。

■ソース(送信元)

送信元のアドレスなど4項目が選択可能です。

・Any

すべての送信元を指定します。

・IP Addresses

単一のIPアドレスや一定範囲のIPアドレスを指定可能です。指定するときは[ソースIPアドレス/CIDR範囲]の項目に指定します。また、範囲を指定する場合は、アドレスプレフィックス付きで構成します。またカンマ区切りで複数のIPアドレスを指定することも可能です。

・Service Tag

サービスタグを構成すると、Azureが提供するサービスや認識するネットワーク単位での制御が可能です。

【例】 Internet　　インターネットからの通信すべてを指します。
VirtualNetwork　　仮想ネットワークからの通信すべてを指します。

・Application Security Group

あらかじめASG(Application Security Group)を構成しておくことで、ソース指定にASGを適用できます。

ASGとは、同様の役割を持つ仮想マシンをグループ化できる機能です。ASGに参加する仮想マシンの仮想ネットワークインターフェースにASGを適用することで、ASGの構成が可能です。

■ソースポート範囲

送信元のポート範囲を指定します。「*(アスタリスク)」を指定するとすべての

ポートを指定します。0～65535番までの範囲で指定可能です。ポートの範囲指定と複数指定が可能です。

【例】1024-65536　　　1024番～65535番まで
　　80,443　　　　　80番と443番

■宛先

宛先のアドレスなどが選択可能です。選択項目はソースと同様の構成が可能です。

■サービス

ソースポートと同様の設定をかんたんにするための構成で、サービス名を指定すると宛先ポート範囲が自動で構成されます。また、「Custom」を選択すると宛先ポート範囲を自由に構成できます。

■宛先ポート範囲

宛先のポート番号を指定します。指定方法はソースポート範囲と同様です。

■プロトコル

利用するプロトコルを指定します。構成可能プロトコルは以下の通りです。

・Any
・TCP
・UDP
・ICMP

■アクション

この規則にあてはまったトラフィックに対して行う動作を決めます。「許可」を選んだ場合は、トラフィックを許可して通信が可能となります。「拒否」を選ぶと、トラフィックをフィルタリングして通信を遮断します。

■優先度

複数のルールがある場合に、処理をする順番を決めます。**優先度の数値が低いものが優先的に処理されます**。この処理順番によって通信が評価されるため、ルールを構成するときには十分に注意が必要です。

一度ルールに合致した通信は以降のルールで評価されないため、優先度が高いルールはここまでの構成要素でできるだけ限られた通信のみに適用されるように調整が必要です。

具体的には、範囲の広いルールの優先度は、できるだけ低い優先度にすることをお勧めします（結果として優先度の数値は大きい数値を設定すると、優先度が低くなります）。

■**名前**

ルールの識別名です。一覧でルールをわかりやすくするためのものです。

■**説明**

名前の通りにルールの説明です。後日設定を見た際になぜそのルールがあるのかを確認したり、予測する効果を記載します。

独自にルールを構成した場合は、**優先度が最も重要**です。処理の順序が決まるだけでなく、一度ルールに合致した通信はそこで処理が終わるため、優先度の高いルールに範囲の広いルールなどを構成すると、ほとんどの通信がそのルールで処理されるため、このルール以降の規則が全く使われないことも考えられます。

また、送信と受信の規則一覧には既定の規則が構成されており、これらは削除ができません。ただし、優先度が非常に高い数値で設定されているため、新規に作成したルールに合致しない通信を共通で処理するためのルールだと認識してください（優先度の数値が低いものから処理されるルールです）。

(3) 既定の規則について

■**受信の既定の規則**

受信の既定の規則は以下の3つが存在します。削除はできないため、既定の規則で遮断可能もしくは許可可能なものは、特に新規にルールを作成する必要はありません。

1. AllowVnetInBound（優先度：65000　アクション：許可）
すべての仮想ネットワークの通信を許可
2. AllowAzureLoadBalancerInBound（優先度：65001　アクション：許可）
AzureLoadBalancerからの通信をすべて許可
3. DenyAllInBound（優先度：65500　アクション：拒否）
すべての受信接続を拒否

特に仮想ネットワークの通信は、1番のルールで許可されているため、明示的に禁止をしない限り通信は許可されます。また、3番のルールは原則禁止のルールになるため、受信の規則の一覧でどれにも合致しない場合は、このルールですべて処理がなされて通信を遮断します。

■送信の既定の規則

送信の既定の規則も以下の3つが存在します。削除はできないため、既定の規則で遮断可能もしくは許可可能なものは、特に新規にルールを作成する必要はありません。

1. AllowVnetOutBound（優先度：65000　アクション：許可）
すべての仮想ネットワークの通信を許可
2. AllowInternetOutBound（優先度：65001　アクション：許可）
すべてのインターネットへ通信を許可
3. DenyAllOutBound（優先度：65500　アクション：拒否）
すべての通信を拒否

基本的には受信のルールと同じような概念となりますが、2番のルールによりインターネットへの送信接続は、既定の規則で許可されている点には十分に注意してください。

▼既定の規則

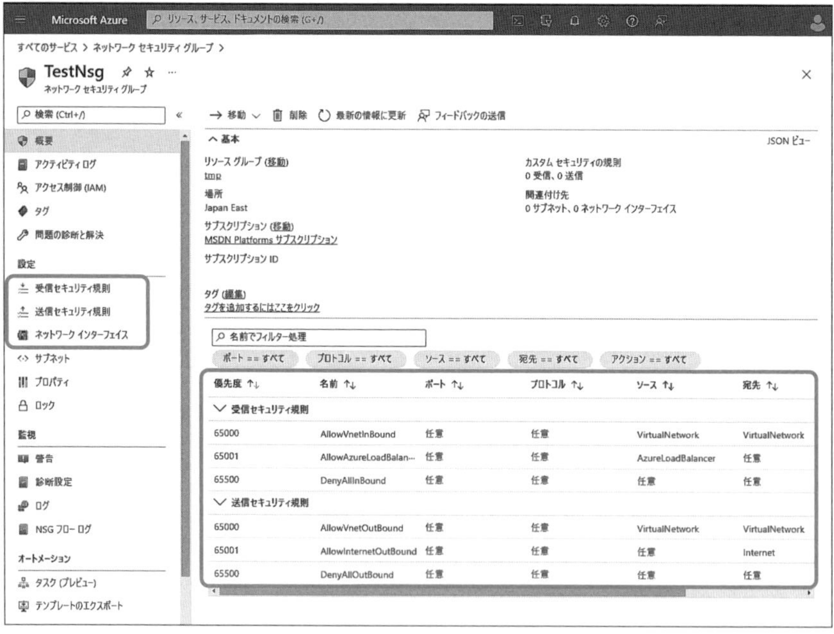

(4) NSGのリンク

NSGの構成後に、必ずNSGを仮想ネットワークインターフェースか仮想ネットワークのサブネットにリンクします。リンクをするとNSGで設定したセキュリティルールが有効化されます。

また、注意点として、仮想マシンの仮想ネットワークインターフェースにNSGがリンクされている状態で、その仮想マシンが所属するサブネットにもNSGがリンクされている場合は、両方のルールが確認されるため、**2つのNSGで共通で許可されているトラフィックのみが通信できる状態**になります。

▼NSGのリンク

▼NSGのリンク（ネットワークインターフェース）

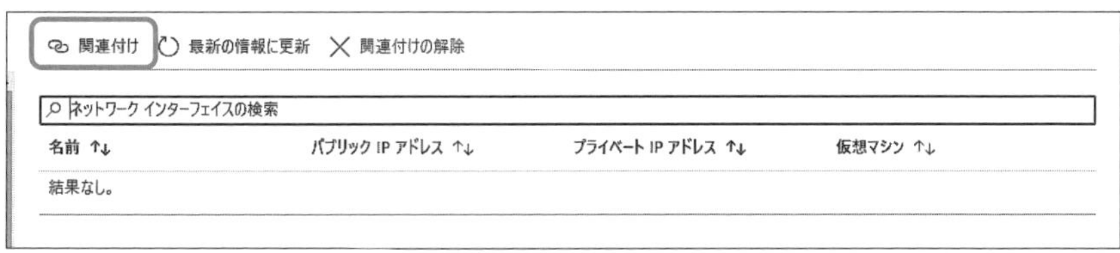

▼NSGのリンク（サブネット）

＋ 関連付け

サブネットの検索

名前 ↑↓	アドレス範囲 ↑↓	仮想ネットワーク ↑↓
結果なし。		

(5) サービスエンドポイント

サービスエンドポイントは特定の仮想ネットワークのみに接続を限定したもので、サービスへのアクセスをサービスエンドポイントを利用すると、仮想ネットワークを利用したAzureの各種サービスへの接続に、プライベートIPアドレスを使ってアクセスできるようになります。Azureの多くのPaaS製品は、原則としてパブリックIPアドレスを使った接続をするため、Azureの仮想マシンからのアクセスを実現するときにはパブリックIPアドレスを経由した接続が必要となります。その接続に対して安全なプライベートアクセスをさせたい場合に、サービスエンドポイントが利用できます。

■サービスエンドポイントのサービス一覧

・Azure Storage（Azureストレージ）
・Azure SQL Database
・Azure App Service

他にも複数のサービスが利用可能です。詳細は下記のURLで確認できます。

詳細　Azureサービスへのアクセスを仮想ネットワークに限定する

https://docs.microsoft.com/ja-jp/azure/virtual-network
/virtual-network-service-endpoints-overview
#secure-azure-services-to-virtual-networks

▼サービスエンドポイントとプライベートリンク

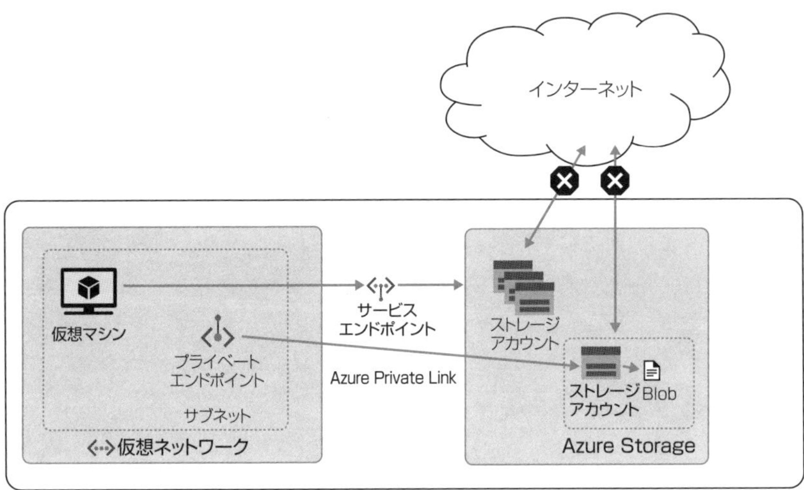

サービスエンドポイントを利用した場合は、通信のプライベート化が可能ですが、特定のVNETのみからのアクセスを可能にするだけです。オンプレミスとVNETを接続している状態で、オンプレミスからの通信はできません。さらに、ピアリングをしているVNETからの通信もできません。そのような場合は、**Azure Private Link**（プライベートリンク）を利用すると、オンプレミスや、ピアリングされたVNETからのアクセスも可能となります。

Azure Private Linkを利用する場合は、特定のVNET内にプライベートエンドポイントを追加します。このプライベートエンドポイントは内部的にVNICにリンクされており、プライベートIPアドレスを持ちます。結果としてこのプライベートエンドポイントに到達可能な通信であれば、Azure Private Linkを利用して特定のストレージアカウントにアクセス可能となります。

参考　**Azure Private Linkとは**
https://docs.microsoft.com/ja-jp/azure/private-link/private-link-overview

2 アプリケーションゲートウェイ

Azure Application Gateway（アプリケーションゲートウェイ）は、Webアプリケーションに対するネットワークトラフィックを制御し、ロードバランシング（負荷分散）するサービスです。

(1) アプリケーションゲートウェイとは

通常のロードバランサーの基本的な動作は、送信元に基づいて、特定の送信先IP・ポート番号にトラフィックを転送します。しかし、アプリケーションゲートウェイでは、Webアプリケーションの通信のヘッダー情報などを含む7層レベルの情報に基づいてトラフィックを制御可能です。したがって、アクセスされるURLパスやホストヘッダーに基づいてルーティングを制御可能です。

▼アプリケーションゲートウェイ

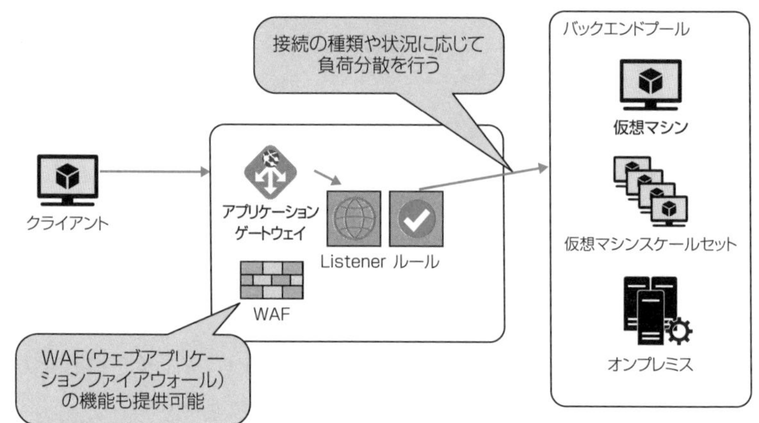

(2) アプリケーションゲートウェイの機能

また、Azure Application Gatewayには、以下の機能があります。

■SSLの終端として構成（SSLオフロード）

エンドツーエンドのSSLではなく、ブラウザからAzure Application GatewayまでをSSLで保護し、バックエンドプールまでの通信はHTTPで行うことが可能です。一般的にSSLオフロード機能などと呼ばれます。

▼SSLオフロード

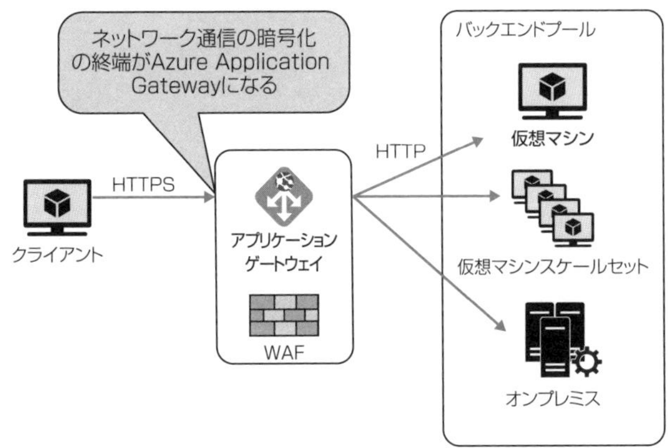

■自動スケール、ゾーン冗長性、静的VIP

自動的に負荷に応じたスケーリングが実装されます。また、サイズがStandard_v2の場合は、複数の可用性ゾーンにまたがって構成させることで可用性が高まります。さらに、静的VIPを持つことでAzure Application Gatewayに関連付けられたIPアドレスが静的に構成されます。

■Webアプリケーションファイアウォール（WAF）

WAF（Web Application Firewall）の機能を有効化できます。この機能によってWebアプリケーションに対する一般的な攻撃からサービスを守ることが可能です。WAFはOWASP（Open Web Application Security Project）のコアルールセットに規則に基づいて構成されます。

参考 OWASP

https://owasp.org/

WAFのコアルールセット

https://docs.microsoft.com/ja-jp/azure/web-application-firewall/ag/application-gateway-crs-rulegroups-rules?tabs=owasp32

■AKSイングレスコントローラー

AKSイングレスコントローラーは、AKS（Azure Kubernetes Service）のフロントエンドとして、Azure Application Gatewayを利用する仕組みです。AKSへの通信をAzure Application Gatewayで実現するため、ここまでここで紹介しているいくつかの機能を利用することができます。

詳細は以下のURLをご確認ください。

> **参考**　**Azure Application Gatewayイングレスコントローラー**
> https://docs.microsoft.com/ja-jp/azure/application-gateway/ingress-controller-overview
>
> 

▼AKSイングレスコントローラー

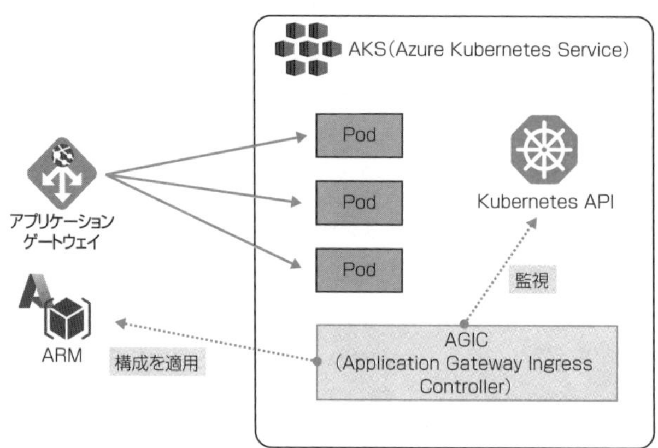

■URLベースルーティング

名前の通りURLベースで転送するバックエンドプールを変更して、ロードバランシングすることができます。

■複数サイトのホスティング

DNS名に基づいて異なるサイトへ転送できます。

これ以外にも、Azure Application Gatewayは以下の機能に対応しています。

リダイレクト、セッションアフィニティ、WebsocketとHttp/2トラフィック、接続のドレイン、カスタムエラーページ、HTTPヘッダー書き換え、サイズ変更

詳細は以下のURLで確認可能です。

詳細　**Azure Application Gatewayの機能**
https://docs.microsoft.com/ja-jp/azure/application-gateway/features

(3) アプリケーションゲートウェイの実装パターン

Azure Application Gatewayでは、さまざまな構成でシステムの負荷分散や保護が可能です。いくつかの構成パターンを紹介します。

■URLに基づいてルーティングする

Azure Application Gatewayを作成するときに、URLパスベースのルーティング規則を構成すると、URL後半のディレクトリなどを構成するパスに従って、転送先のバックエンドプールを変更することが可能です。

操作の流れは、以下の通りです。

1. アプリケーションゲートウェイの作成
2. バックエンドサーバーの用の仮想マシンの作成
3. バックエンドサーバーでのバックエンドプールの作成
4. バックエンドリスナーの作成
5. パスベースルーティング規則の作成

■SSLでセキュリティ保護をする

Azure Application Gatewayをフロントエンドとして構成して、ブラウザからアプリケーションゲートウェイまでの通信をHTTPSで保護し、バックエンドプール間での通信はHTTPとする構成です。こうすることでWebサーバー上でのSSLによってかかる負荷を軽減できます。

操作の流れは、以下の通りです。

1. 自己署名証明書の作成
2. 証明書でのAzure Application Gatewayの作成
3. リスナー構成時に1番の証明書を指定してHTTPSの構成
4. バックエンドプールの構成

3 その他のネットワークサービス

Azureで構成できるネットワークサービスのうち、ここまでの機能を包括したAzure Front Doorや、オンプレミスとの通信を安定化させるAzure ExpressRouteについて説明します。

(1) Azure Front Door

Azure Front Doorは、かんたんにAzure上にロードバランサーやWAFの機能を実装し、バックエンドにあるサービスにルーティングできるサービスです。

▼Azure Front Door

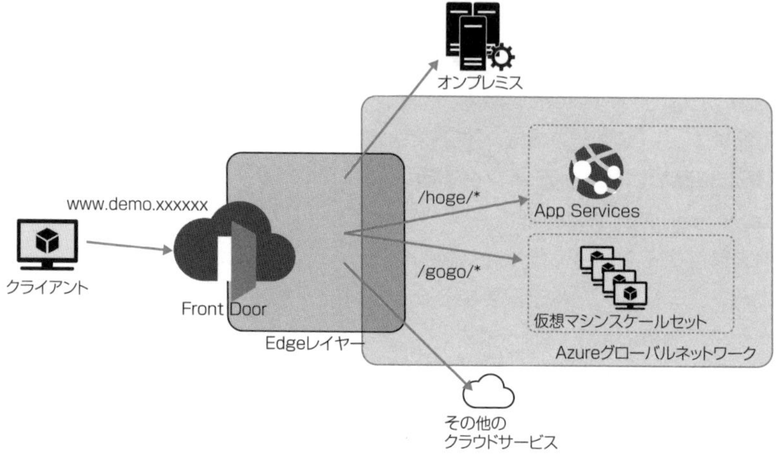

Azureのリージョンのフロントエンドとして動作するイメージで、クライアントの接続と応答は、遅延時間のより少ないバックエンドへ転送することが可能であり、パスベースのルーティングも可能です。また、バックエンドはAzureである必要はなく、パブリックなサービスとして公開されていれば、ルーティングすることが可能です。

以下の機能が提供されます。

■アプリケーションとコンテンツ配信の効率化

エッジでのSSLオフロードや、遅延時間の少ないサイトへのルーティング、配信データのキャッシュなどにより、効率的なアプリケーション利用が可能となります。

■**最新のアプリケーションとアーキテクチャの提供**

カスタムドメインの構成、トラフィックをリアルタイムで監視してAzure Monitorとの統合が可能です。

■**シンプルな構成と高い効率**

シンプルな料金体系と各種機能の提供が可能です。

■**インテリジェントなセキュリティ**

WAF（Web Application Firewall）の機能やDDoS保護の実装などが標準で実装されています。

詳細は以下のURLで確認できます。

詳細　**Azure Front Door**
https://docs.microsoft.com/ja-jp/azure/frontdoor/front-door-overview

(2) Azure ExpressRoute

Azureとオンプレミスとを安全で信頼性の高いネットワークで接続できるサービスです。専用線でAzureと結合することで高い信頼性が確保でき、安定的な通信を実現します。

ExpressRouteを利用しているときに、ネットワークを流れるデータは暗号化されています。通常はIPsecによる暗号化が可能で、オンプレミスとAzureの仮想ネットワークの間でサイト間VPNを構成し、安全な通信を確立します。

▼ExpressRouteのVPN

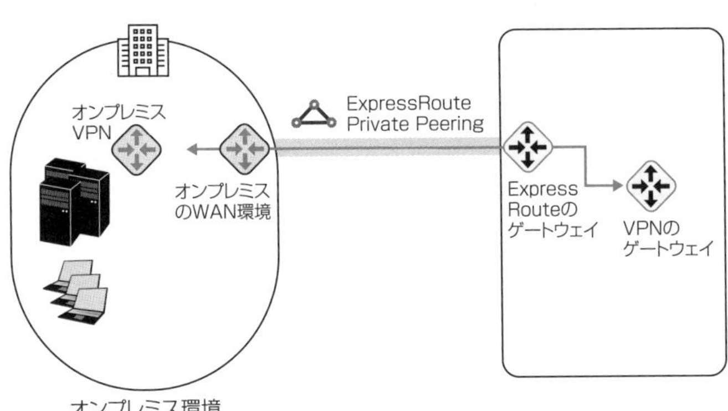

■ExpressRouteの接続モデル

ExpressRouteにはいくつかの接続モデルが存在しており、大きく分けるとサービスプロバイダーモデルと、ダイレクトモデルに分けることが可能です。

サービスプロバイダーモデルは、さらに以下の3つの接続に分類できます。

- Cloud Exchange co-location
- Point-to-Point Ethernet connection
- Any-to-any(IPVPN) connection

ダイレクトモデルは、**ExpressRoute Direct**と呼ばれ、大容量の専用回線を利用でき10Gbpsと100Gbpsのモデルが用意されています。

詳細は以下のURLで確認できます。

参考　**ExpressRouteの接続モデル**

https://docs.microsoft.com/ja-jp/azure/expressroute/expressroute-connectivity-models

演習問題3-2

問題1.

➡解答 p.128 

次の説明文に対して、はい・いいえで答えてください。

Azureへの安定したWAN接続をオンプレミス環境に用意したいと考えています。ExpressRouteを構成してAzureへ接続を設計したいと思います。この構成は適切ですか？

A. はい
B. いいえ

問題2.

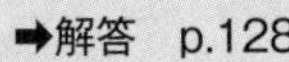
➡解答 p.128 

Azure Application Gatewayを構成してAzure環境にデプロイされているWebシステムの安全性を向上しようと考えています。特に近年流行っている攻撃からシステムを守りたいと考えています。どの機能を利用しますか？

A. URLベースルーティング
B. 複数サイトのホスティング
C. WAF
D. SSLオフロード

問題3.

➡解答 p.129 

Azureストレージを利用しています。AzureストレージのBlobサービスはインターネット経由でアクセス可能であるため、安全性が危惧されています。Azure上の仮想ネットワークからのみアクセスを許可したいと考えています。Azure Portalで構成を変更する場合、どのメニューを利用しますか？

A. ネットワーク

B. Azure CDN
C. 暗号化
D. セキュリティ

問題4.

➡解答　p.129

以下の項目に、はい・いいえで答えてください。

Azure上にWebシステムを構成して、インターネット経由で公開予定です。バックエンドのサーバーの安全を確保するために、2つの仮想ネットワークを構成して、ピアリングで接続をしました。構成したネットワークは以下の通りです。

仮想マシン	所属するサブネット
VM01	Subnet01
VM02	Subnet02
Web01	Frontend
Web02	Frontend
DB	Backend

仮想ネットワーク	サブネット
VNet01	Subnet01、Subnet02
VNet02	Frontend、Backend

ネットワークセキュリティグループ	適用したサブネット
NSG1	Subnet01、Subnet02、Backend
NSG2	Frontend

ネットワークセキュリティグループには、既定の規則が構成されています。インターネットからの接続を受け付けるために、NSG1にインターネットからの接続を許可するルールを構成しました。

Web01とWeb02はインターネットからの接続を受け付けるWebサーバーです。

この構成でインターネットからの接続を受け付けることは可能ですか？

A. はい
B. いいえ

問題5.

➡解答 p.129 

Azure上に仮想ネットワークが2つあるシステムがあります。以下のように構成がされています。VM01とプライベートIPアドレスを利用したローカル通信ができるコンピューターはどれですか？

仮想ネットワーク	サブネット
VNet01 (192.168.0.0/16)	Subnet01 (192.168.1.0/24) Subnet03 (192.168.2.0/24)
VNet02 (10.0.0.0/16)	Subnet02 (10.0.0.0/24)

※VNet01とVNet02は双方向でピアリングされている。

サブネット	所属するVM
Subnet01	VM01、VM02
Subnet02	Web01
Subnet03	DB01

ネットワークセキュリティグループ	サブネット、VNic
NSG1	Subnet01
NSG2	Subnet02
NSG3	Subnet03
NSG4	DB01/DB-VNic01

※VNicは仮想ネットワークインターフェース。

NSG1～4には既定の規則が構成されています。また、NSG4には以下の規則が追加で構成されています。

3

演習問題

受信の規則

優先度	名前	ポート	プロトコル	ソース	宛先	アクション
100	DB	1433	任意	10.0.0.0/24	任意	Allow
200	Reject	*	任意	任意	任意	Deny

A. VM02、Web01、DB01
B. Web01
C. VM02、Web01
D. DB01、Web01

解答・解説

問題1.

➡問題　p.125

解答　A

通常のAzureへの接続はインターネットを介した接続になるためベストエフォートであり、インターネット回線の接続に依存します。しかし、ExpressRouteを利用することで、契約した帯域幅まで安定した通信を実現可能です。

問題2.

➡問題　p.125

解答　C

WAF (Web Application Firewall) の機能を利用することで、SQLインジェクションやクロスサイトスクリプティングなどの攻撃からWebシステムを防御できます(C)。

URLをベースとしたルーティングや複数のドメインをホストしてドメイン別にルーティングをすることもAzure Application Gatewayは可能です (A、B)。

SSLオフロードは、SSL/TLS終端とも呼ばれ、ブラウザとAzure Application Gatewayまでの間を暗号化し、Azure Application GatewayからAzure上のWebシステムまでは暗号化を解いた状態で通信することでSSLにかかわる負荷をWebシステムから除去することが可能となります (D)。

問題3.

➡問題　p.125

解答　A

Azureストレージへのアクセスを仮想ネットワークからに変更する場合は、**サービスエンドポイント**もしくはPrivate Linkを利用します。

構成はAzureストレージの[セキュリティとネットワーク]の設定にある[ネットワーク]から構成可能です。[パブリックネットワークアクセス]の項目を[選択した仮想ネットワークとIPアドレスから有効]に切り替えることで実現できます(A)。

Azure Content Delivery Network (CDN) は、ユーザーに近い場所からデータを取得するためのWebシステムなどに使われるキャッシュの技術を利用する機能です(B)。**暗号化とセキュリティ**は、ストレージ自体の暗号化やMicrosoft Defender for Cloudの構成を行う設定項目です(C、D)。

問題4.

➡問題　p.126

解答　B

ネットワークセキュリティグループの既定のルールでは、外部からの通信を受ける受信のルールは存在しません。また、送信のルールにはインターネットへの接続のルールが存在します。したがって、今回の場合は、Web01とWeb02が所属するFrontendサブネットにNSG2のネットワークセキュリティグループがリンクされています。よって、NSG2にインターネットから受け付ける受信のルールを構成することで目的が達成できます。

問題5.

➡問題　p.127

解答　C

同一のサブネットに所属するVM02は、既定の規則のみであるためアクセスが可能です。また、異なる仮想ネットワークに所属するWeb01は通常はアクセスが不可能ですが、今回はピアリングを利用して仮想ネットワーク同士が接続されているためアクセス可能です。ただし、DB01はすべて受信接続を禁止する規則があるために、同一の仮想ネットワークですがVM01とアクセスすることができません。優先度100の許可アクセスは、ソースが10.0.0.0/24のネットワークに限定されるためWeb01に対してのみ利用されます。

3-3 ホストセキュリティを構成および管理する

ネットワークやクラウド接続へのセキュリティが確保されている状態でも、階層防御の観点からはさまざまなコンポーネントでのセキュリティが重要となります。この節ではホストセキュリティについて紹介します。

1 ホストセキュリティ

ここまでは、ネットワークをベースとしたセキュリティを紹介してきました。階層防御の観点では、複数のレイヤーでセキュリティを実現することが重要となります。また、ゼロトラストセキュリティの実現の観点からもホストレベルでのセキュリティはとても重要です。

Azureでは、ホストレベルのセキュリティとして仮想マシンに対して構成を行います。また、具体的なソリューションはいくつかの方法が考えられますが、どの手法を使うかは組織の選択により異なります。

(1) Endpoint Protection（エンドポイント保護）

Azure上の仮想マシンのうち、エンドユーザーからのアクセスがあるコンピューターにはセキュリティの強化が必要となります。理由はとてもかんたんで、そのコンピューターを踏み台として攻撃を受ける可能性が高いためです。

基本的な対策は、以下の通りです。

1. マルウェア感染から保護できる状態にする

2. 仮想マシンのセキュリティ状態を監視する

マルウェア感染からの保護については、Microsoft固有の機能でもサードパーティーの機能でもさまざまなソリューションが利用可能です。

さらに、Microsoft Defender for Cloudを利用することで、セキュリティを向上するための保護を実施することができます。あわせて、セキュリティ状況を把握しやすいように状況レポートやセキュリティ対策の推奨事項の提示などを行い、状況を可視化できます。

▼Microsoft Defender for Cloudの表示例

ES. エンドポイント セキュリティ

ES-1. エンドポイントでの検出と対応 (EDR) を使用する コントロールの詳細 MS C

ES-2. 最新のマルウェア対策ソフトウェアを使用する コントロールの詳細 MS C

お客様の責任	リソースの種類	失敗したリソース	リソース コンプライアンスの状態
仮想マシンに Endpoint Protection ソリューションをインストールする	仮想マシン	2 of 2	
仮想マシン スケール セットで Endpoint Protection の正常性の問題を解決する必要:	Azure リソース	0 of 0	
エンドポイント保護をマシンにインストールする必要がある	Azure リソース	0 of 0	
マシンのエンドポイント保護の正常性の問題を解決する必要がある	Azure リソース	0 of 0	
マシンで Windows Defender Exploit Guard を有効にする必要がある	仮想マシン	0 of 2	

ES-3. マルウェア対策ソフトウェアと署名が更新されていることを確認する コントロールの詳細 MS C

Microsoft Defender for Cloudには、エンドポイントセキュリティを強力にサポートする有償の機能と、Azureを利用すると自動で有効になる無償の機能が用意されています。

(2) Microsoft Defender for Cloud（無償版、Free）

Azureのすべてのサブスクリプションで自動的に有効になる機能です。セキュリティポリシー、継続的なセキュリティ強化、Azureリソース保護に役立つセキュリティの推奨事項が提供されます。

無償版（Free）の機能でも、Azureセキュリティベンチマーク（ASB）を利用した詳細なセキュリティチェックが行われるため、現在のセキュリティ環境に合わせた状況確認が可能となります。

▼Azureセキュリティベンチマーク

Azure Security Benchmark V3

適用可能な各コンプライアンス コントロールの下に、Defender for Cloud で実行され、そのコントロールに関連付けられている評価のセットがあります。すべて緑の場合は、これらの評価が現在合格しつつあることを意味しますが、そのコントロールに完全に準拠していることを保証してはいません。さらに、特定の規制のすべてのコントロールが Defender for Cloud の評価対象になるわけではないため、このレポートはコンプライアンス状態全体の一部を示すに過ぎません。

Azure Security Benchmark はサブスクリプション MSDN Platforms サブスクリプション に適用されます

☐ すべてのコンプライアンス コントロールを展開する

- NS. ネットワーク セキュリティ
- IM. ID 管理
- PA. 特権アクセス
- DP. データ保護
- AM. 資産管理
- LT. ログ記録と脅威検出
- IR. インシデント対応
- PV. 態勢と脆弱性の管理
- ES. エンドポイント セキュリティ
- BR. バックアップと復元
- DS. DevOps セキュリティ
- GS. ガバナンスと戦略

Azureセキュリティベンチマークでは、非常に多くの項目がチェック可能です。各項目でさらに細かく小項目がありセキュリティのチェックがなされており、対応方法などの確認が可能です。

詳細　**Azure セキュリティベンチマークの概要**
https://docs.microsoft.com/ja-JP/security/benchmark/azure/overview

(3) Microsoft Defender for Cloud（有償版、Standard）

無償版（Free）の機能が、プライベートクラウドおよび他のパブリッククラウドで実行されているワークロードにまで拡張されます。結果として、パブリッククラウドワークロード全体のセキュリティ管理と脅威防止機能を提供可能となります。以下の機能が追加もしくは強化されます。

■Microsoft Defender for Endpoint

各エンドポイントの状況を収集して状況を監視します。EDR機能が利用できるようになります。EDRとは、Endpoint Detection and Responseの頭文字をとったもので、エンドユーザーが利用するPCやサーバー機などセキュリティで保護すべき対象を従来のウィルス対策ソフト単体ではなく、一元的に保護する仕組みを提供します。各コンピューターを随時監視し、不審な挙動（ネットワークや端末上のアプリケーションの動作など）を検知し、それに対応することやアラートを上げて対処を促すことが可能です。

■仮想マシン、コンテナーレジストリ、SQLリソースの脆弱性診断

脆弱性の検出・管理・解決が可能です。さらに結果の表示・調査・修復を管理画面から操作することができます。

■マルチクラウドセキュリティ

AWS、GCPなど、他社のクラウドサービスと接続して、保護を有効にします。

■ハイブリッドセキュリティ

オンプレミス環境とクラウド環境の両方をサポートします。

■脅威防止アラート

高度な分析力を持った脅威インテリジェンスによって、調査のサポートが可能となります。

■Azureセキュリティベンチマークの強化

Azureセキュリティベンチマークでのセキュリティ制御とベストプラクティスを提供します。また、ニーズに合わせた標準や規則標準を適用可能です。

■アクセスとアプリケーションの制御

望ましくないアクセスなどを、機械学習を利用してブロック可能です。

■コンテナーのセキュリティ機能

コンテナー環境での脆弱性管理とリアルタイム脅威の防止が利用可能です。

■Azureに接続されているリソースの広範囲な脅威保護

広範囲なセキュリティを実現できます。

詳細は以下のURLで確認可能です。

詳細　Microsoft Defender for Cloudの強化されたセキュリティ機能

https://docs.microsoft.com/ja-jp/azure/defender-for-cloud/enhanced-security-features-overview

2 特権アクセスワークステーション（PAW）

PAW（Privileged Access Workstation：特権アクセスワークステーション）は、利用者端末などのコンピューターもしくは仮想マシンの端末自体のセキュリティレベルを指す用語です。比較的新しい考え方で、攻撃の対象（踏み台）となりやすい端末のセキュリティレベルを複数に分けて管理することで、役割に応じた端末を用意してセキュリティを高めようとする考え方です。

（1）デバイス自体のセキュリティ戦略

ハードウェアベンダーなどから提供されたコンピューターを安全にセットアップするために、Microsoft Autopilotテクノロジ[※1]などを利用して、デバイスのセットアップを高いセキュリティで確実に安全に構成します。

※1 Microsoft Autopilotは、エンドユーザーが新規のデバイスを利用するときに自身のユーザー名やパスワードなどを利用するだけでデバイスの登録や準備作業が完了する仕組みです。Azure ADへの登録やMicrosoft Intuneでの制御などが自動で行われます。

（2）デバイスのセキュリティレベル

利用するユーザーやその役割に応じて、3つのレベルのデバイスセキュリティを設け、利用シーンに応じて使う端末を厳密に区別します。管理を徹底することで、ゼロトラストセキュリティの実現を大きくサポートします。また、セキュリティレベルが上がると、対象のデバイスではユーザーが操作できる作業が減ることでセキュリティを高めます。

■エンタープライズデバイス

最低限のセキュリティレベルを確保した上で安全な環境を構成した企業向けの構成です。利用者は、任意のアプリケーションの実行やWeb閲覧などの一般的な操作が可能です。もちろん、電子メールなどを利用した外部とのやり取りも可能となります。

ホームユーザーや小規模ビジネス・一般開発者向けのデバイスのプロファイルですが、一般的なウィルス対策とエンドポイントセキュリティ（EDR）を実装してセキュリティ体制を強化しています。また、監査ポリシーやMicrosoft Intune[※2]を利用して使用状況をしっかりと記録します。

※2 Microsoft Intuneはモバイルデバイスやアプリケーションなどを一元管理するクラウドサービスです。携帯電話、タブレット、ノートPCなど、組織で利用するデバイスの使用方法を制限することが可能です。

■特殊デバイス

エンタープライズデバイスのように一般的なコンピューター利用は可能ですが、アプリケーションのインストールなどの管理者特権（Administrator）は制限された状態となります。一般的には、管理者特権を削除して大きくセキュリティリスクを排除した形になります。ただし、利用者の利便性を損ねないように、Microsoftストアアプリケーションや企業独自のアプリケーションへのアクセスを適宜構成します。

■特権デバイス

Privileged Access Workstation（PAW）は、セキュリティ侵害を受けた場合に重大なリスクになりえる役割のアカウントが、使用するためのデバイスとなります。エンタープライズデバイスで利用できる一般的な作業は、基本的に制限されます。利用できるアプリケーションは、重要なセキュリティタスクや管理タスクなどを実行するために必要なアプリケーションに制限されます。また、通信に関しても事前に設定された宛先にのみ通信できる状態で構成されます。

▼デバイスのセキュリティレベル

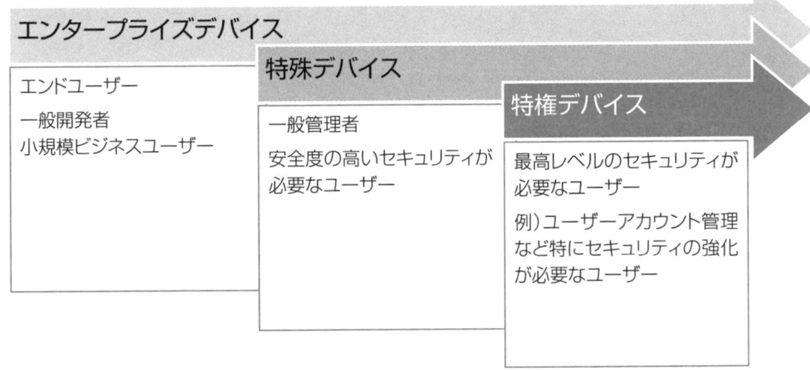

(3) デバイスのセキュリティ制御

デバイスのセキュリティを実現するには、さまざまなルールや、インストール時に対処するためのプロファイルなどが必要となります。かんたんにいくつかのセキュリティを実現するためのセキュリティ制御を表にまとめます。

セキュリティ	エンタープライズデバイス	特殊デバイス	特権デバイス
MEM	はい	はい	はい
BYODデバイスの登録の拒否	いいえ	はい	はい
MEMベースライン	はい	はい	はい
Microsoft Defender for Endpoint	はい	はい	はい
Autopilotを使用した個人用デバイスへの参加	はい	はい	いいえ
承認済みリストのURL	許可	許可	規定拒否
管理者権限の削除	いいえ（制御も可能）	はい	はい
アプリケーションの実行制御	いいえ（制御も可能）	はい（監査も可能）	はい
MEMでのアプリケーションの制御	いいえ（制御も可能）	はい	はい

MEMとはMicrosoft Endpoint Managerと呼ばれる製品で、クラウド・オンプレミス環境を問わずに利用可能なセキュリティ製品です。以下のサービス機能を含みます。

- **Microsoft Intune**
- **Configuration Manager**
- **Desktop Analytics**
- **Windows Autopilot**

詳細は以下のURLで確認できます。

詳細　**Microsoftエンドポイントマネージャーの概要**
https://docs.microsoft.com/ja-jp/mem/endpoint-manager-overview

MEMベースラインは、言葉の通り基準になる構成を用意することでセキュリティレベルを維持します。また、アプリケーションの実行制御はAppLockerと呼ばれるWindowsの機能を利用して、アプリケーション利用の可否を制限できます。MEMはアプリケーションのインストールも管理できるため、MEMを利用して特定のコンピューターにアプリケーションをインストールでき、管理者側からのアプリケーション制御が可能となります。

(4) ハードウェアの信頼性の確保

セキュリティで保護されたデバイスには、以下の機能が必要となります。これらの機能を備えたハードウェアを利用することで、高度なセキュリティが実現できます。

・TPM 2.0
・BitLockerドライブ暗号化
・UEFIセキュアブート
・Windows Updateを介して配布されるドライバーとファームウェア
・仮想化とHVCIが有効になっている
・ドライバーとアプリのHVCI対応
・Windows Hello
・DMA I/O保護
・System Guard
・モダンスタンバイ

たとえば、**TPM 2.0**(トラステッドプラットフォームモジュール2.0)を備えることで暗号化キーの生成や保存・使用制限などがTPMで実現可能となります。高度なセキュリティを実現するには、信頼されたハードウェアのサポートが不可欠です。

また、**HVCI**(ハイパーバイザーで保護されたコード整合性)は、仮想環境でカーネルモードコードの整合性をチェックしてメモリの割り当てを制限するなどのセキュリティを高める機能の1つです。

この項目では、PAWを実現するにはハードウェアのサポートも重要だということを認識してください。詳細な項目は、以下のURLで確認可能です。

詳細 **特権アクセスストーリーの一部としてのデバイスのセキュリティ保護**

https://docs.microsoft.com/ja-jp/security/compass/privileged-access-devices

3 その他のホストセキュリティ

安全にクラウドを利用する方法や仮想マシンのセキュリティを高める方法、その他のコンポーネントのロックダウン（安全な状態にする）方法を確認します。

(1) ジャンプボックス

クラウド上の仮想マシンへのアクセス方法は、非常に多く存在します。そのときに安全なアクセスをするための方法がジャンプボックスです。

ジャンプボックスとは、クラウド上の仮想マシンを管理する際に利用される手法です。プライベートクラウドや、パブリッククラウド、データセンターなどへリモートからアクセスする際に、各個別のコンピューターや仮想マシンにアクセスをすると、セキュリティ上に複数の接続口を作るため危険です。そこで、ジャンプボックス（踏み台）となる接続コンピューターを数台用意して、そこを起点にリモート管理する考え方をジャンプボックス（踏み台）と呼びます。

■仮想マシンへのアクセス方法

まず、仮想マシンへのアクセス方法はいくつか考えられますが、代表的な方法は、以下の通りです。

・RDPを利用した接続

一般的な接続で、Windowsの仮想マシンへRDP（Remote Desktop Protocol）を利用してアクセスします。ただし、NSGなどのセキュリティ機能で対象のポート番号（3389など）を開放する必要があるため、セキュリティのリスクが存在します。また、Azure PowerShellを利用して「Get-AzRemoteDesktopFile」コマンドレットで接続することも可能です。

▼RDP接続

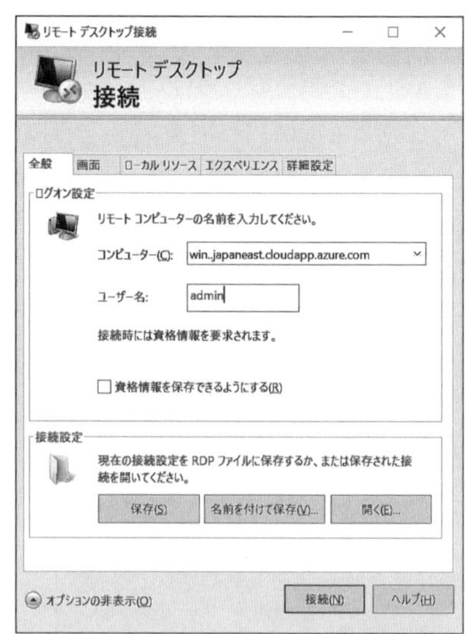

・SSHを利用した接続

RDP同様のアクセス方法です。主にLinuxの仮想マシンで利用されます。RDP同様のリスクが存在します。ポート番号は22番を利用します。

▼SSH接続

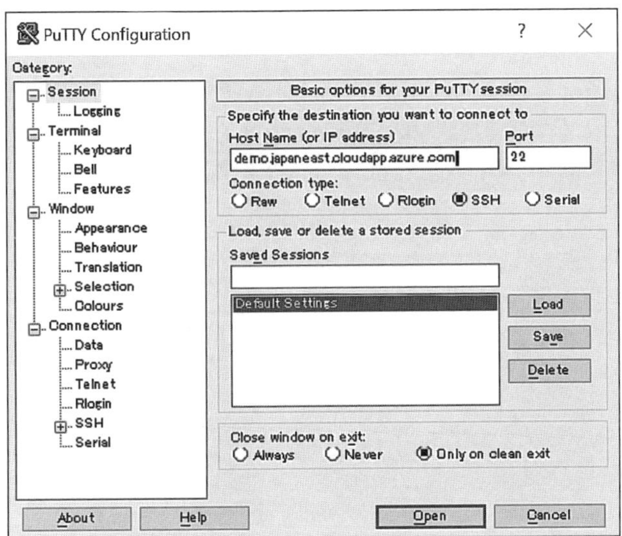

・仮想ネットワークへのサイト間接続（ExpressRouteやVPN）

仮想ネットワークへサイト間接続を構成して、オンプレミス環境からアクセスを行います。VPNを利用する場合は、インターネット上のクライアントからVPN仮想ネットワークゲートウェイを通してPtoS接続（ポイント対サイト）の接続も可能です。しかし、この構成では準備作業が多く発生することと、コスト面で大きな負荷がかかる点が問題です。

・踏み台サーバーの作成

管理対象の仮想マシンへの接続を数台の踏み台サーバーのみに絞ることで、RDP接続やSSH接続の問題点を低減させる手法です。しかし、踏み台サーバー自体のセキュリティ管理が必要となるため、管理工数がかかるなどの問題は残ります。

■Azure Bastion

ここまでの各種リモートアクセス方法のうち、踏み台サーバーへのアクセスを手軽にかつセキュリティを高めて利用する方法としてAzure Bastionがあります。

Azure BastionはAzure Portal経由で仮想マシンに接続できるようにするサービスで、Azure Bastionを利用するとAzure上の仮想マシンの管理を安全かつ手軽に実行できるようになり、Azure上の仮想マシンの管理をセキュアに行えます。

Azure Bastionでは、Azure上の仮想ネットワークに1つのサブネットを構成して専用のネットワークを構成し、その仮想ネットワーク上の仮想マシンへのアクセスを可能とします。

また、Azure Bastionへの接続はAzure Portalを経由して実行されるため、接続時の認証も強化することができます。Azure Portalへのサインインを多要素認証に変更することで、高い認証のセキュリティが実現できます。

▼Azure Bastion

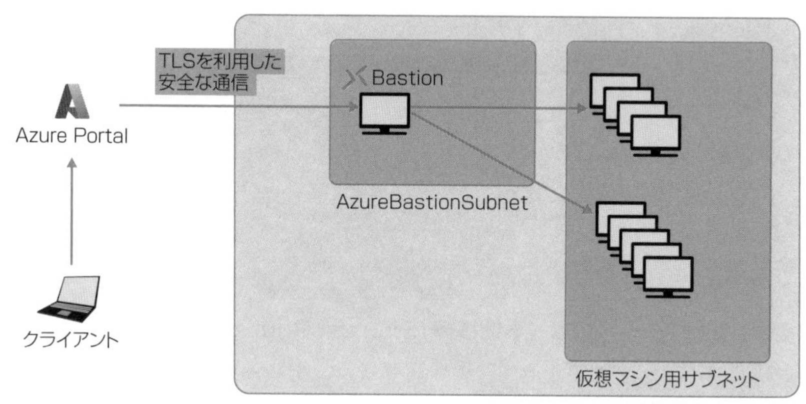

このようにAzure Bastionを利用すると、かんたんに踏み台サーバーを利用したジャンプボックスの構成が可能となり、安全にAzureを利用することができます。さらに、前の項(「2 特権アクセスワークステーション(PAW)」)で紹介した安全なデバイスでこのジャンプボックスにアクセスすることで、非常に高いセキュリティが実現可能となります。

Azure Bastionの構成は非常にかんたんですが、注意点が存在します。Azure Bastionでは、1つの仮想ネットワーク上に1つのサブネット(AzureBastionSubnet)を作成して専用のネットワークを構成するため、1つの仮想ネットワークに対して、有効化できるのは1つのBastionのみとなります。

(2) 仮想マシンの更新管理の構成

Azure Update Managementを利用すると、さまざまな仮想マシンの更新を管理可能です。Azure上のWindows・Linux仮想マシンはもちろん、オンプレミス環境・他のクラウド環境のマシンなどの更新プログラムも管理可能です。OSなど基盤部分に関わるソフトウェアのバグは、致命的なトラブルとなることが多いため、常に管理された状態を保つことが重要です。

▼Azure Update Management

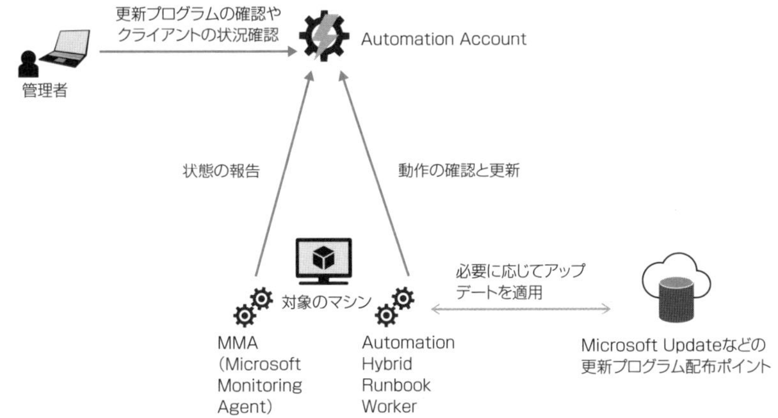

■MMA (Microsoft Monitoring Agent)

コンピューターの状態などをAzureに伝えるエージェントです。Log Analyticsエージェントとも呼ばれます。Linuxのコンピューターにインストールされる場合はOMS (Operations Management Suite) エージェントとも呼ばれる場合があるため、ここではまとめてMMAとしています。更新対象のマシンの状態をAzureに伝えることで、コンピューターを一元的に管理できるようにしています。

■Automation Account

この機能は、Azure上のさまざまな管理を自動化します。更新作業だけでなくRunbookを利用してさまざまな作業を自動化します。ここでは、Automation Hybrid Runbook Workerを利用して、更新対象のコンピューターのセキュリティ更新などを管理します。

■Microsoft Updateを含めた更新プログラムの配布ポイント

Azure Update Managementは、更新プログラムなどのセキュリティ更新用プログラムのダウンロード元となります。Windowsでは、基本的にMicrosoft Update

を利用します。また、更新プログラムの配布をコントロールするために利用されるWindows Server Update Services (WSUS) も利用可能です。Linuxを管理する際はWindows PowerShell for Linuxを利用して、DSC※ (Desired State Configuration) を利用した構成管理で必要な更新プログラムを適用します。

※DSC　Windowsにも利用できる構成管理の仕組みで、コード (プログラム的な要素) ベースでOSの設定・構成を管理することが可能です。

Azure Update Managementでは、このような仕組みを利用することで、OSなどの重要なソフトウェア構成を安全な状態に保つことができます。また、更新のスケジュールをする際に、Windows用とLinux用では異なる更新プログラムを利用するため、個別の設定が必要です。

(3) Azure Disk Encryption

Azure上で利用されているVMに対して、利用中の仮想ディスクを暗号化して保護することが可能です。Windowsの場合はBitLocker機能を使用し、対象の仮想マシンのVCPU (仮想マシンのCPU) を利用してデータが暗号化されます。また、暗号化に必要なキーやシークレットの作業はAzure Key Vaultで統合管理されます。

また、すでに紹介済みのMicrosoft Defender for Cloudを使用している場合、暗号化されていないVMがあるときはセキュリティの警告が出ます。よって、この暗号化をしていることでセキュリティが高い状態にあることをMicrosoft Defender for Cloudで確認することも可能です。

▼Microsoft Defender for Cloudでの警告

■対象VMとOS

Azure Disk Encryptionの利用には、いくつかの制限があります。詳細はMicrosoftのDocsページで紹介されていますが、重要となるポイントを以下にまとめます。

・サポート対象のVM

多くのVMサイズで利用可能です。また、第1世代、第2世代どちらのVMでも利用可能であり、Premium Storageを利用したVMでも利用可能です。ただし、Basic、AシリーズVM、メモリが2GB以下のVMは利用できません。

・サポート対象のOS

Windowsクライアント：Windows 8以降
Windows Server：Windows Server 2008 R2以降
Windows 10 Enterpriseマルチセッション

・ネットワーク要件

キーコンテナーに接続するためのトークン取得にAzure ADを利用するため、Azure ADのエンドポイントにアクセスできる必要があります。また、キーコンテナーへの接続のためにキーコンテナーのエンドポイントへもアクセスできる必要があります。

この他にもいくつかの要件があります。詳細は以下のURLを参考にしてください。

> **参考**　**Windows VM用のAzure Disk Encryption**
> https://docs.microsoft.com/ja-jp/azure/virtual-machines/windows/disk-encryption-overview
>
> 

Azure Disk Encryptionの構成

Azure Disk Encryptionは、以下の手順で構成可能です。

1. Azure仮想マシンの作成（既存の仮想マシンでも構成可能）
2. Azure Key Vaultの作成
3. Azure Key Vaultのアクセスポリシーの構成（2.の作成時に同時に設定も可能）
4. Azure Disk Encryptionの有効化

また、Azure PortalやAzure PowerShell、AzureCLIなどで構成が可能です。手順4.の有効化については、以下のコマンドで実行可能です。

・AzureCLIの場合

`az vm encryption`で`--disk-encryption-keyvault`パラメータを利用します。

・Azure PowerShellの場合

`Set-AzVmEncryptionExtension`を利用します。

また、Azure Disk Encryptionを利用する際にAzure Key Vaultのストアと仮想マシンは同じリージョンにある必要があります。

演習問題3-3

問題1.

➡解答 p.147

次の説明文に対して、はい・いいえで答えてください。

Azure Disk Encryptionを利用すると、利用データが暗号化されて企業の情報を安全にクラウド上で管理することができます。

A. はい
B. いいえ

問題2.

➡解答 p.147

Azure上に社内システムを移行する予定です。社内からも社外からも安全にAzure上の仮想マシンを管理するための施策を考えています。手軽にWebブラウザを利用して安全な管理をするには、以下のどのAzureサービスが適切でしょうか。また、可能な限り安全に接続するため、2要素認証を構成したいと考えています。

A. Azure ExpressRoute
B. Azure Bastion
C. Azure VPN Gateway
D. 踏み台サーバーの作成

問題3.

➡解答 p.147

ある企業は昨今のセキュリティ事情を鑑みて、大幅に社内のセキュリティの見直しをしようと考えています。クラウド上だけではなく、社内の環境も含めてセキュリティを管理できるソリューションを考えています。以下のサービスを利用することでこの問題が解決できますか。

利用予定のサービス：Microsoft Defender for Cloudの利用

A. はい
B. いいえ

問題4.

➡解答　p.148 

安全のためにAzure上のVMのディスクを暗号化しようと考えています。仮想マシンを作成するときにAzure Disk Encryptionを有効化する正しい手順を順番に並べ替えてください。不要な手順も含まれています。

A. Azure Key Vaultのアクセスポリシーを構成する
B. Azureストレージアカウントを構成する
C. 仮想マシンを作成する
D. Azure Disk Encryptionを有効化する
E. Azure Key Vaultのストアを作成する

問題5.

➡解答　p.148 

Azure環境を利用して社内システムをAzure上に移行する計画を立てています。社内からAzureへアクセスする環境のセキュリティを高めるために、Azureの全体を管理する管理者の利用マシンを安全にしたいと考えました。Microsoftのセキュリティ戦略を参考に、特権アクセスワークステーションのどれを利用するかを考えています。

すべてのAzureの管理権を持ったユーザーが使うべきコンピューターの種類は、以下のどれが適切ですか。

A. エンタープライズデバイス
B. 特殊デバイス
C. 特権デバイス(PAW)
D. どれもあてはまらない

解答・解説

問題1.

➡問題　p.145

解答　A

Azure Disk Encryptionを利用すると、データは仮想マシン上のOSで暗号化されるため、暗号化されたデータがクラウド上に保存されます。したがって、クラウド上のデータ自体が暗号化されているので安全にデータを格納できます。

問題2.

➡問題　p.145

解答　B

Azure Bastionを利用することで、踏み台サーバーをかんたんにAzure上に構成可能です。また、サインインにはAzure Portalを利用するため、2要素認証を利用できる点も大きなメリットです(B)。Azure ExpressRouteとAzure VPN Gatewayはサイト間の接続を可能にするため、社内とAzureを接続するには適切な方法といえます。しかし、社外からのアクセスはAzure ExpressRouteでは対応していません。Azure VPN GatewayはインターネットVPNを利用したPtoS(ポイント対サイト)接続をサポートしていますが、構成が必要である点と2要素認証の準備が困難であると考えられます(A、C)。踏み台サーバーの作成はAzure Bastionと同じようにAzureへのアクセスが可能です。しかし、手軽に構成することが難しく(自身でサーバーの構成が必要)、さらに、セキュリティを高める2要素認証の準備もかんたんではありません(D)。

問題3.

➡問題　p.145

解答　A

Microsoft Defender for Cloudは、Azure、オンプレミス環境、マルチクラウド環境を含めたさまざまな環境に存在する仮想マシンなどを対象としたセキュリティサービスです。セキュリティスコアを利用した現状確認と、推奨事項やアラートを利用したリアルタイムでのITシステムのセキュリティ状況の確認が可能です。

問題4.

➡問題　p.146

解答　C→E→A→D

Azure Disk Encryptionの利用にはAzureストレージアカウントは不要であるため、Bは構成する必要がありません(B)。また、Azure Disk Encryptionの構成は以下の順番で行います。

1. Azure仮想マシンの作成(既存の仮想マシンでも構成可能)(C)
2. Azure Key Vaultの作成(E)
3. Azure Key Vaultのアクセスポリシーの構成(2.の作成時に同時に設定も可能)(A)
4. Azure Disk Encryptionの有効化(D)

また有効化は、Azure PowerShellやAzure CLIでは、以下のコマンドレットまたはコマンドを利用します。

・AzureCLIの場合

`az vm encryption`で`--disk-encryption-keyvault`パラメータを利用

・Azure PowerShellの場合

`Set-AzVmEncryptionExtension`を利用

問題5.

➡問題　p.146

解答　C

エンタープライズデバイスは、一般のユーザーを想定した環境用のデバイスです(A)。特殊デバイスは、開発者や機密情報を扱うようなユーザーを対象としています(B)。特権デバイスは、万が一このデバイスを利用しているユーザーがセキュリティ侵害にあった場合に、組織に対して回復不能な重大なダメージを与えるようなときに利用するデバイスとなるため、すべての管理権を持った非常に高い権利のあるユーザー向けのデバイスとなります(C)。くわしくは、「2. 特権アクセスワークステーション(PAW)」を確認してください。

3-4 コンテナーのセキュリティを有効にする

近年利用頻度が増えたコンテナー型のアプリケーション構成に関するセキュリティについて学習します。

3

1 コンテナー

コンテナーとは、仮想化の一種です。コンテナーの仮想化はサーバーの仮想化と異なり、アプリケーションを実行するために必要な環境とアプリケーション本体を含む部分だけをコンテナーとして隔離し、1つのOS上で複数のコンテナーを実行させる環境のことを指します。サーバーレベルの仮想化ではないため、素早く起動済みのOSに展開して動作をすることが可能であり、必要に応じて手軽に異なる環境に移動ができる特性を持ちます。また、コンテナーではDockerと呼ばれる仕組みが利用されています。

(1) コンテナー構成

コンテナーの仮想化は、1つのOS上に複数のコンテナーを展開させることで従来のサーバーの仮想化よりも手軽に素早くアプリケーションの展開・移動・削除などが可能となります。

▼コンテナー

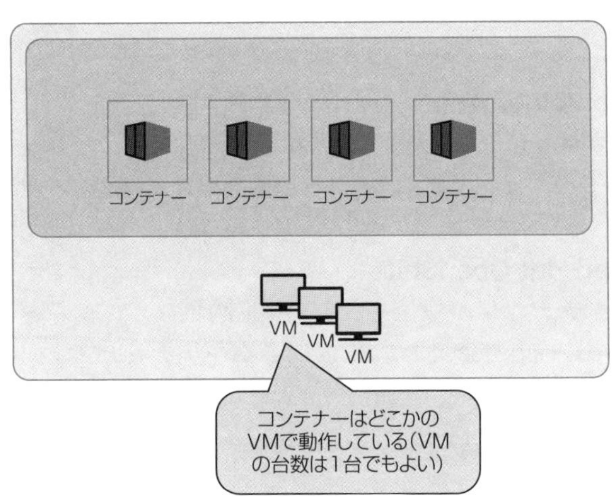

コンテナーはOS上に展開されますが、コンテナー同士は独立した環境で実行されるため、互いに影響することはありません。また、OS自体を含んでいないため必要とするリソースが少なく、すぐに開始や停止をすることが可能です。ただし、サーバーの仮想化と比べるとOS自体は共有するため、サーバーの仮想化よりは独立性が低下します。

Dockerはコンテナー仮想化をサポートするための基盤として利用されます。実行するコンテナーはイメージ(Image)から作成されます。このイメージを共有することで、さまざまな環境で同じコンテナーを実行させることが可能です。イメージはアプリケーションを動作させるための実行環境となります。このイメージの上に必要なアプリケーションをのせることでコンテナーが完成します。

(2) Azure上で利用できるコンテナー系サービス

Azureで利用できるコンテナー系サービスには、以下のものがあります。

■Azure Container Instances

かんたんにAzure上でコンテナーを構成できるサービスです。サーバーレスな環境でDockerコンテナーを実行可能です。

■Azure Kubernetes Service

大規模なコンテナーをデプロイおよび管理するためのオープンソフトウェアである、KubernetesをAzure上で実行可能にするサービスです。コンテナー化されたアプリケーションのビルド、配信、拡張を迅速に行うことが可能です。

■Azure Container Registry

コンテナーイメージや成果物のビルド、保存、保護、スキャン、レプリケーション、管理を行います。また、他のコンテナーサービスと連携してイメージを展開できます。

■Azure Container Apps

AKSなどの複雑な環境を管理することなく、手軽にコンテナー化されたアプリケーションをデプロイできます。開発者が開発だけに専念する環境を提供します。

■Azure Red Hat OpenShift

高可用性を備えたフルマネージドのOpenShiftクラスターを提供します。OpenShiftはRed Hat社が開発したKubernetesコンテナーのプラットフォームです。OpenShiftを利用すると、短時間でかんたんにアプリケーションの構築、開発、提供が可能となります。

■Azure Functions

サーバーレスソリューションの1つで、かんたんに作成したコードを実行できる環境を提供します。Azure Functionでもコンテナーを実行することが可能です。

■Web App for Containers

Azure App Serviceと呼ばれるWebサーバーのPaaSサービスです。このサービスでもコンテナーを実行することが可能です。

■Azure Service Fabric

Azureのマイクロサービス基盤です。この基盤でもコンテナーをサポートしています。

3

それぞれのサービスの詳細は、以下のURLから確認可能です。

詳細　Azure コンテナーサービス

https://azure.microsoft.com/ja-jp/products/category/containers/

非常に多くのサービスが存在していますが、この節では、代表的な以下の3サービスを紹介します。

- ・Azure Container Instances
- ・Azure Kubernetes Service
- ・Azure Container Registry

2　ACI（Azure Container Instances）の構成とセキュリティ

Azure Container Instances（ACI）は、Azure上で手軽にコンテナーを動作させる環境です。単純なアプリケーション、タスクの自動化、ジョブ作成などのさまざまなシナリオ向けのソリューションを提供できます。

（1）ACIの構成

Azure Container Instancesを構成する要素には、以下のものがあります。

・イメージ

コンテナーを構成する元の要素です。OSとの関係性を維持するための情報やミドルウェア・実行環境を含みます。

・**Dockerファイル**

そのイメージに必要なさまざまな構成情報を持ちます。

・**コンテナー**

イメージから生成される実際のアプリケーションを含んだコンテナーです。

・**コンテナーグループ**

複数のコンテナーを含むコンテナーのグループです。現在は、Linuxベースのコンテナーのみに限定されています。複数のコンテナーを含めることで、アプリケーションとそのアプリケーションの監視やログを出力するサポートアプリケーションを組み合わせることが可能です。

・**Azure Container Registry**

イメージを登録してAzure Container InstancesなどのAzureサービスで利用する際の保存場所となります。公開されたDocker Hubなどと異なり、認証などのセキュリティ制御を加えることで、ユーザー独自のイメージ保管場所として利用可能です。

■ACIの構成手順

Azure Container Instancesを構成する際の一般的な手順を確認します。

1. コンテナーイメージの作成

   Docker HubやGithubなどを利用してコンテナーイメージの基本イメージや、Docker Fileを用いてイメージを作成します。

2. コンテナーレジストリの作成とイメージの登録

   作成したイメージなどを登録して、ACIなどのAzureサービスで利用することが可能です。

3. アプリケーションデプロイ

   ACIを含むさまざまなAzureサービスでデプロイが可能です。

また、公開されたアプリケーションで独自のデータ保存などを必要とする場合は、永続ストレージを用意してデータを保護します。AzureストレージのAzure Files共有が利用可能です。

(2) Azure Container Registryの作成

Azure Container Registryを利用して、さまざまなイメージを管理することが可能です。また、Azure Container Registryは、以下のような構成を持っています。

・**レジストリ**

サービスを指します。レジストリを利用してイメージの登録と配布が可能となります。その他、セキュリティやGeoレプリケーションなどの機能を提供します。

・リポジトリ

レジストリ内のイメージをグループ化する要素です。コレクションとも呼ばれます。レジストリ内のイメージをまとめて所有権の識別や管理に利用されます。

・アーティファクト

リポジトリ内の個別のイメージです。タグと呼ばれる識別子で管理します。

3

▼Azure Container Registry作成画面

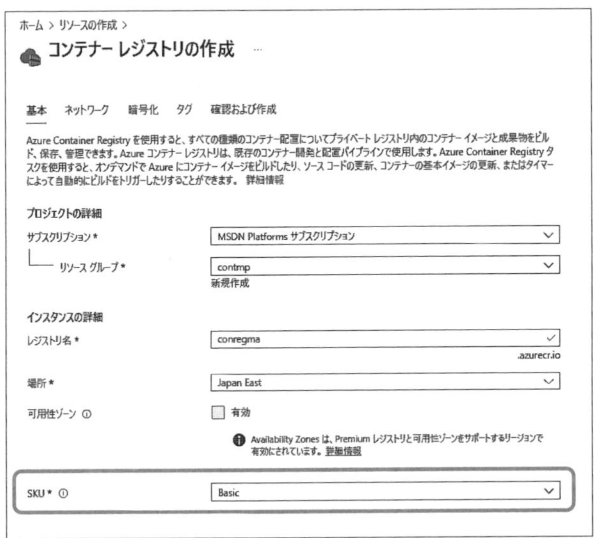

SKUの設定で、サービスレベルと機能や制限が異なります。一部を次に記載します。

▼サービスレベル毎の機能と制限

リソース	Basic	Standard	Premium
含まれている記憶域（GiB）	10	100	500
ストレージの制限（TiB）	20	20	20
1分あたりのReadOps	1,000	3,000	10,000
1分あたりのWriteOps	100	500	2,000
ダウンロード帯域幅（Mbps）	30	60	100
アップロード帯域幅（Mbps）	10	20	50
Geoレプリケーション	×	×	○
可用性ゾーン	×	×	○
コンテンツの信頼	×	×	○

※1 GiB（ギビバイト）＝2^{30}バイト、TiB（テビバイト）＝2^{40}バイト。

詳細は以下のURLで確認できます。

参考　**Azure Container Registry サービスの階層**
https://docs.microsoft.com/ja-jp/azure/container-registry/container-registry-skus

特に、コンテンツの信頼は、安全なイメージを配布するためにイメージに署名を付けることで安全性を確保することが可能です。また、含まれている記憶域は基本料金に含まれている容量となるため、それを超えた場合は別途GiB（gibibyte）単位で追加の費用が発生します。

■Azure Container Registryのセキュリティ

Azure Container Registryでは、ロールベースのアクセス制御（RBAC）を構成することが可能です。これらの権利は、レジストリにサービスプリンシパル※2を構成した場合にも利用できます。以下に構成の一部を紹介します。

※2サービスプリンシパル　テナント内でAzure ADアプリケーションとして作成されるアプリケーションIDとパスワードまたは証明書が与えられたユーザーID。

▼RBACを構成したときのロールと権利

ロール	イメージのプッシュ	イメージのプル	イメージの削除	イメージの署名
Owner（開発者）	○	○	○	
Contributor（共同作成者）	○	○	○	
Reader（閲覧者）		○		
AcrPush	○	○		
AcrPull		○		
AcrDelete			○	
AcrImageSigner				○

特に、AcrImageSignerの権利は、イメージに署名を付ける際に必要となる権利です。署名を構成する際には必ず設定をします。

詳細は以下のURLで確認可能です。

参考 **Azure Container Registry のロールとアクセス許可**
https://docs.microsoft.com/ja-jp/azure/container-registry/container-registry-roles?tabs＝azure-cli

(3) Azure Container Instancesのセキュリティ

安全にコンテナーを利用するために、いくつかのセキュリティ機能が利用可能です。重要な項目を以下に記載します。

■プライベートレジストリの利用

Azure Container Registryを利用することで、認証を有効化できます。また、Docker Trusted Registryを利用することもできます。Docker Trusted Registryは、オンプレミスやプライベートクラウドにインストールして利用ができるサービスです。特にAzure Container Registryを利用した場合は、Azure ADに存在するサービスプリンシパルに基づく認証が可能となります。

■コンテナーイメージの安全性

Azure Container Registryを利用した場合に、Microsoft Defender for Cloudと統合することでLinuxベースのイメージをスキャンして脆弱性の検出と修復ガイダンスが提供されます。ただし、この機能は費用が発生するため注意が必要です。

その他詳細は、以下のURLで確認できます。

詳細　**Azure Container Instances のセキュリティに関する考慮事項**
https://docs.microsoft.com/ja-jp/azure/container-instances/container-instances-image-security

3 AKS(Azure Kubernetes Service)の構成とセキュリティ

AKS(Azure Kubernetes Service)はコンテナーの管理を一元的に行うサービスです。Kubernetesクラスターの管理を簡素化します。

(1) Kubernetesとは

Kubernetesは、コンテナーのデプロイやスケーリングといったさまざまな作業を管理する仕組みで、オーケストレーションツールもしくはサービスです。大規模なコンテナーを利用したアプリケーションでは、複数のノード(物理・仮想コンピューター)上でコンテナーを動作させる必要があり、さらに状況に応じてスケーリングなどが必要になります。そういった作業を設定ファイルで事前定義し、その状態を維持できるように自動で制御する仕組みを提供します。

(2) Kubernetesクラスターのアーキテクチャ

Kubernetesクラスターは、コントロールプレーンと呼ばれるKubernetesクラスターを管理するコンポーネントと、ノードと呼ばれる実際のコンテナーを動作させるコンポーネントに分けて考えることが可能です。

▼AKSイメージ図

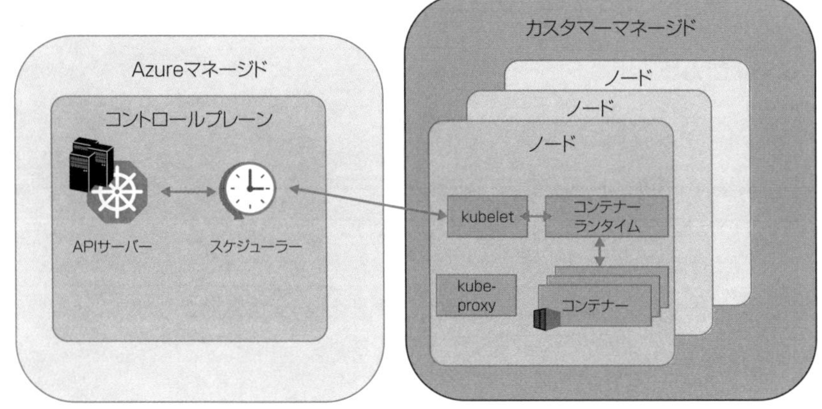

■AKSの機能

AKSは以下の機能を提供しています。特にフルマネージドの部分は、この後に紹介するクラスターマスターの機能を、Azureがホストすることで、利用者の管理負荷を大幅に軽減します。

・フルマネージド
・パブリックIPとFQDN（プライベートIPオプション）
・RBAC、Azure ADを利用したアクセス
・コンテナーの配置
・コンテナーのオートスケーリング
・コンテナーのローリングアップデートとロールバックの自動化
・ストレージ、ネットワークトラフィック、機密情報の管理

■クラスターマスター

クラスターマスターは、AKSクラスターを作成すると自動構成されます。Azureではこの部分はマネージド環境にあるため課金は発生しません。また、クラスターマスターによりAKSは管理されます。

クラスターマスターのコンポーネントは、以下の通りです。

・kube apiserver

APIサーバーは管理ツールに対する操作を提供します。たとえば、kubectlとの連携を行います。

・etcd

クラスターの構成情報を保持するkeyValueストアです。データベースと考えて問題ありません。

・kube-scheduler

アプリケーションの作成またはスケジュールを行い、ワークロードの開始を判断します。

・kube-controller-manager

ポッドの状態を管理して調整などを行います。

クラスターマスターは、Azureによって管理と保守が実施されます。APIサーバーは、パブリックIPアドレスとFQDNを持ち、サーバーへのアクセスは、ロールベースのアクセス制御を利用可能です。

■ノードとノードプール

Kubernetesでは、実際のコンテナーの動作には**ノード**と呼ばれる仮想マシンが必要となります。ノードは、Kubernetesのノードコンポーネントとコンテナーランタイムを実行します。また、このノードをグループ化して同じ構成を持つノードのグループを**ノードプール**と呼びます。ノード上で動作するコンテナーは、**Pod（ポッド）**というグループにまとめて管理されます。ポッドは、Kubernetesで管理対象となる1つ以上のコンテナーをグループ化したものです。

▼AKSのノードとPod

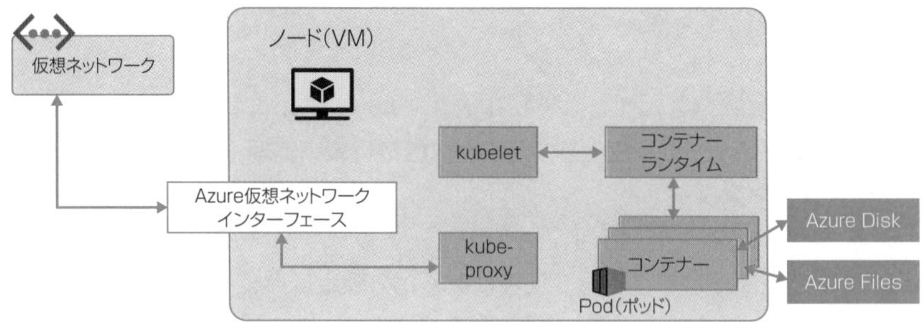

・kubelet

コントロールプレーンからのオーケストレーション要求を受け取って、ノード内のコンテナーの制御や実行をスケジュールします。Kubernetesのエージェント機能を提供します。

・コンテナーランタイム

コンテナー化されたアプリケーションへ、ネットワークやストレージなどへのアクセスをサポートします。

・kube-proxy

ネットワークトラフィックをルーティングして、サービスやポッドのIPアドレスを管理します。

■AKSのネットワーク

AKSを構成する際にはネットワークの構成も重要となります。AKSではクラスター構成時に以下のネットワークが構成できます。

・クラスターIP

AKSクラスター内で利用する内部通信のIPアドレスです。クラスター内のワークロードをサポートするための内部専用アプリケーションに利用できます。

・NodePort

特定ノードへの直接通信を提供します。ポート番号と合わせて特定のPod（ポッド）（アプリケーション）へのアクセスを実現します。

・LoadBalancer

通常のアプリケーションへのアクセスを提供します。LoadBalancerを通すことで、バックエンドにあるPodのアプリケーションへのアクセスを実現します。

AKSでネットワークの制御を行う場合は、AKSネットワークポリシーが利用できます。ただし、ネットワークポリシーはAKSクラスターの作成時に有効化できるため、注意が必要です。

■AKSのストレージ

AKSでは、Pod内のデータは短期的に利用できるものであり、Podにまたがった情報や長期間保持をしたいデータがある場合は、別途**永続ボリューム**を用意する必要があります。

・永続ボリューム

Podが削除された場合や、メンテナンスなどでPodが他のホストへ移動すると、Podで利用していたボリュームのデータは削除される可能性があります。そこで、永続ボリュームを利用すると、Podにまたがったデータの受け渡しや長期間の情報の保持が可能となります。

APIサーバーを介してストレージが利用可能です。

利用できるストレージは、Azure FilesとAzureディスクです。

(3) AKSのセキュリティ

AKSクラスターを作成すると、自動的にサービスプリンシパルが作成されます。AKSでAzure Container Registryを利用する場合は、そのサービスプリンシパルにAzure Container Registryへのアクセス権(ロール)を与えることでアクセスが可能となります。

このようにAKSは、Azure ADと統合することでさまざまなアクセス許可を構成可能です。

・AKSのロールとClusterRole

AKSへのアクセス制御はAzureのロールベースのアクセス制御を利用できます。ただし、AKSのロールを作成してそのロールをAzure ADユーザーやグループに割り当てることで権利を割り当てます。

RoleBindingを利用すると、AKSのロールをAzure ADのユーザーやグループに割り当てが可能となります。ロールで指定した名前空間に対して、権利の割り当てが可能となります※。

ClusterRoleBindingを利用すると、クラスター全体の管理権をAzure ADユーザーやグループに割り当て可能です。

※AKSの名前空間とは、AKSクラスター内のリソースを論理的にまとめたグループを指します。名前空間を利用して、特定のアプリケーションだけを含む名前空間などが作成できます。

演習問題3-4

問題1.

➡解答　p.163

次の説明文に対して、はい・いいえで答えてください。

Azure Kubernetes Service (AKS) を作成しました。このクラスターでは、Azure Container Registryを利用します。Azure ADの役割をAKS作成時に構成されたサービスプリンシパルに設定しました。この作業でAzure Container Registryを利用できますか。

A. はい
B. いいえ

問題2.

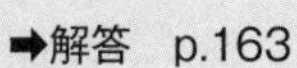
➡解答　p.163

Azure Kubernetes Service (AKS) を利用する予定です。Azure Kubernetes Serviceのコントロールプレーンで動作するアプリケーションワークロードのオーケストレーションを適用するコンポーネントは以下のどれですか。

A. kubelet
B. kube-proxy
C. ノード
D. APIサーバー

問題3.

➡解答　p.163 

Azure Container Registryを利用して、アプリケーションを展開予定です。安全に利用するためにセキュリティの強化を考えています。Azure Container Registryへのアクセスをロールベースのアクセス制御（RBAC）で保護する予定です。イメージをアップロードするために必要な権限はどれですか？ 不要な権限を与えないように最小特権のものを選択してください。

A. AcrPull
B. AcrDelete
C. AcrPush
D. Contoributor

問題4.

➡解答　p.164 

Azure Container Registryにあるイメージの安全性を確保するための署名を構成予定です。最小特権原則を守ることを前提として、信頼できるイメージを作成するために必要な権利を選択してください。

2つ選択してください。

A. AcrPull
B. Reader
C. AcrPush
D. AcrImageSigner

問題5.

➡解答　p.164 

Azure Container Instancesを利用してアプリケーションをデプロイする予定です。このアプリケーションには、メインアプリケーションのコンテナーとロギング用のコンテナーが存在しており、同じ環境で動作することが期待されています。デプロイするときに何を構成する必要がありますか。

A. ノードプール
B. ノード
C. コンテナーグループ
D. リソースグループ

解答・解説

問題1.

➡問題　p.161

解答　A

利用可能です。AKS作成時に構成されたサービスプリンシパルはAKSへのアクセス権を持っているため、そのサービスプリンシパルにAzure Container Registryへの管理権を与えることでAKSがAzure Container Registryを利用可能となります。

問題2.

➡問題　p.161

解答　D

APIサーバーは、コントロールプレーンで動作するコンポーネントで、主要なKubernetesのサービスとアプリケーションワークロードのオーケストレーションを提供します(D)。kubelet、kube-proxyは、ノード側で動作するコンポーネントで、kubeletはAPI Serverからのオーケストレーション要求を実際に仮想マシンで処理するエージェントです。kube-proxyはネットワークの制御を行います(A、B)。ノードは、実際にコンテナーを動作させるためのクラスターに存在する仮想マシンのことを指します(C)。

問題3.

➡問題　p.162

解答　C

最小特権の構成から必要な権利だけを与える場合は、AcrPushがアップロードのみをサポートします。また、Contoributor(共同作成者)もアップロードは可能ですがそれ以外の作業もできてしまうため、今回の構成では適切ではありません(D)。AcrPullはイメージのダウンロードです(A)。AcrDeleteはイメージの削除となります(B)。

問題4.　➡問題　p.162

解答　C、D

イメージを作成となるため、**ArcPush**が必要となります。ArcPushでAzure Container Registryにイメージをアップロード可能となります。また、署名の設定には**AcrImageSigner**が必要です(C、D)。AcrPullはイメージのダウンロードです。Reader(閲覧者)は、読み取りが可能な権利です。したがってイメージのダウンロードが可能です(B)。

問題5.　➡問題　p.162

解答　C

ノードプールとノードは、どちらもAzure Kubernetes Service(AKS)で利用されるコンポーネントで、ノードをグループ化したものがノードプールです(A)。ノードはポッドと呼ばれるコンテナーのグループを動作させる仮想マシンを指します(B)。Azure Container Instancesで複数のコンテナーを同じ環境で動作させる仕組みをコンテナーグループと呼びます。**コンテナーグループ**はコンテナーをグループ化したものです(C)。リソースグループはAzure上のリソースをグループ化するもので、今回の問題には関係ありません(D)。

第4章

セキュリティ運用の管理

4-1 Azure Monitorの構成と管理

この節では、監視にかかわる一連の操作を行う入り口となるAzure Monitorによって取得できるデータとその種類、および関連するサービスとの関係を包括的に学びます。

1 Azure Monitor

Azure Monitorは、監視にかかわる一連の操作を行う入口に相当するサービスです。Azure Monitorではクラウドおよびオンプレミス環境の統計情報を収集し、分析、対応することができます。Azure Monitorを利用することで、アプリケーションや仮想マシンなどの現在の状態を把握し、それらのサービスに影響を及ぼす問題を把握することで障害を事前に防ぐことができるようになります。Azure Monitorは複数のツールで構成され、特定のサービスだけではなくコンピューティング、ネットワーク、ストレージ、データベースなどの状況を監視することができます。

(1) 分析情報

分析情報は、特定のサービスに特化した監視情報を提供します。

参考 **Azure Monitorによって監視される内容**
https://docs.microsoft.com/ja-jp/azure/azure-monitor/monitor-reference

使用されるデータは、すでに収集されているデータですが、データ特定と分析に有用な可視化されたカスタムブックが提供されます。

コンピューティングに分類される**仮想マシン**の分析情報では、パフォーマンス、マップ、正常性の情報がカスタムブックで提供されています。

パフォーマンスでは、ディスクパフォーマンスデータの一覧や、CPUやメモリの各種情報をグラフ化して、見やすい形式に可視化した状態で表示されます。

▼仮想マシンの分析情報_パフォーマンス

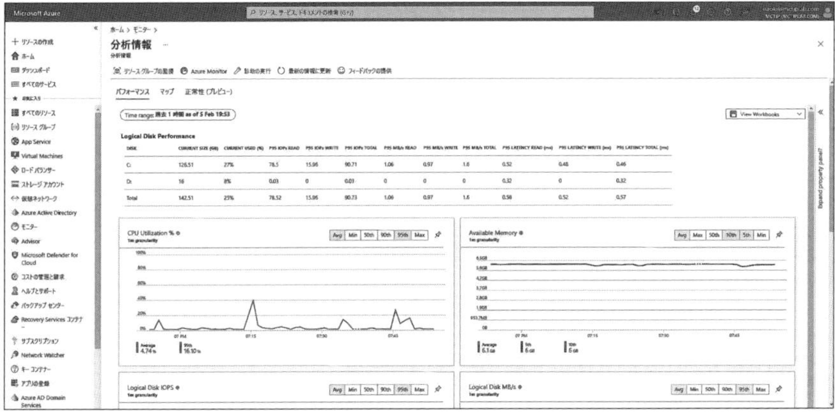

マップでは、仮想マシンのプロセス情報と使用しているネットワークポート情報がマッピングされ、詳細情報を表示できます。

▼仮想マシンの分析情報_マップ

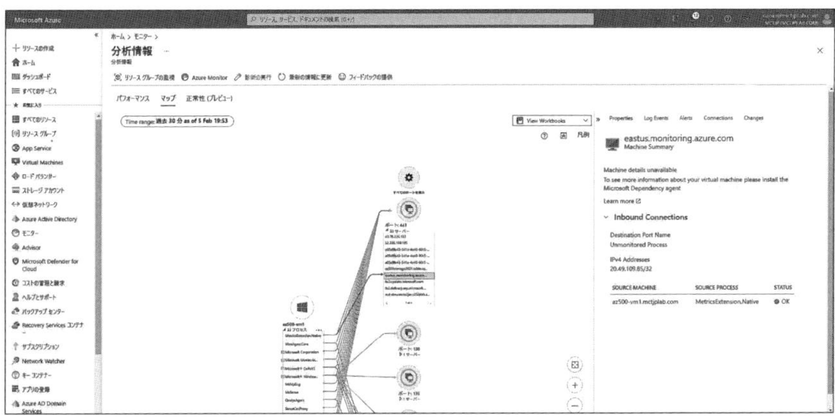

これらの情報を利用することで、収集したデータの特定と分析が容易になります。

2 メトリックとログ

Azure Monitorが収集するデータは、「メトリック」、「ログ」のどちらかの形式になります。形式別の用途としては、アラート生成にはメトリック、複雑な分析にはログの利用が適しています。

一例として、Azureリソースのメトリックとログは、内部操作に関するデータを提供します。それらのデータはメトリック、ログ、ストレージ、イベントハブに転送することができます。そして、メトリックはメトリックエクスプローラー、ログはLog Analyticsを使用して、データを可視化し、分析することができます。

▼Azure Monitorで使用するデータのソース

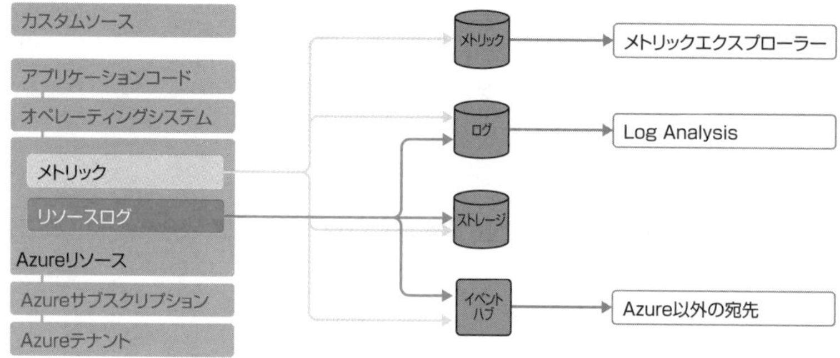

(1) メトリック

メトリックは、特定の時点におけるシステムの状況を示す数値データになります。メトリックの特徴として軽量であることもあり、CPUやメモリの使用率などの数値データがほぼリアルタイムに近い状態で取得できます。

メトリックのデータは、メトリックエクスプローラーを使用したデータのグラフ化やブックを使用したレポートを生成できます。また、アラートの生成も容易に設定できます。

▼メトリックエクスプローラーを使用したパフォーマンスデータグラフ

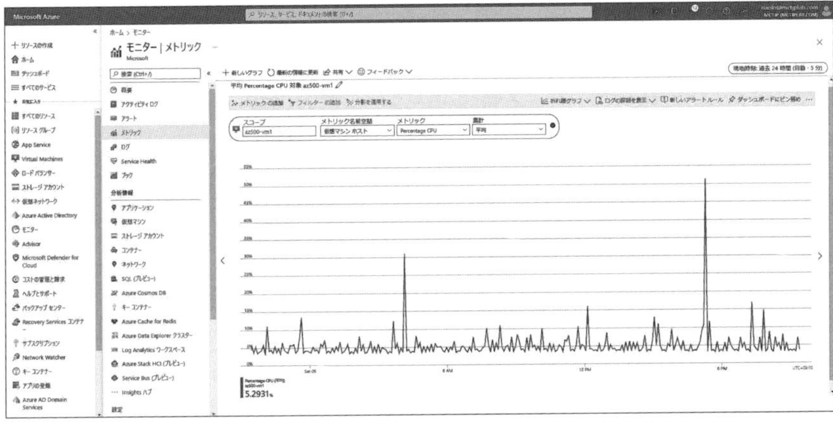

(2) ログ

ログには、数値データだけではなく、各種プロパティ情報をレコードに編成したさまざまなデータ情報が含まれます。Azure Monitorは、収集したログデータをKQL (Kusto Query Language) クエリを使用して、すばやく検索、統合、分析することができます。

▼KQLクエリを使用したログ分析

(3) Azure Monitorが収集するデータ

監視を行うためには、さまざまなデータソースからデータを収集する必要があります。

▼Azure Monitorで使用する監視データソースと機能一覧

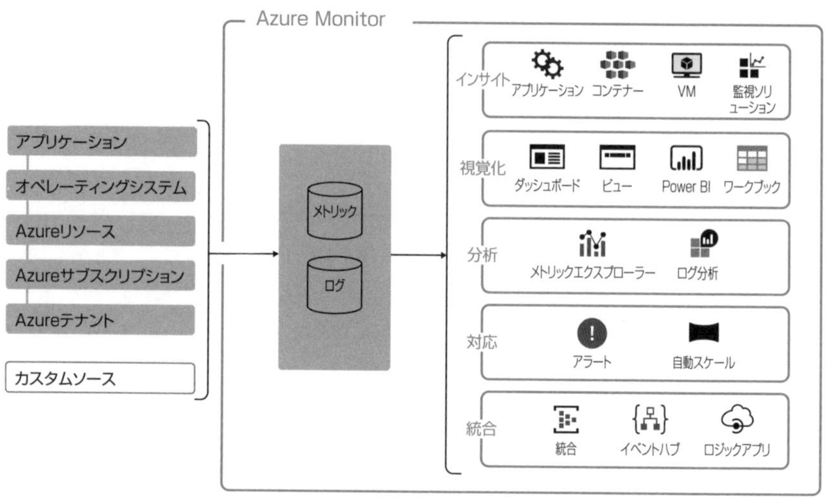

収集するデータソースはアプリケーションを最上位とした階層で表現できます。以下に各種データの階層と収集方法を示します。

▼各種データの階層と収集方法

階層レベル	説明	収集方法
アプリケーションコード	実際のアプリケーションとコードのパフォーマンスと機能に関するデータ（パフォーマンストレース、アプリケーションログ、ユーザーテレメトリを含む）。	インストルメンテーションパッケージをインストールしてApplication Insightsを有効化する。

階層レベル	説明	収集方法
オペレーティングシステム(ゲスト)	オペレーティングシステムのコンピューティングリソースに関するデータ。	Log Analyticsエージェントをインストールして Azure Monitorにクライアントデータソースを収集すると共に、Dependency (依存関係) エージェントをインストールして VM Insights (仮想マシンの分析情報) をサポートする依存関係を収集する。 Azure仮想マシンについては、Azure Diagnostics (診断) 拡張機能をインストールして、ログとメトリックをAzure Monitorに収集する。 Azure Monitorエージェント(AMA)は、下記のレガシエージェントに代わるもの。 Log Analyticsエージェント: データをLog Analyticsワークスペースに送信し、VM Insightsソリューションと監視ソリューションをサポートする。 Diagnostics (診断) 拡張機能: Azure Monitorメトリック(Windowsのみ)、Azure Event Hubs、Azureストレージにデータを送信する。 Telegrafエージェント: Azure Monitorメトリックにデータを送信する(Linuxのみ)。
Azureリソース	各Azureリソースの運用とパフォーマンスに関するデータ。リソースログのこと(以前は診断ログと呼ばれていた)。	自動的に収集されたメトリックをメトリックエクスプローラーで確認する。 Azure Monitorでログを収集するように診断設定を構成する。 各種の監視ソリューションとInsightsを利用すれば、特定の種類のリソースをさらにくわしく監視することができる。

階層レベル	説明	収集方法
Azureサブスクリプション	Azureサブスクリプションにおける横断的なリソースサービス(Resource Manager、Service Healthなど)の正常性と管理に関連するデータ。アクティビティログのこと。	ポータルで確認するか、ログプロファイルを使用してAzure Monitorへの収集を構成する。
Azureテナント	Azure Active Directory(AAD)など、テナントレベルのAzureサービスの操作に関するデータ。**AADログ**のこと。	AADデータをポータルで確認するか、テナントの診断設定を使用してAzure Monitorへの収集を構成する。
カスタムソース	外部サービスからのデータや、他のコンポーネントまたはデバイスからのデータ。	Data Collector APIを使用して任意のRESTクライアントからログまたはメトリックデータをAzure Monitorに収集する。

注意　リソースログ、アクティビティログ、Azure Active Directory(AAD)ログをAzureプラットフォームログと呼びます。

3 Log Analytics

Azure Monitorと連携して動作するLog Analyticsは、各種データソースから収集されたログデータの保管場所です。Log Analyticsを使用するためには、最初に**Log Analyticsワークスペースを作成**します。ワークスペース単位で各種データが保管されます。

Log Analyticsによる分析を行うには、Azure PortalからLog Analyticsに接続するのはもちろんのこと、複数の場所からLog Analyticsワークスペースの分析画面に接続できます。

主な分析画面への接続方法を下記に示します。

・Azure MonitorまたはLog Analyticsワークスペースの[ログ]を選択します。
・Application Insightsアプリケーションの[概要]ページから[分析]を選択します。
・Azureリソースのメニューから[ログ]を選択します。

▼ログ分析画面

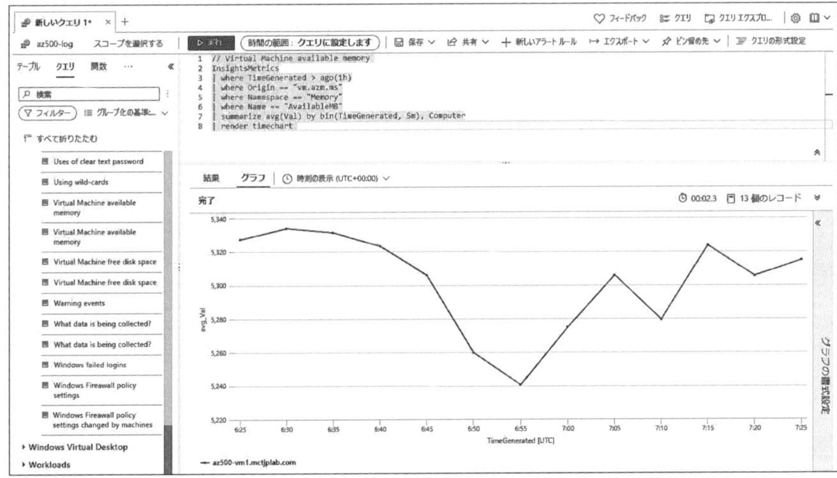

Log Analyticsは、データの保管だけではなく、ログクエリを作成したり、その結果を対話形式で分析したりするための主要なツールとして機能します。クエリ以外の機能の一部を以下に紹介します。

■アラートルール

アラートルールによって、収集されたデータの問題を事前に特定することができます。具体的には、あらかじめ設定したクエリを定期的に実行し、そのクエリ結果を評価してアラートを生成します。またその際に通知を行い、評価結果に即したアクションを自動実行することもできます。

■ダッシュボード

クエリ結果をAzureダッシュボードにピン留めすることができます。これにより、メトリックとログデータを同一のダッシュボードに表示することができます。

■エクスポート

ExcelやPower BIにログデータをインポートするためには、ログクエリを作成してエクスポートするデータを定義します。また、CSVファイルをエクスポートすることもできます。

4 Log Analytics用に接続されたソース

Log Analyticsエージェントは、オンプレミス、クラウド環境のWindowsおよびLinuxの仮想、物理マシン、SCOMによって監視しているマシンからデータを収集して、Azure MonitorのLog Analyticsワークスペースにデータ送信します。

収集できるデータの種類は、以下の通りです。

▼Log Analyticsエージェントが収集できるデータの種類

データソース	説明
Windowsイベントログ	Windowsイベントログシステムに送信された情報
Syslog	Linuxイベントログシステムに送信される情報
パフォーマンス	オペレーティングシステムとワークロードのさまざまな側面のパフォーマンスを測定する数値
IISログ	ゲストオペレーティングシステムで実行されているIIS Webサイトの使用状況に関する情報
カスタムログ	WindowsコンピューターとLinuxコンピューターの両方のテキストファイルからのイベント

Log Analyticsエージェントは、Azure Monitorの分析情報に加えて、その他のサービス（Microsoft Defender for Cloud、Azure Automationなど）もサポートしています。

(1) Azure Diagnostics（診断）拡張機能

Azure Diagnostics（診断）拡張機能は、コンピューティングリソースのゲストオペレーティングシステムから監視データを収集するために使用できるエージェントの1つです。

Windows Diagnostics拡張機能（WAD）とLinux Diagnostics拡張機能（LAD）があります。多くの機能がLog Analyticsエージェントと同様ですが、Azure Diagnostics（診断）拡張機能は、Azureの仮想マシンでのみ使用できます。よって、Log Analyticsエージェントのように、他のクラウドやオンプレミス環境で使用することはできません。

主な利用シナリオを下記に示します。

- Azure Monitorメトリックへ、ゲストのメトリックを送信する。
- ゲストのログおよびメトリックをアーカイブ用にAzureストレージに送信する。
- ゲストのログおよびメトリックをAzureの外部に送信するためにAzure Event Hubs に送信する。

> **注意**
> Windows用のLog Analyticsエージェントは、Microsoft Monitoring Agent (MMA)とも呼ばれます。Linux用Log Analyticsエージェントは、OMSエージェントとも呼ばれます。
> Azure Monitorエージェントは、Log AnalyticsエージェントとDiagnosticsエージェントの機能を包括した新しいエージェントです。しかし現時点では、完全に同等ではありません。

(2) Log Analyticsエージェントのインストール

Log Analyticsエージェントは、自動、手動でインストールすることができます。一例としては、Microsoft Defender for Cloudには、自動インストール設定があります。また、ARM (Azure Resource Manager) テンプレートを使用してLog Analyticsエージェントのインストールもできます。その際、インストールする方法に関係なく、Log AnalyticsのワークスペースIDとワークスペースキーが必要になります。それらの情報は、Log Analyticsワークスペースの「エージェント管理」セクションで確認することができます。

▼ワークスペースIDとキー

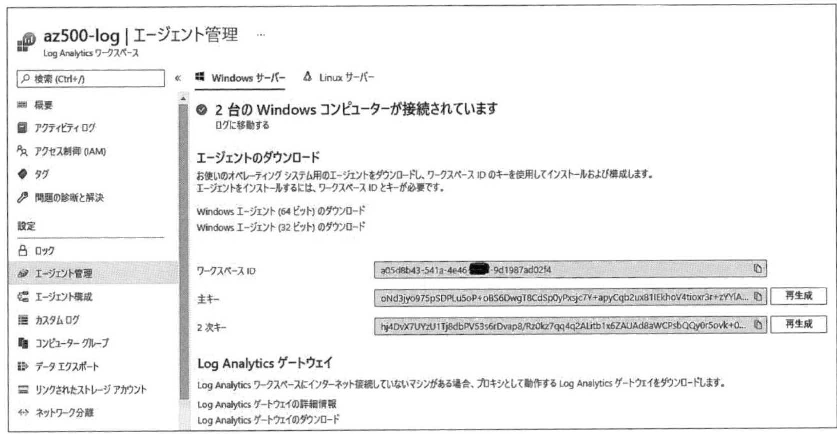

5 アラートルール

Azure Monitorにメトリックとログを送信しても、そのデータに異常もしくは疑わしい兆候があることに、容易に気づくことはできません。そこで、Azure Monitorでは、取得したデータに対して、条件などを設定してアラートを生成することができます。

アラートの設定では、対象の事象に対して自動的に通知を出して、スクリプトを自動実行するなどのアクションを行うこともできます。もちろんアラートをオペレーターが手動で対処することもできます。アラートの対象としては、メトリックの値やログの検索クエリなどが含まれます。

▼アラート画面

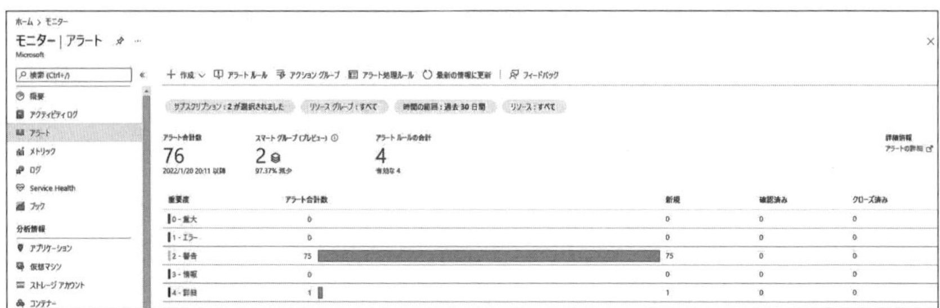

アラートは重要度ごとにまとめて表示されます。重要度は0から4までの範囲です。

▼アラートの重要度

重大度	説明
0	重大
1	エラー
2	警告
3	情報
4	詳細情報

(1) アラートルールの作成

アラートルールを作成するには、次の設定を行います。

1.スコープ選択
　何を監視するか、対象範囲を決めます
2.シグナル選択
　どのような事象に対してアラートを設定するかを決めます
3.アクション選択
　アラートに該当する場合、何を行うかを決めます

(2) アクショングループの作成

　アクショングループでは、通知設定およびアクションの設定を行うことができます。

■通知設定の種類

- 電子メール、SMS、Azure Mobile Appへの通知、音声
- Azure Resource Managerのロールへのメール

■アクションの種類

- Automation Runbook
- Azure Function
- ITSM
- Webhook
- Webhookのセキュリティ保護
- イベントハブ
- ロジックアプリ

6 診断ログ

　Azure Monitor診断ログは、Azureの各種サービスから生成されるログのことです。この診断ログには、テナントログとリソースログの2種類があります。
　診断ログは、それぞれのサービスにある「診断設定」より設定できます。ログのカテゴリより、収集したいログの種類を選択することができます。またリソースの種類によっては、メトリックを選択することもできます。ここで選択したログやメトリックを、次の宛先に送信することができます。

- Log Analytics
- ストレージアカウント
- イベントハブ
- パートナーソリューション

診断ログの設定は複数作成できるので、異なる宛先にログを転送することができます。

■アクティビティログ

Azureサブスクリプションのリソースに対して、外部から実行された操作（リソースの作成、削除、権限変更）が行われた際に、何時、誰が、何を行ったのかについて履歴が残ります。

■テナントログの設定

Azure Active Directoryの［診断設定］から行います。

▼テナントログの診断設定画面

■リソースログの設定

Azure Monitorの［診断設定］から、対象のリソースを選択して行います。リソースレベルの診断ログは、エージェントを必要とせず、Azureプラットフォーム自体からリソース固有のデータを取り込みます。

▼リソースログの設定画面

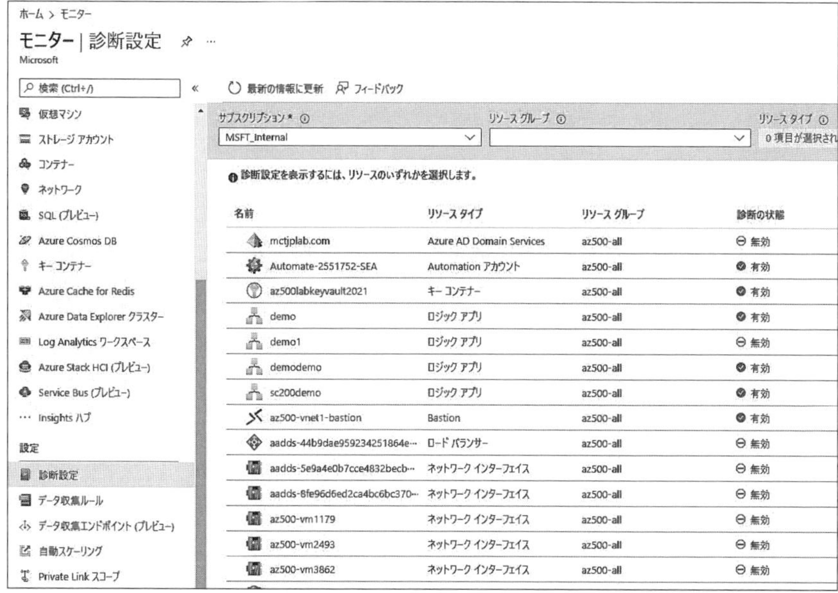

注意

リソースレベルの診断ログは、アクティビティログやゲストOSレベルの診断ログとは異なります。アクティビティログはサブスクリプションレベルのログで、VMの作成や削除などのログが該当します。ゲストOSレベルの診断ログにはエージェントが必要です。

演習問題4-1

問題1.

➡解答　p.183

現在使用しているサブスクリプションでは、Azure Monitorで監視している100台の仮想マシンがあります。Windows Server 2016のセキュリティイベントを分析する必要がある場合、Azure Monitorのどのメニューを確認しますか？

A. アプリケーション
B. メトリック
C. アクティビティログ
D. ログ

問題2.

➡解答　p.183

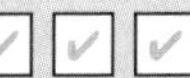

あなたはセキュリティオペレーターです。アクセスできないリソースに対して、サインインしているユーザーがいるかどうかを調べる必要があります。そのためLog Analyticsでクエリを作成することにしました。このクエリは過去数日間のサインインに失敗したユーザーのサインイン施行を検出します。不注意での失敗を排除するため、5回以上サインインに失敗したユーザーのみ表示させます。

次のうちクエリにはどのパラメーターを含めるべきですか？

A. EventIDとCountIf()パラメーター
B. ActivityIDとCountIf()パラメーター
C. EventIDとCount()パラメーター
D. ActivityIDとCount()パラメーター

問題3.

➡解答　p.184 

あなたはStorageアカウントのセキュリティ問題をトラブルシューティングしています。Storageアカウントの診断ログを有効にしました。この診断ログを取得するには何を使用しますか？

A. Azure Storage Explorer
B. SQLクエリエディター
C. Windows Explorer
D. Microsoft Defender for Cloud

問題4.

➡解答　p.184  

あなたは診断ログの設定を行う必要があります。以下の要件の場合、どこにログを送信すればいいですか？

要件：
・2年間ログを保管する
・KQLを使用したクエリの実施
・管理の手間を最小限に抑える

A. イベントハブ
B. Log Analyticsワークスペース
C. Storageアカウント

問題5.

➡解答　p.184 

あなたはVM01というLinuxの仮想マシンをデプロイしました。このVM01という仮想マシンのメトリックとログを監視する必要があります。何を使用すればいいですか？

A. Azureパフォーマンス診断VM拡張機能
B. Azure HDInsight
C. Linux Diagnostic拡張機能（LAD）3.0
D. Azure Analysis Services

問題6.

➡解答　p.184 

リソースレベルの診断ログの特徴を表しているのは、次のどれですか？ 正しいものを選んでください。

A. サブスクリプションレベルのログ
B. エージェントを必要とする
C. エージェントを必要としない
D. Data Collector APIを使用する

解答・解説

問題1. ➡問題 p.180

解答 D

ログ統合は、Windows仮想マシン、Azureアクティビティログ、Azureセキュリティセンターアラート、およびAzureリソースプロバイダーログからAzure診断を収集します。この統合により、オンプレミスでもクラウドでもすべての資産に対して統合ダッシュボードが提供されるため、セキュリティイベントの集約、関連付け、分析、アラートを実行できます。

参考 **Azureセキュリティのログと監査**
https://docs.microsoft.com/ja-jp/azure/security/fundamentals/log-audit

問題2. ➡問題 p.180

解答 C

クエリを作成するポイントは、サインインの失敗を調査するには、**EventID**が4625のレコードを調べる必要があります。そして、**Count()**を使用して5回以上の失敗を抽出すればよいことがわかります。

クエリ例

```
let timeframe = 3d;
SecurityEvent
| where TimeGenerated  > ago(3d)
| where AccountType == 'User' and EventID == 4625
| summarize failed_login_attempts=count(),
leatest_failed_login=arg_max(TimeGenerated,Account)by Account
| where failed_login_attempts > 5
```

参考 **Kustoクエリのサンプル**
https://docs.microsoft.com/ja-jp/azure/data-explorer/kusto/query/samples?pivots = azuremonitor

4

演習問題

問題3.

➡問題　p.181

解答　A

Storageアカウントに保管されている診断ログを取り出すには、さまざまな方法がありますが、Azure Storage Explorerではストレージアカウントの操作をかんたんに行うことができます。

問題4.

➡問題　p.181

解答　B

KQLクエリをサポートしているのは、Log Analyticsです。また、イベントハブを経由して他のデータストアに転送することができますが、管理の手間が増えるので除外します。

問題5.

➡問題　p.182

解答　C

Linux仮想マシンのメトリックとログを監視するには、Linux Diagnostic拡張機能（LAD）をインストールする必要があります。

問題6.

➡問題　p.182

解答　C

リソースレベルの診断ログは、エージェントを必要とせず、Azureプラットフォーム自体からリソース固有のデータを取り込みます。

A.はアクティビティログ、B.はゲストOSレベル、D.はカスタムソースから取得するログの特徴を示しています。

4-2 Microsoft Defender for Cloudを有効にして管理する

この節では、セキュリティ態勢管理「Cloud Security Posture Management (CSPM)」とワークロードを保護する「Cloud Workload Protection (CWP)」のためのツールMicrosoft Defender for Cloudについて学びます。

4

1 サイバーキルチェーン

(1) サイバーキルチェーン

サイバーキルチェーンとは、標的型攻撃における一連の流れを7つのプロセスに分けて軍事的なシナリオに置き換えたものです。

▼サイバーキルチェーン

プロセス	概要
偵察	攻撃対象の調査
武器化	攻撃に用いるマルウェアなどの作成
配送	メールやWebサイトなどでマルウェアを送信/配信
攻撃	攻撃対象者によるマルウェアの実行
インストール	マルウェアへの感染
遠隔操作	マルウェアを介した遠隔操作の実施
目的実行	情報の摂取や改ざんなど、当初の目的を実行

Microsoft Defender for Cloudの脅威の防止機能には、このサイバーキルチェーン分析に基づいてアラートを自動的に相関させる機能が含まれます。実際のキルチェーンは、**MITRE ATT&CKフレームワーク**に基づいています。

MITREのモデルでは、PRE-ATT&CKとATT&CKの2つに分類されていて、**PRE-ATT&CK**はサイバーキルチェーンの侵入までのフェーズの戦術、**ATT&CK**はサイバーキルチェーンの侵入された以降の戦術を対象としています。

ATT&CKでは、戦術 (Tactics) として12の戦術を選定しています。攻撃者は「初期アクセス (Initial Access)」から始まり、次の戦術へと移行して最終的には「影響 (Impact)」まで行動することがあります。

▼ATT&CKの12の戦術

戦術	概要
初期アクセス (Initial Access)	攻撃者がネットワークに侵入しようとしている。
実行 (Execution)	攻撃者が悪意のあるコードを実行しようとしている。
永続化 (Persistence)	攻撃者が不正アクセスする環境を確保しようとしている。
権限昇格 (Privilege Escalation)	攻撃者がより高いレベルの権限を取得しようとしている。
防衛回避 (Defense Evasion)	攻撃者が検知されないようにしようとしている。
認証情報アクセス (Credential Access)	攻撃者がアカウント名とパスワードを盗もうとしている。
探索 (Discovery)	攻撃者がアクセス先の環境を理解しようとしている。
水平展開 (Lateral Movement)	攻撃者がアクセス先の環境を移動しようとしている。
収集 (Collection)	攻撃者が目標に関心のあるデータを収集しようとしている。
C&C (Command and Control)	攻撃者が侵害されたシステムと通信して制御しようとしている。
持ち出し (Exfiltration)	攻撃者がデータを盗もうとしている。
影響 (Impact)	攻撃者がシステムとデータを操作、中断、または破壊しようとしている。

参考　Matrix for Enterprise
https://attack.mitre.org/versions/v7/

▼セキュリティ警告とMITRE ATT&CK戦術

セキュリティ警告を参照すると、MITRE ATT&CK戦術のどの段階かを確認することができるので、今後の対処方針の決定に役立ちます。セキュリティ警告には、詳細な説明や影響を受けるリソース、脅威の軽減や攻撃の防止につながるアクションなどの情報が提供されます。

(2) Microsoft Defender for Cloudの有効化

Microsoft Defender for Cloudには、無料で利用できる「Free（無償版）」と高度な機能を利用できる「Standard（有償版。30日間は無料）」レベルが存在します。Standardレベルの場合、30日を超えると、料金体系と使用量に従って課金が開始されます。なお、各レベルで使用できる機能は、次の通りです。

▼Microsoft Defender for Cloud－FreeとStandardの比較

機能	Free	Standard（ワークロード保護）
継続的な評価およびセキュリティに関する推奨事項	○	○
Azureセキュリティスコア	○	○
Just In Time VMアクセス	—	○
適応型アプリケーション制御およびネットワーク強化	—	○

機能	Free	Standard (ワークロード保護)
規制へのコンプライアンスダッシュボードおよびレポート	—	○
Azure VMとAzure以外のサーバーの脅威保護(Server EDRを含む)	—	○
PaaSサービスの脅威保護	—	○
Microsoft Defender for Endpoint (servers)	—	○

Microsoft Defender for Cloudを有効化するには、管理グループやサブスクリプションレベルで機能を有効化します。また、リソースの種類別にDefenderプランを有効化することができます。

■リソースの種類

・サーバー　・App Service　・データベース　・ストレージ　・コンテナー
・Key Vault　・Resource Manager　・DNS

▼Microsoft Defender for Cloudの有効化

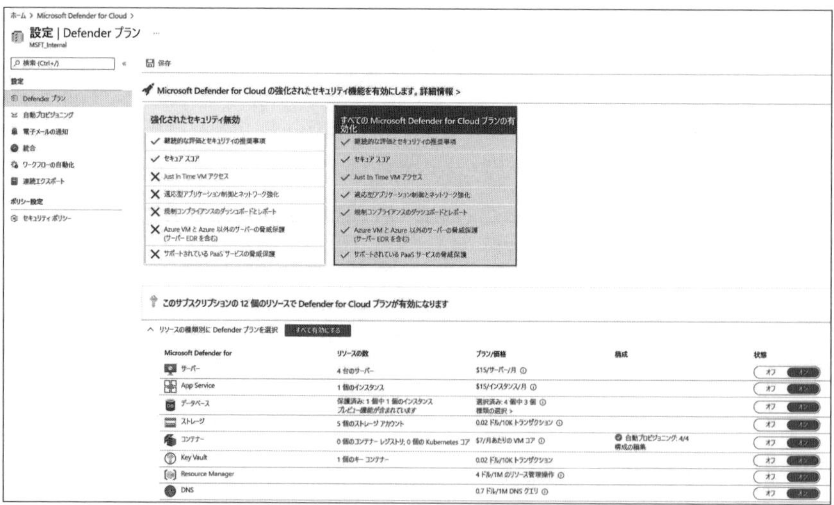

(3) アーキテクチャ

Microsoft Defender for CloudはAzureクラウドサービスの1つなので、ストレージアカウントやSQL DatabaseなどのAzure PaaSサービスは、特別なデプロイをする必要はなく、監視および保護することができます。

一方、それ以外のサービスは別途エージェントが必要になります。Log Analyticsエージェントをインストールすることで、クラウドおよびオンプレミス環境のWindowsとLinuxマシンを保護します。

Microsoft Defender for Cloudによって保護するリソースに必要なエージェントは、自動プロビジョニング設定を行うことで個別にインストールすることなくデプロイできます。

▼Microsoft Defender for Cloudの自動プロビジョニング設定

2 Microsoft Defender for Cloudの機能

Microsoft Defender for Cloudは、セキュリティ体制管理「Cloud Security Posture Management (CSPM)」とワークロードを保護する「Cloud Workload Protection (CWP)」のためのツールです。以下のツールが用意されています。

■ワークロードの保護

Microsoft Defender for Cloudを有効化することで、Azure環境だけではなく、オンプレミス環境やその他のクラウドのリソースのワークロード保護を行うことができます。具体的には、Azureとエージェントから収集されたイベントはセキュリティ分析エンジンで解析され、セキュリティアラートや推奨事項が提供されます。これらの対処を行うことでワークロード保護ができます。

■セキュリティ体制の強化

Microsoft Defender for Cloudでは、業界標準に基づく評価基準を使用して客観的にセキュリティ体制を評価できるセキュアスコアを提供します。これによって、リソースの状態やセキュリティ保護が適切に設定されているかなどを把握することができます。

■迅速なセキュリティ保護

Microsoft Defender for Cloudを使用したワークロード保護のためには、オンボーディングが必要です。Azureネイティブのツールなので、PaaS系のサービスにおいては特別な作業をすることなくオンボーディングできます。また、エージェントが必要なリソースに関しては、自動プロビジョニングが用意されており、必要なエージェントのスイッチをONにするだけでエージェントが自動的にインストールされます。これらの機能により迅速なセキュリティ保護が行われます。

Azure Arc対応サーバーを使用すると、Azure以外の環境である、オンプレミスや他のプロバイダーでホストされているWindowsやLinuxをAzure内リソースと同様に管理できます。

Azure Arc対応サーバーにするためには、Azure Connected Machineエージェントを各マシンにインストールする必要があります。このエージェントは他の機能をまったく持たず、Azure Log Analyticsエージェントに代わるものでもありません。よって、Microsoft Defender for Cloudにオンボーディングするには、WindowsおよびLinux向けのLog Analyticsエージェントが必要ですが、自動プロビジョニングに対応しているので自動的にLog Analyticsエージェントのインストールが可能です。

3 Microsoft Defender for Cloudのポリシー

Microsoft Defender for Cloudは、「Azureセキュリティベンチマーク(**Azure Security Benchmark**。以下**ASB**)」というAzureセキュリティとコンプライアンスの基準(ベストプラクティス)となるガイドラインを実装しています。

このASBは、Center for Internet Security(CIS)とNational Institute of Standards and Technology(NIST)をベースに作成されており、Azureポリシーイニシアティブ(Azureポリシーイニシアチブ)として実装されています。

ASBは、Microsoft Defender for Cloudが提供する推奨事項の基盤であり、規定のポリシーイニシアティブとして実装されています。**推奨事項**(規定のポリシーイニシアティブ)の準拠状態によって**セキュアスコア**が変化します。

▼Azureセキュリティベンチマークと規定のイニシアティブ

ASB以外の業界で使用されている基準(ISO 27001やPCI DSSなど)を組織に適用することもできます。これらの準拠状況は**規制コンプライアンス**で確認することができます。

ただし、これらの各種規制コンプライアンスは、本チェックをすべてクリアしていれば準拠できているわけではありません。あくまでも、Microsoft Defender for Cloudでチェックできる内容のみの準拠となります。よって、完全なコンプライアンス準拠においては、別の手段が必要となります。

規制コンプライアンスのルールは、Azureポリシーイニシアティブとして各種コンプライアンスにマッピングされています。Microsoft Defender for Cloudでは、管理グループ、サブスクリプションに対して実行できるようにポリシーを設定できます。しかしながら、規制ルールすべてにポリシーが適応しているわけではなく、適切なルールを選択しています。よって、本来のルールとは差異が生じることがあります。くわしくはレポートをダウンロードすることによって確認することができます。

▼規制コンプライアンスと適応状況

4 Microsoft Defender for Cloudの推奨事項

Microsoft Defender for Cloudが提供する推奨事項とは、ASBが元となるポリシーイニシアティブの適用状況によって変化します。規定ではすべてのポリシーが有効になっています。しかし、企業によっては既定のポリシーが適していない場合もあるので、カスタマイズすることができます。ASBに該当するリソースがない場合やカスタマイズした場合は、推奨事項に表示されない項目が存在します。

推奨事項には[セキュリティスコアの推奨事項]と[すべての推奨事項]が表示されます。この違いは、前者がASBの対象に適応されるルールであり、後者がASBで使われていないすべてのルールを含んだものです。

▼Microsoft Defender for Cloudの推奨事項

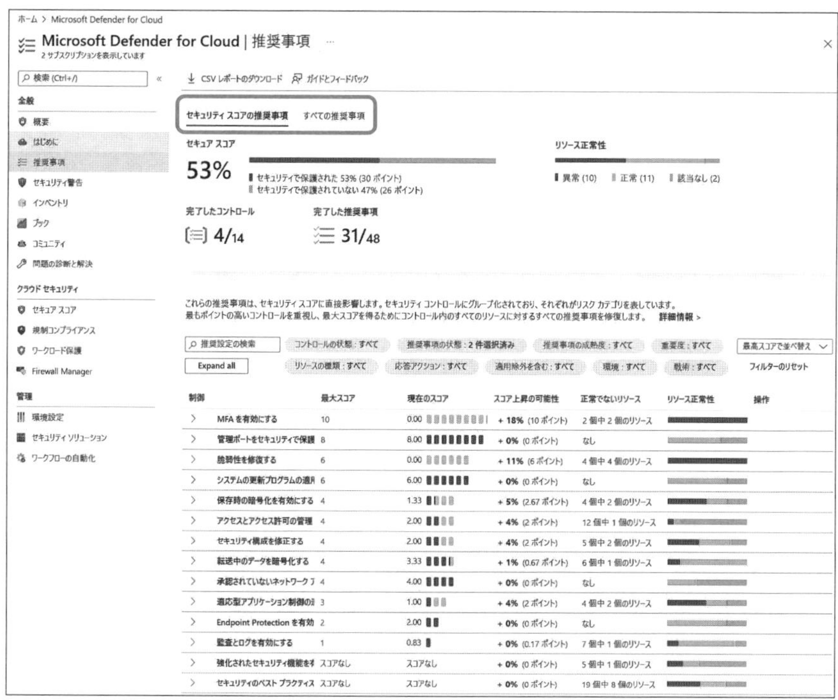

5 セキュアスコア

セキュアスコアとは、ASBを評価基準とした組織のセキュリティ体制を評価する値のことです。この値が高いほどセキュリティ体制が良好である1つの評価軸として活用することができます。推奨事項に沿った対策を行うことで、効率よくスコアを上げることができます。

6 高度なセキュリティ保護

Microsoft Defender for Cloudを有効化すると、ハイブリッドクラウドおよびマルチクラウド（Azureだけではなく、プライベートおよび他のパブリッククラウド）で実行されているワークロード全体に統合されたセキュリティ管理と脅威の防止が提供されます。具体的には以下の機能が包括されます。

▼Microsoft Defender for Cloudで提供される機能

機能	説明
Microsoft Defender for Endpoint	Microsoft Defender for serversにはエンドポイントの検出と応答（EDR）機能が提供される。
仮想マシンとコンテナーレジストリの脆弱性スキャン	脆弱性スキャナーを提供し、かんたんにすべての仮想マシンにデプロイできる。
ハイブリッドセキュリティ	オンプレミスとクラウドのすべてのワークロードのセキュリティを提供する。セキュリティポリシーを適用し、ハイブリッドクラウドのワークロードのセキュリティを継続的に評価できる。
脅威防止アラート	組み込みの行動分析と機械学習により、各種攻撃やゼロデイ攻撃を特定することができる。
適応型アプリケーション制御（AAC：Adaptive Application Controls）とネットワーク強化	適応型アプリケーション制御では、機械学習を使用して許可リストとブロックリストを作成することで、マルウェアなどをブロックする。Azure VMの管理ポートに対するJust-In-Time VMアクセスでネットワーク攻撃の対象領域を減らす。
コンテナーのセキュリティ	脆弱性管理とリアルタイムの脅威防止が利用できる。

機能	説明
Azure環境に接続されているリソースの広範な脅威の防止	すべてのリソースに共通するAzureサービス(Azure Resource Manager、Azure DNS、Azureネットワークレイヤー、Azure Key Vault)に対応するAzureネイティブの広範な脅威の防止が含まれている。

ハイブリッドおよびマルチクラウドのシナリオでは、Microsoft Defender for CloudはAzure Arcと統合され、これらのAzure以外のコンピューティングリソースがAzure内リソースとみなされるようにします。

▼Azure Arc対応サーバー

ワークロード保護のダッシュボードには、次の図のようなセクションがあります。

❶Microsoft Defender for Cloudのカバレッジ

Defender for Cloudによる保護の対象となるリソースの種類を確認できます。

❷セキュリティアラート

Defender for Cloudによって環境のいずれかの領域で脅威が検出されると、セキュリティ アラートが生成されます。

❸高度な保護

仮想マシン、SQLデータベース、コンテナー、Webアプリケーション、ネットワークなどを対象とする多数の高度な脅威防止機能が用意されています。

❹分析情報

ニュース、お勧めの記事、優先度の高いアラート、重要度の高いVM脆弱性などの分析情報が表示されます。

▼ワークロード保護のダッシュボード

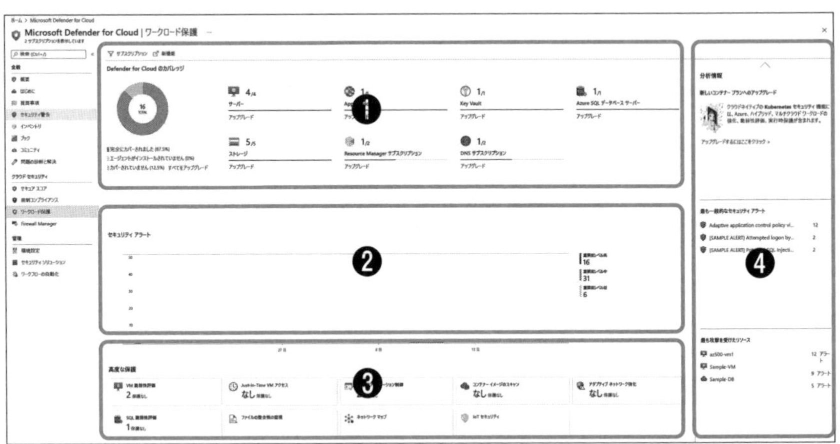

7 Just-In-Time (JIT) VMアクセス

Just-In-Time VMアクセスは、Azure VMの管理ポートを限られた時間だけ許可することで、ネットワーク攻撃の対象領域を減らすことができる高度なセキュリティ保護の1つです。

一般的に、攻撃者はRDPやSSHなどの管理ポートを狙って攻撃を行います。Just-In-Time VMアクセスを有効にすると、オペレーターからアクセス権の要求があったときに、仮想マシンに関連付けされているネットワークセキュリティグループのルールを追加して、管理ポートへのアクセスを限られた時間だけ許可します。

ネットワークセキュリティグループは、次のように変化します。

Just-In-Time VMアクセス設定前は、次ページ上図のようなネットワークセキュリティグループになっています。

▼Just-In-Time VMアクセス－1（Just-In-Time VMアクセス設定前）

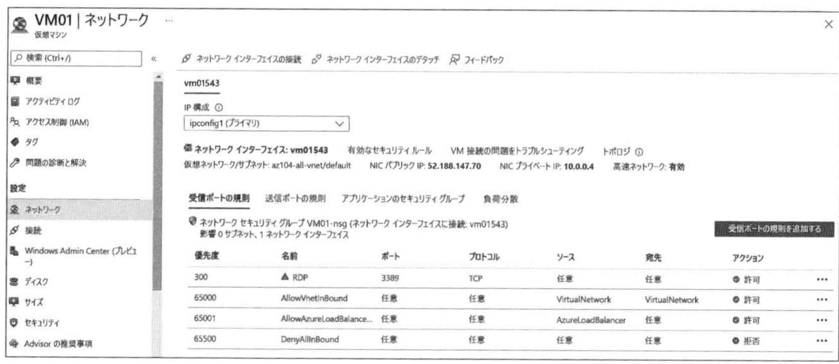

Just-In-Time VMアクセス設定を行うと、以下のようなネットワークセキュリティグループになります。優先度1000に管理ポートである3389を拒否するルールが追記されます。

▼Just-In-Time VMアクセス－2（Just-In-Time VMアクセス設定後）

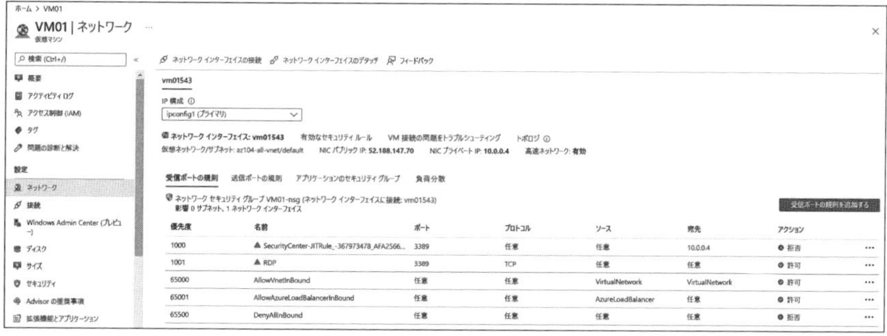

Just-In-Time VMアクセスでアクセス権の要求を行うと、次ページの図のようなネットワークセキュリティグループになります。

優先度100に管理ポートである3389を許可するルールが追記されます。これによって、Just-In-Time VMアクセスでアクセス権の要求時に指定した限られた時間だけアクセスできます。設定した時間が経過すると、優先度100の許可ルールが自動的に削除されます。手動で削除することもできます。このルールが削除されると、3389からのアクセスができなくなります。

▼Just-In-Time VMアクセス－3（アクセス権の要求を行ったとき）

> **注意**　仮想マシンにネットワークセキュリティグループ（NSG）が関連付けされていない場合、Just-In-Timeの構成はできません。「サポートなし」に仮想マシンが表示されます。
>
> ### ▼Just-In-Time VMアクセス（仮想マシンにNSGが関連付けられていない場合）
>
> 
>

演習問題4-2

問題1.

➡解答 p.201 

あなたの組織はISO 27001規格に準拠していないAzureの構成とワークロードを特定する必要があります。何を使用する必要がありますか？

A. Microsoft Sentinel
B. Azure Active Directory（Azure AD）Identity Protection
C. Microsoft Defender for Cloud
D. Microsoft Defender for Identity

問題2.

➡解答 p.201 

あなたは、Admin1という名前のユーザーとVM1という名前の仮想マシンを含むAzureサブスクリプションを持っています。

VM1はWindows Server 2019を実行し、Azure Resource Managerテンプレートを使用してデプロイされました。

VM1は、パブリックAzure Basicロードバランサーのバックエンドプールのメンバーです。

Admin1は、VM1がMicrosoft Defender for CloudのJust-In-Time（JIT）VMアクセスで「サポートなし」に表示されていると報告しました。

あなたは、Admin1がVM1のためにJust-In-Time（JIT）VMアクセスを有効にすることができることを確認する必要があります。

あなたは何をする必要がありますか？

A. ネットワークセキュリティグループ（NSG）を作成し、構成する
B. VM1のパブリックIPアドレスを追加する
C. Basic Load Balancer をAzure Standard Load Balancerに置き換える
D. Admin1 にAzure Active Directory Premium Plan 1ライセンスを割り当てる

問題3.

➡解答　p.202 

あなたはMicrosoft Defender for Cloudを使用してISO 27001のコンプライアンス基準ベースとした独自の基準を、3つのサブスクリプションに対して集中管理する必要があります。

あなたは、サブスクリプションのセキュリティを管理するために複数のポリシー定義を使用します。すべてのサブスクリプションに対してこれらのポリシー定義をグループ化して展開する必要があります。

解決策：管理グループにスコープされているイニシアティブ（イニシアチブ）と割り当てを作成する。

これは目標を満たしていますか？

A. はい
B. いいえ

問題4.

➡解答　p.202 

あなたはMicrosoft Defender for Cloudを使用してISO 27001のコンプライアンス基準ベースとした独自の基準を、3つのサブスクリプションに対して集中管理する必要があります。

あなたは、サブスクリプションのセキュリティを管理するために複数のポリシー定義を使用します。すべてのサブスクリプションに対してこれらのポリシー定義をグループ化して展開する必要があります。

解決策：リソースグループにスコープされているイニシアティブ（イニシアチブ）と割り当てを作成する。

これは目標を満たしていますか？

A. はい
B. いいえ

問題5.

➡解答　p.202 

Microsoft Defender for Cloudのワークロード保護の高度な保護として提供している、適応型アプリケーション制御について、説明しているのは、次のどれですか？ 正しいものを選んでください。

A. NSGを動的に変更することで、通常はブロックして、要求があった場合のみ限られた時間許可する
B. 安全なものとして定義したもの以外のアプリケーションが実行されると、セキュリティアラートを生成する
C. 実際のトラフィックや脅威情報などを利用したAIによって、特定のIPやポートからのトラフィックのみを許可するNSGを推奨する
D. マルウェアによるシステムファイルの変更などを検出することができる

解答・解説

問題1.

➡問題　p.199

解答　C

Microsoft Defender for Cloudで各種規制のセキュリティポリシーを設定することができます。これは、規制コンプライアンスから準拠状況を確認することができます。

問題2.

➡問題　p.199

解答　A

関連付けられたNSGがない場合、「サポートなし」に表示されます。ARMテンプレートを使用してデプロイされた際に、NSGの構成がされていないことが想定されます。よって、NSGを作成し、仮想マシンに関連付けすれば、JIT VMアクセスを有効にすることができます。

問題3.

➡問題　p.200

解答　A

管理グループはサブスクリプションをまとめることができます。目標としては3つのサブスクリプションに対して集中管理することなので、管理グループにスコープされているイニシアティブ（イニシアチブ）と割り当てを作成することは目標を満たしています。

問題4.

➡問題　p.200

解答　B

リソースグループにスコープされているイニシアティブ（イニシアチブ）と割り当てを作成しても、3つのサブスクリプションに対して集中管理はできないので、目標を満たしていません。

問題5.

➡問題　p.201

解答　B

適応型アプリケーション制御を有効にして構成した場合、安全なものとして定義したもの以外のアプリケーションが実行されると、セキュリティアラートが表示されます。

A. はJust-In-Time VMアクセス、C. はアダプティブネットワーク強化、D. はファイルの整合性の監視を説明しています。

4-3 Microsoft Sentinelを構成して監視する

この節では、Microsoftが提供するSIEMとSOARの機能を持つMicrosoft Sentinelの全体像を理解し、データ収集、検知、調査、対処の機能をどのように実装しているのかを学びます。

4

1 Microsoft Sentinel

Microsoft Sentinelは、クラウドネイティブのセキュリティ情報イベント管理(SIEM：Security Information and Event Management)とセキュリティ オーケストレーション自動応答(SOAR：Security Orchestration, Automation and Response)を含んだソリューションです。

各種セキュリティ製品から出力されるログやイベントデータを一元的に集約し、それらのデータを組み合わせて相関分析を行うことによって、ネットワークの監視やマルウェア攻撃などのインシデントを検知して、自動的に対処することができます。

Microsoft Sentinelは、主に以下の4つの機能から成り立っています。

▼Microsoft Sentinelの主な機能

機能	説明
データ収集	Azureのデータソースだけではなく、さまざまな種類のデータソースからデータを収集することができる。
検知	収集したイベントデータを分析してアラートやインシデントを作成する。
調査	インシデントの影響範囲を特定する。
対処	インシデントに対しての処理を自動化することができる。

Microsoft Sentinelを有効にするには、既存または新規にLog Analyticsワークスペースを作成して、使用するワークスペースを選択します。

2 データ接続

Microsoft Sentinelを使用するためには、各種データソースからデータを収集する必要があります。Microsoft Sentinelには組み込みのデータコネクタが多数用意されており、該当するコネクタを使用すれば数ステップの操作でかんたんにデータ収集ができます。

データコネクタ画面は、2つのペイン(領域)に分かれて表示されます。左ペインには、「コネクタの説明」や「接続状況」、「受信データ」の可視化、「データ型」にはSentinelワークスペースに格納されるテーブル情報などが表示されます。右ペインには前提条件、接続手順などが表示されます。一部のコネクタには分析アラートを追加するボタンが用意されています。また、「推奨ブック」や「クエリのサンプル」、「関連する分析テンプレート」なども提供されます。

(1) 取得データの理解

データコネクタを使用して各種データソースに接続することでMicrosoft Sentinelにイベントデータが取り込まれますが、どのようなデータが取り込まれるのか理解する必要があります。特に取り込まれるデータのテーブルや列の種類などです。実際に取り込まれたデータを活用するには、どのようなデータを監視対象にすればいいかなどを理解する必要があります。

(2) Azure Active Directory Identity ProtectionをMicrosoft Sentinelに接続する

Identity ProtectionのアラートはMicrosoft Sentinelの「SecurityAlert」テーブルに取り込まれます。自動で分析にアクティブな規則を登録することができます。つまり、リスクを検知すると、Microsoft Sentinelのインシデントに表示されます。

▼Azure Active Directory Identity Protectionデータコネクタ

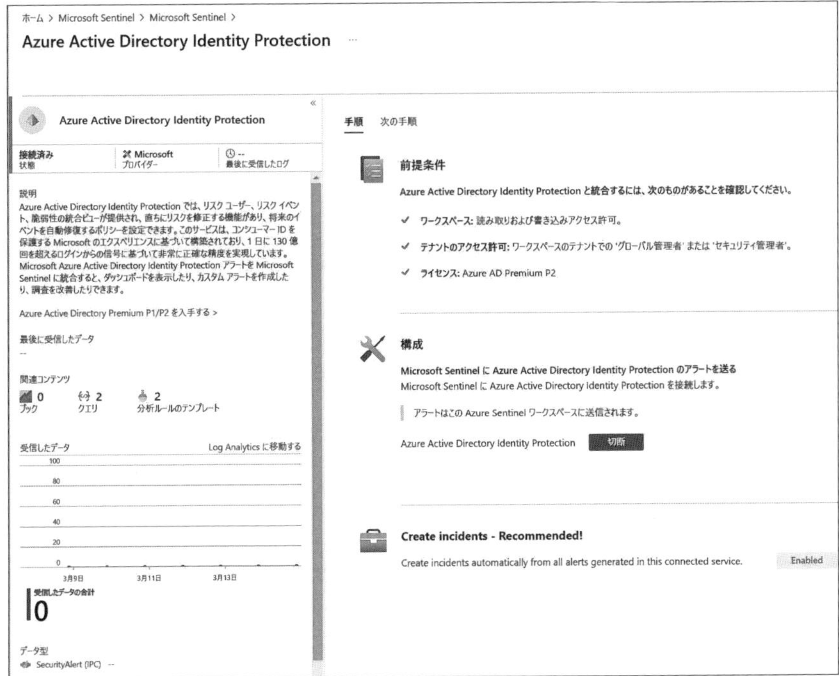

(3) WindowsファイアウォールをMicrosoft Sentinelに接続する

WindowsファイアウォールのログをMicrosoft Sentinelに取り込むには、以下の手順が必要です。

1. Microsoft Monitoring Agent (Log Analytics Agent) のインストール
2. Windowsファイアウォールソリューションのインストール

取得したデータは「WindowsFirewall」テーブルに取り込まれます。

データソース側では、Windows Defenderファイアウォールのログを取得する設定にする必要があります。デフォルト設定では、ログは記録しないので変更が必要です。また、Microsoft Sentinelのログ表示が遅い場合は、ログの既定の最大ファイルサイズ (4,096KB) を小さくすることで対処できます。

▼Windows Defender ファイアウォールのログ設定

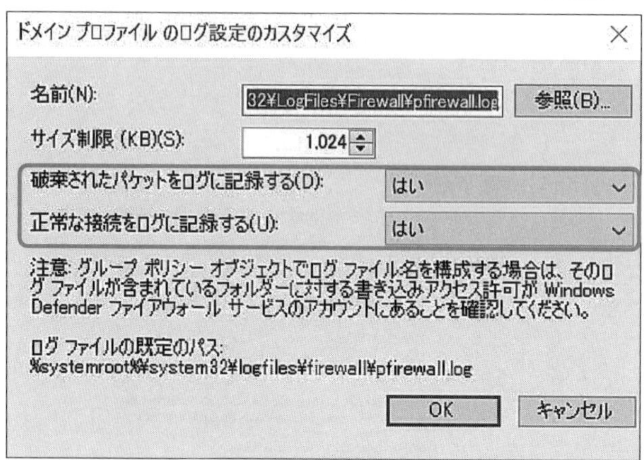

(4) Azure FirewallをMicrosoft Sentinelに接続する

Azure Firewallの診断ログで、Microsoft Sentinelワークスペースに適切なカテゴリ(AzureFirewallApplicationRule、AzureFirewallNetworkRuleなど)を送信します。

取得したデータは「AzureDiagnostics」テーブルに取り込まれます。

(5) Common Event Format (CEF) をMicrosoft Sentinelに接続する

Common Event Format (CEF) は、Syslogメッセージをベースにした業界標準フォーマットの1つで、さまざまなプラットフォームにおけるイベントの相互運用を実現するために多くのセキュリティベンダーで使用されています。

アーキテクチャとしては、エージェントをCEFコネクタ専用のAzure仮想マシン(VM)にデプロイして、アプライアンスとMicrosoft Sentinelとの通信をサポートする必要があります。エージェントは自動または手動でデプロイできます。自動デプロイは、Azure内の仮想マシンである場合にのみ使用できます。

▼CEFのAzureVMアーキテクチャ

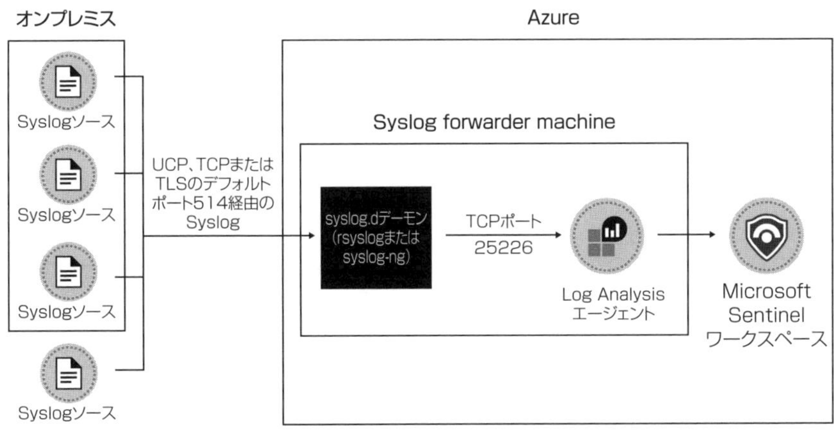

Common Event Format (CEF) データコネクタページのリンクを使用して、指定したコンピューターでスクリプトを実行し、以下のタスクを実行します。

①Linux用Log Analyticsエージェントをインストールし、次の用途に構成します。
- 組み込みのLinux SyslogデーモンからのCEFメッセージをTCPポート25226でリッスンする
- メッセージの解析とエンリッチが行われるMicrosoft Sentinelワークスペースに対し、TLSで安全にメッセージを送信する

②組み込みのLinux Syslogデーモン (rsyslog.d/syslog-ng) を次の用途に構成します。
- セキュリティソリューションからのSyslogメッセージをTCPポート514でリッスンする
- CEFとして識別したメッセージだけをlocalhostのLog AnalyticsエージェントにTCPポート25226を使用して転送する

これらの構成が完了すると、取得したデータは「CommonSecurityLog」テーブルに取り込まれます。

3 ワークブック

ワークブックは[ブック]メニューより表示できます。ワークブックとは、Microsoft Sentinelに取り込まれたイベントデータを可視化するダッシュボードのことです。このワークブックによって、さまざまなデータソースから取り込まれたイベントデータを可視化し、分析情報を取得することができます。

ワークブックでは、イベントデータ全体に対してカスタムブックを作成することができます。また、組み込みのブックテンプレートも用意されているので、データソースを接続すると、すぐにワークブックを使用してデータ全体の分析情報を取得できます。

データコネクタからコネクタの設定を行いますが、そのコネクタに関連する推奨ブックが表示されるので、組み込みのワークブックを利用する際の参考になります。

▼AzureADサインインログのワークブック

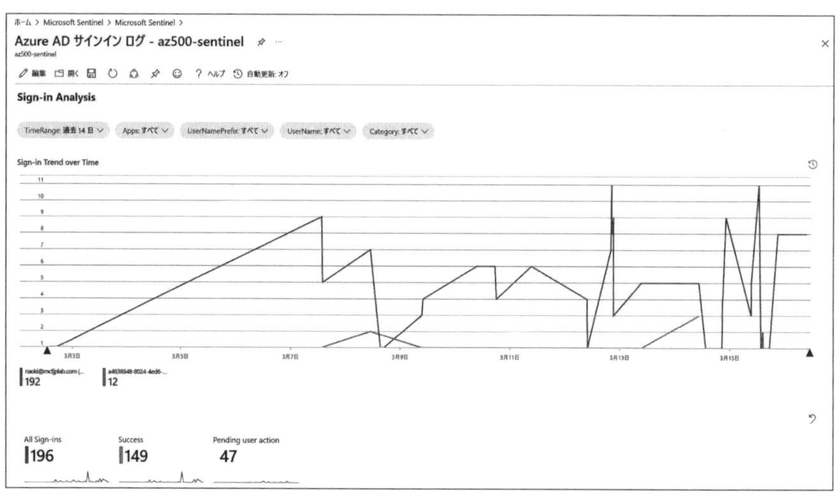

4 インシデント

インシデントは、分析ルールで構成した脅威検知の結果として作成されます。ほとんどのインシデントは各データソースから収集されたイベントデータを分析する、もしくは各データソースで発生したアラートをMicrosoft Sentinelに取り込んで、アラートを生成し、インシデントを生成します。アラートは多数発生する可能性がありますが、関連するアラートをインシデントにまとめることができます。よって、オペレーターはインシデントを調査することで、関連するアラートを深掘りして調査することができます。

分析ルールは組み込みのテンプレートが提供されていますので、すぐに分析ルールを作成することができます。

(1) 脅威検知ルール

脅威検知ルールには、さまざまな種類があります。

■Microsoft Security (Microsoftインシデントの作成規則より作成する)

既存の接続済みサービスで生成されたアラートから、自動的にインシデントを作成することができます。データコネクタを使用したデータソース接続時に、自動的に分析ルールをアクティブな規則として登録することができます。

選択可能なコネクタは以下の通りです。

- ・Microsoft Defender for Cloud Apps
- ・Microsoft Defender for Cloud
- ・Azure Active Directory Identity Protection
- ・Azure Defender for IoT
- ・Microsoft Defender for Office 365
- ・Microsoft 365インサイダーリスク管理
- ・Microsoft Defender for Endpoint
- ・Microsoft Defender for Identity

■スケジュールされたアラート (スケジュール済みクエリルールから作成する)

スケジュールされたアラート分析ルールには、最も高いレベルのカスタマイズが備わっています。Kustoクエリ言語 (KQL) を使用して独自の式を定義し、セキュリティイベントをフィルター処理したり、ルールを実行するスケジュールを設定したりできます。

ほとんど同じものとして、NRTクエリがあります。NRTルールは、「スケジュール済みクエリルール」の簡易版で、1分サイクル間隔でクエリを実行することにより、応答性が高くなるように設計されています。

■Fusion（デフォルトで作成済み）

複数の脅威検知エンジンで検出したアラートの相関分析を行い、脅威を特定します。この相関分析では、既存の想定した1つのキルチェーンへの当てはめではなく、シミュレーションに基づき、複雑で複数のステップにまたがる攻撃過程を特定することができます。また、アラートの乱発を防ぎ、本当に重要なケースを抽出することも可能です。

この機能は、Microsoft Sentinelの分析ルールではデフォルトで有効になっています。したがって、Azure Identity ProtectionやMicrosoft Defender for Cloud Apps、Microsoft Defender for Endpointなどの脅威検知エンジンと連携させることで、自動で相関分析も実施してくれます。

Fusionアラートによって特定される、一般的な攻撃シナリオとして、データ流出、データの破棄、サービス拒否、横移動（ラテラルムーブメント）、ランサムウェアなどがあります。

■機械学習（ML）による行動分析（メニューにはないが組み込まれている）

MLによって、疑わしいアクティビティを検出する行動分析ルールが組み込まれています。これらの組み込みのルールを編集したり、ルールの設定を確認したりすることはできません。

■Anomaly（異常検出分析）

2022年7月現在プレビューですが、組み込みのルールとして提供されています。このルールは複製することでカスタマイズ可能です。これらのルールで異常を検知しても、アラートやインシデントは生成されません。これらの異常は、他のシグナルと関連付けて使用します。

(2) カスタム分析ルール

組み込みの分析ルールの他、編集や新規作成によるカスタム分析ルールを作成して使用することができます。

分析ルールの作成メニューからルールを作成できます。

・スケジュール済みクエリルール
・Microsoftインシデントの作成規則
・NRTクエリルール

▼Microsoft Securityの分析ルール1

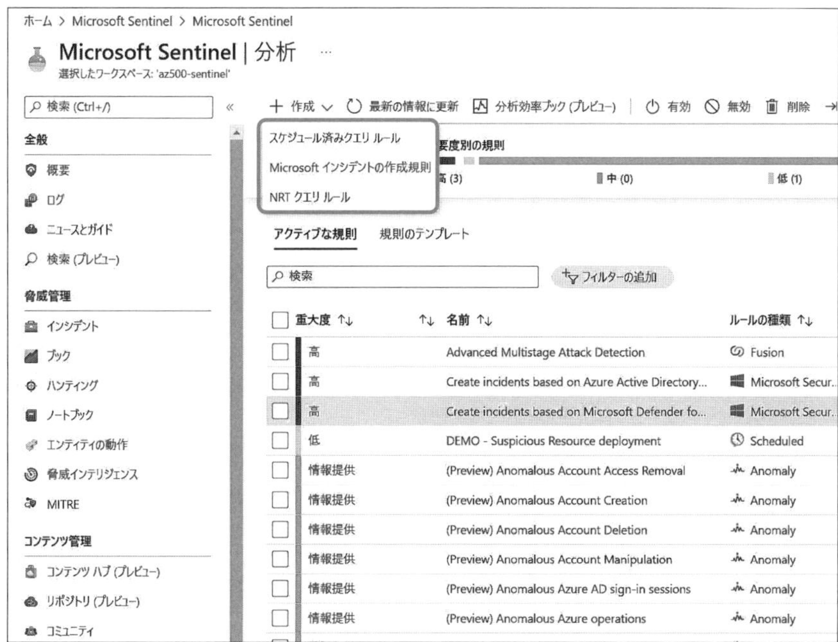

(3) Microsoft Securityの分析ルール

Microsoftセキュリティサービスをデータコネクタで接続し、そのデータソースで生成されたアラートをMicrosoft Sentinelのインシデントとして自動的に生成することができます。

分析ルールでは、対象となるMicrosoftのセキュリティサービスを選択し、重要度やアラートの設定を行います。そして、必要があれば自動応答に設定を行います。

▼Microsoft Securityの分析ルール2

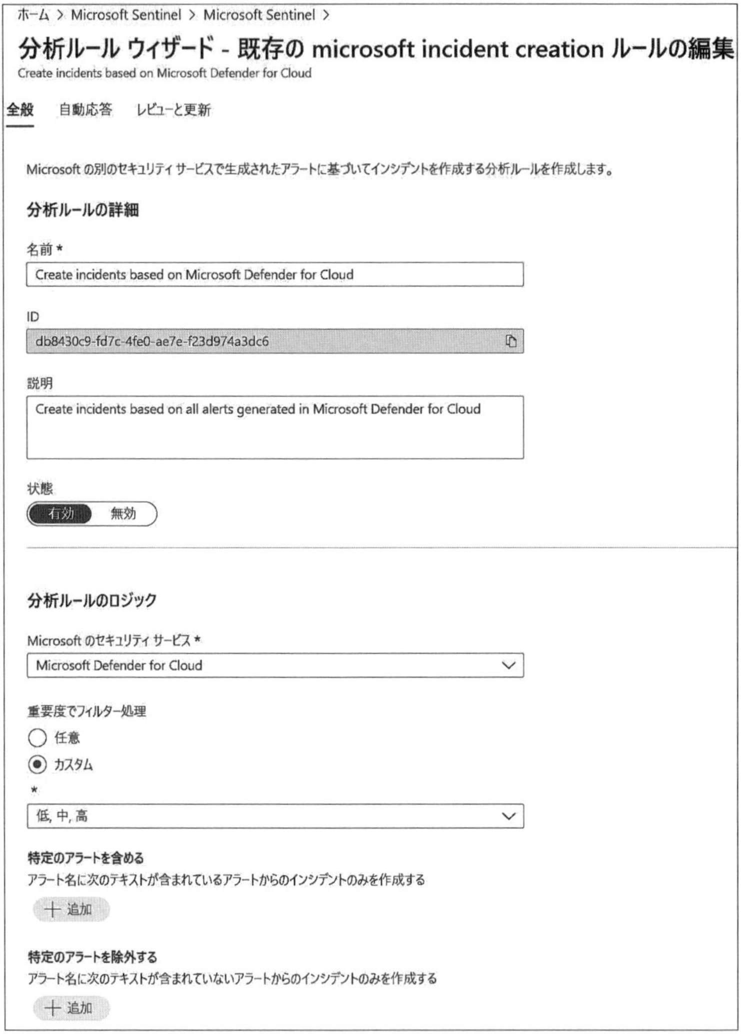

ホーム > Microsoft Sentinel > Microsoft Sentinel >

分析ルール ウィザード - 既存の microsoft incident creation ルールの編集

Create incidents based on Microsoft Defender for Cloud

全般　自動応答　レビューと更新

Microsoft の別のセキュリティ サービスで生成されたアラートに基づいてインシデントを作成する分析ルールを作成します。

分析ルールの詳細

名前 *

Create incidents based on Microsoft Defender for Cloud

ID

db8430c9-fd7c-4fe0-ae7e-f23d974a3dc6

説明

Create incidents based on all alerts generated in Microsoft Defender for Cloud

状態

有効　無効

分析ルールのロジック

Microsoft のセキュリティ サービス *

Microsoft Defender for Cloud

重要度でフィルター処理

任意

カスタム

*

低, 中, 高

特定のアラートを含める

アラート名に次のテキストが含まれているアラートからのインシデントのみを作成する

＋ 追加

特定のアラートを除外する

アラート名に次のテキストが含まれていないアラートからのインシデントのみを作成する

＋ 追加

自動応答の設定では、オートメーションルールの構成をして設定します。オートメーションルールにはアクション設定があり、プレイブックを指定できます。

▼Microsoft Securityの分析ルール3

5 プレイブック

プレイブックとは、Azure Logic Appsで用意されている各種コネクタを使用してノンコーディングでワークフローを作成できるロジックアプリです。プレイブックをMicrosoft Sentinelから呼び出すことで脅威への対応を自動化および調整することができます。

［オートメーション］メニューからプレイブックを作成できます。Microsoft Sentinelプレイブックでは、Microsoft Sentinel Logic Appsコネクタを使用します。これは、プレイブックを開始し、定義されたアクションを実行できるトリガーとアクションを提供します。現在、Microsoft Sentinel Logic Appsコネクタからのトリガーには、次の2つがあります。

▼Microsoft Sentinel Logic Appsコネクタからのトリガー

トリガー	説明
Microsoft Sentinelのインシデント	このプレイブックは、新しいインシデントが作成されたときに自動化ルールによってトリガーされる。プレイブックは、通知やエンティティなど、Microsoft Sentinelインシデントを入力として受け取る。
Microsoft Sentinelのアラート	このプレイブックは、新しいアラートが作成されたときに自動化ルールによって、または手動トリガーによってトリガーされる。プレイブックは、アラートを入力として受け取る。

プレイブックを使用してインシデントに対応するには、オートメーションルールを作成します。オートメーションルールはインシデントが生成されたときに実行されます。このオートメーションルールが実行されることにより、インシデントトリガーが含まれたプレイブックが呼び出されます。アラートトリガーが含まれたプレイブックは、分析ルールから直接呼び出すことができます。

プレイブックは、ロジックアプリデザイナーを使用して作成します。200以上あるコネクタを使用して、自動処理を行うことができます。たとえば、サービス管理プラットフォームへ接続して自動的にチケットを作成したり、Teamsと連携してチャネルにポストしたりするなど、さまざまな処理を自動化できます。

6 ハンティング

ハンティングとは、まだ見つかっていない脅威を見つける一連の操作になります。ハンティングの手法として、脅威インテリジェンスが更新された情報を使用した検索などがあります。

たとえば、新しいC&Cサーバー(Command and Controlサーバー)のIPアドレスリスト情報を取得し、ログを検索して過去にそのアドレスが使用されていないかを調べることができます。さらに、インシデント分析プロセスの一環として、インシデントまたはアラートから証拠に基づく脅威をハンティングします。これらのアプローチではKQLクエリを使用します。

ハンティングによるKQLクエリを使用すると、大量のイベントおよびセキュリティデータソースから潜在的な脅威を特定したり、既知のまたは予想される脅威を追跡したりすることができます。

組み込みのKQLクエリを使用すると、ハンティングプロセスガイドに沿って適切なハンティングを実施することができます。これら一連のハンティングによって、それ自体はアラートを生成するほど重大ではないが、調査を継続的に実施することで長期間にわたって発生する問題を明らかにすることができます。

ハンティングによって新たな脅威が見つかった場合は、使用したKQLクエリを使用した新たな分析ルールを作成して追加します。これによって、脅威を継続的に発見し、インシデントとして認識できます。

■ハンティング手法

ハンティングを行う場合は、[ログ]メニューを選択し、Microsoft SentinelワークスペースからKQLクエリを使用します。適切なKQLクエリが作成できたら[ハンティング]メニューから[新しいクエリ]を登録します。

▼ハンティング手法（新しいクエリの登録）

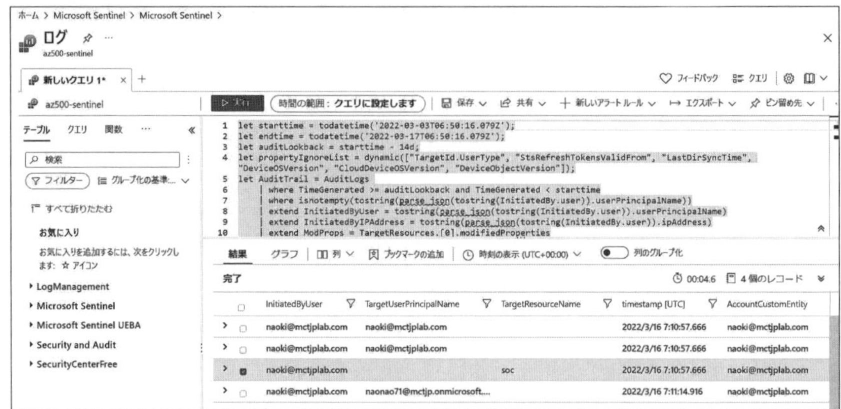

［ハンティング］メニューから登録されたクエリを実行すると、ハンティングプロセスで通常とは異なる、または疑わしいと思われる結果が見つかる場合があります。このようなKQLクエリ結果をチェックすると、ブックマークに登録できます。

ブックマークには、エンティティマッピング、戦術と手法、タグ、メモなどを記載できます。このブックマークを使用すれば後日調査することができます。

調査グラフを使用すると、関連データとすべての関連エンティティを紐づけてグラフ表示することによって、潜在的なセキュリティ脅威の範囲を把握し、根本原因を特定するのに役立ちます。

注意

調査グラフでブックマークを表示するには、1つ以上のエンティティをマップする必要があります。

参考　**ハンティング中にデータを追跡する**

https://docs.microsoft.com/ja-jp/azure/sentinel/bookmarks

▼ブックマーク

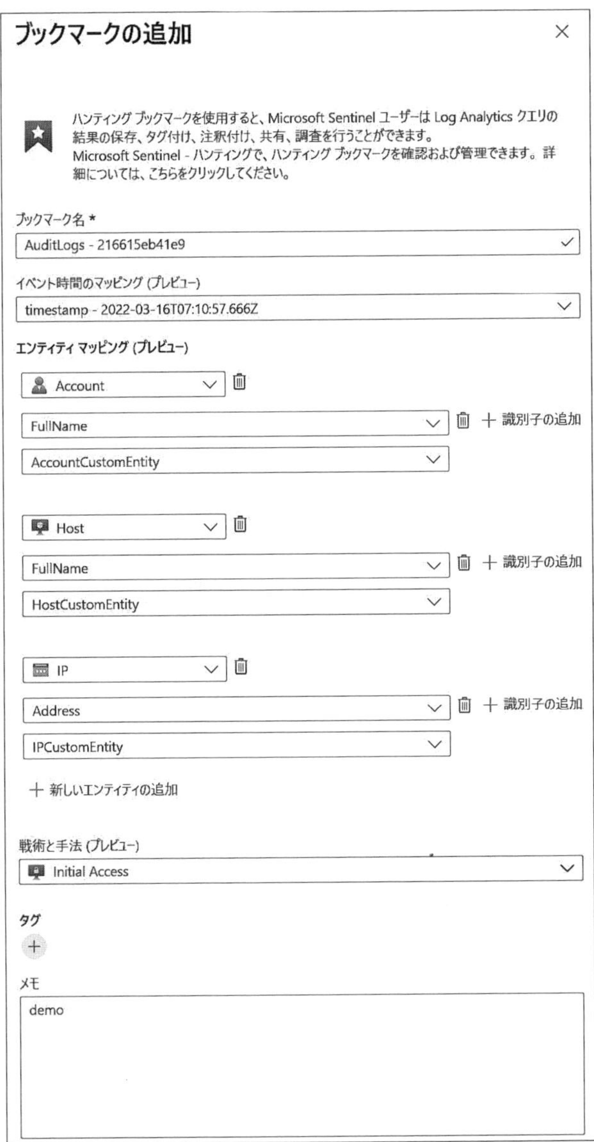
ブックマークの追加
ハンティング ブックマークを使用すると、Microsoft Sentinel ユーザーは Log Analytics クエリの結果の保存、タグ付け、注釈付け、共有、調査を行うことができます。
Microsoft Sentinel - ハンティングで、ハンティング ブックマークを確認および管理できます。詳細については、こちらをクリックしてください。
ブックマーク名 *
AuditLogs - 216615eb41e9
イベント時間のマッピング (プレビュー)
timestamp - 2022-03-16T07:10:57.666Z
エンティティ マッピング (プレビュー)
Account
FullName
識別子の追加
AccountCustomEntity
Host
FullName
識別子の追加
HostCustomEntity
IP
Address
識別子の追加
IPCustomEntity
新しいエンティティの追加
戦術と手法 (プレビュー)
Initial Access
タグ
メモ
demo

演習問題4-3

問題1.

➡解答　p.222 

あなたは以下のAzure Log Analyticsワークスペースを含むサブスクリプションを持っています。

名前	リージョン	説明
Workspace1	東日本	Sentinelで使用
Workspace2	西日本	―

あなたは以下の仮想マシンを作成しました。

名前	リージョン	OS	接続先
VM1	東日本	Windows Server 2019	なし
VM2	東日本	Windows Server 2019	Workspace2
VM3	西日本	Windows Server 2019	なし
VM4	西日本	Windows Server 2019	Workspace2

あなたは、Microsoft Sentinelを使用して仮想マシンのWindows Defenderファイアウォールを監視する予定です。Microsoft Sentinelに接続できる仮想マシンはどれですか？

A. VM1
B. VM1とVM3
C. VM1、VM2、VM3、VM4
D. VM1とVM2

問題2.

➡解答　p.222  

あなたは、Microsoft Sentinelを導入しました。Microsoft Sentinelを使用してAzure Active Directoryの各種ログを収集するため、Azure Active Directoryコネクタで接続しています。

Query1という名前のAzure Log Analyticsクエリ、Playbook1という名前のプレイブックを作成しました。

Query1は、Azure ADのセキュリティイベントをクエリします。

あなたは、Playbook1をトリガーするQuery1に基づいてMicrosoft Sentinelの分析ルールを作成することを計画しています。

あなたは、新しいルールにPlaybook1を追加できることを確認する必要があります。何をする必要がありますか？

(1) どのタイプのルールを作成しますか？

A. Fusion

B. Microsoftインシデントの作成規則

C. スケジュール済みクエリルール

(2) プレイブックに含まれる構成は？

A. 管理コネクタ

B. システムのマネージドIDをアサインする

C. トリガー

D. 診断設定

問題3.

➡解答　p.222  

Windows Server 2019で動作している、Server1、Server2、Server3という名前のサーバーがあります。Server1とServer2は内部ネットワーク、Server3は境界ネットワークに配置されています。すべてのサーバーはAzureに接続できます。

あなたは、Microsoft Sentinelから「Windowsファイアウォール」コネクタを使用してサーバーからデータ収集をする必要があります。

あなたは、何をする必要がありますか？

A. Server1、Server2、Server3からイベントサブスクリプションを作成する
B. それぞれのサーバーにOn-premises data gatewayをインストールする
C. それぞれのサーバーにMicrosoft Monitoring Agentをインストールする
D. Server1、Server2にMicrosoft Monitoring Agentをインストールする。Server3にOn-premises data gatewayをインストールする

問題4.

➡解答　p.223 

あなたは、SQLデータベースとMicrosoft Sentinelを含むサブスクリプションを持っています。Azure Defender for SQLによって報告されたイベントを見つけるために、ワークスペースに保存されたクエリを作成する必要があります。

あなたは何をする必要がありますか？

A. Azure CLIから、Get-AzOperationalInsightsWorkspaceコマンドレットを実行する
B. Azure SQL Databaseクエリエディターから、Transact-SQLクエリを作成する
C. Microsoft Sentinelのログから、KQLクエリを作成する
D. Microsoft SQL Server Management Studio（SSMS）から、Transact-SQLクエリを作成する

問題5.

➡解答　p.223 

あなたは、Microsoft Sentinelを導入しました。Microsoft Sentinelを使用してAzure Active Directoryの各種ログを収集するため、Azure Active Directoryコネクタで接続しています。

あなたは、疑わしいIPアドレスのトラフィックをハンティングします。

調査中に検出したイベントにメモを記載し、調査グラフに移動する際に参照できるようにする必要があります。

順番に実行すべき3つのアクションはどれですか？ アクションリストから適切なアクションを選択して、正しい順序で並べてください。

アクション：

A. お気に入りのクエリを追加
B. Microsoft Sentinelワークスペースから、KQLクエリを実行
C. Jupyterノートブックを使用して、IPアドレスのリファレンスを作成
D. タグのアサインを追加したブックマークを作成する
E. エンティティのマップを追加したブックマークを作成する
F. Azure Monitorから、Azure Log Analyticsのクエリを実行
G. クエリの結果を選択

問題6.

➡解答 p.223 

Microsoft Sentinelのデータコネクタを使用してイベントを取り込みます。次のコネクタを使用して取り込むデータが保存されるテーブルを答えてください。

コネクタ：

(1) Azure Active Directory Identity Protection
(2) Azure Firewall
(3) CEF

テーブル：

A. AzureDiagnostics
B. CommonSecurityLog
C. SecurityAlert
D. SecurityEvent
E. Syslog

解答・解説

問題1.　➡問題　p.218

解答　C

Microsoft Sentinelで使用しているワークスペースはWorkspace1です。すでに別のワークスペースに接続されている場合は、再接続によって付け替えます。Log Analyticsワークスペースとデータソースは異なるリージョンであっても接続可能です。

問題2.　➡問題　p.219

解答　(1) C、(2) C

■(1)について

カスタム分析ルールとして作成できるのは、スケジュール済みクエリルール、Microsoftインシデントの作成規則、NRTクエリルールになります。Azure Active Directoryの分析ルールは「スケジュール済みクエリルール」を使用します。

参考　**脅威を検出するためのカスタム分析規則を作成する**
https://docs.microsoft.com/ja-jp/azure/sentinel/detect-threats-custom

■(2)について

Microsoft SentinelのプレイブックはAzure Logic Appsで構築されたワークフローをベースにしています。Sentinelから設定できるプレイブックにはSentinelのトリガーが含まれるものになります。

問題3.　➡問題　p.219

解答　C

Windowsファイアウォールコネクタを使用してMicrosoft Sentinelに接続するにはMicrosoft Monitoring Agentをインストールし、Windowsファイアウォールソリューションをインストールする必要があります。

参考 **Windowsファイアウォール**
https://docs.microsoft.com/ja-jp/azure/sentinel/data-connectors-reference#windows-firewall

問題4.

➡問題 p.220

解答 C

Microsoft Sentinelの[ログ]メニューから、Microsoft Sentinelワークスペースに接続して**KQLクエリ**を作成します。

問題5.

➡問題 p.220

解答 B→G→E

ハンティングを行うには、KQLクエリを使用して疑わしい脅威を検出する必要があります。そしてKQLクエリをハンティング用クエリとして登録し、そのクエリを実行します。そして調査を行います。今回は調査中の情報をメモして調査グラフを使用するので、**ブックマーク**が必要になります。KQLクエリの結果をチェックすることで登録できるブックマークには、メモの記載やエンティティマッピングの設定ができます。調査グラフでブックマークを表示するには、1つ以上のエンティティをマップする必要があります。

問題6.

➡問題 p.221

解答 (1) C、(2) A、(3) B

■(1)について

Microsoft SentinelでAzure Active Directory Identity Protectionのデータコネクタで接続すると、Azure Active Directory Identity Protectionで発生したアラート(オープン状態)をインポートします。取得したデータは「**SecurityAlert**」テーブルに取り込まれます。

> **参考**　**Azure Active Directory Identity Protection**
> https://docs.microsoft.com/ja-jp/azure/sentinel/data-connectors-reference#azure-active-directory-identity-protection

■(2)について

Azure Firewallの診断ログで、Microsoft Sentinelワークスペースに適切なカテゴリ(AzureFirewallApplicationRule、AzureFirewallNetworkRuleなど)を送信します。取得したデータは「**AzureDiagnostics**」テーブルに取り込まれます。

> **参考**　**Azure Firewall**
> https://docs.microsoft.com/ja-jp/azure/sentinel/data-connectors-reference#azure-firewall

■(3)について

Common Event Format(CEF)データコネクタページに記載されている内容を確認して構成します。CEFでデータを出力するデータソースの場合は、Syslog エージェントを設定してから、CEF データ フローを構成します。 構成が成功すると、取得したデータは「**CommonSecurityLog**」テーブルに取り込まれます。

> **参考**　**Microsoft Sentinelデータコネクタ**
> https://docs.microsoft.com/ja-jp/azure/sentinel/connect-data-sources

第5章

安全なデータとアプリケーション

5-1 Azure Key Vaultをデプロイしてセキュリティで保護する

この節ではAzure Key Vaultの機能、管理プレーンとデータプレーンに対するアクセス制御、データ保管の仕組みについて学習します。

1 Azure Key Vaultの機能

Azure Key Vault（Azure PortalではAzureキーコンテナーと表示されます）は、クラウドアプリケーションやサービスが使用する暗号化キーやシークレットの保護に役立ちます。シークレットとは、暗号化処理や認証に使用する機密性の高い情報のことで、具体的にはトークン、パスワード、証明書、APIキーなどを指します。これはたとえるならば、金庫のようなものです。重要な情報をこの金庫を使用して守ります。

Azure Key Vaultは、StandardとPremiumの2つのサービスレベルで提供されます。主な違いは、PremiumではHSM（Hardware Security Module）で保護されたキーがサポートされていることです。Azure Key Vaultで使用されるnCipher HSMは、Federal Information Processing Standards（FIPS）140-2 Level 2適合認定取得済みです。nCipherツールを使用して、キーをHSMからAzure Key Vaultに移動できます。

Azureキーコンテナー（Azure Key Vault）では、

・シークレット管理
・キー管理
・証明書の管理
・HSMを使用したシークレットの格納（Premiumのみ）

を扱うことができます。

Azure Key Vaultは、アプリケーションキーとシークレットをサポートしますが、ユーザーパスワードの保管は対象外となります。

2　Azure Key Vaultへのアクセス

(1) Azure Key Vaultアクセス制御

Azure Key Vaultは、管理プレーンとデータプレーンの2層に分かれています。アクセス制御はそれぞれのプレーンごとに行います。

管理プレーンでは、Azure Key Vault自体の管理を行います。具体的にはAzure Key Vaultの作成と削除、Azure Key Vaultのプロパティの取得、アクセスポリシーの更新などの操作を行います。

データプレーンでは、Azure Key Vaultに格納されているデータを操作します。Azure Key Vaultのメニューにあるデータプレーンで、キー、シークレット、証明書の追加、削除、変更を行うことができます。

▼Azure Key Vaultのデータプレーン

管理プレーンの認証は、Azureロールベースのアクセス制御 (RBAC) が使用されます。データプレーンの認証は、アクセス許可モデルとして新しく追加されたAzureロールベースのアクセス制御 (RBAC) または、コンテナーのアクセスポリシーを使用できます。

▼アクセス許可モデル

　アクセス制御を行うことによって、最小特権の原則に基づいた職務の分離を行うことができます。たとえば、セキュリティロールを定義して、そのロールに基づいてアクセス制御を行います。

　一例として次のような分け方があります。

▼セキュリティロールの定義例

ロール	管理プレーン	データプレーン
セキュリティチーム	キーコンテナー共同作成者	キー：バックアップ、作成、削除、取得、インポート、リスト、復元 シークレット：すべての操作
開発者とオペレーター	Key Vaultデプロイ許可	なし
監査役	なし	キー：リスト シークレット：リスト
アプリケーション	なし	キー：署名 シークレット：取得

　このようなアクセス制御のポイントは、対象ロールでは何を行い、操作に必要な権限は何かを明確に定義することです。今回の例では、セキュリティチームは管理プレーン、データプレーン両方の権限を持ちますが、開発者やセキュリティオペレーターは管理プレーンを操作できればよく、Key Vaultへのデプロイを担

当します。その際、データプレーンにアクセスする必要はありません。そして、データプレーンへのアクセスが必要な監査役やアプリケーションは、管理プレーンへのアクセスは必要ありません。

(2) 組み込みのAzureロールベースのアクセス制御 (RBAC)

Azure Key Vaultの組み込みのAzureロールベースのアクセス制御 (RBAC) には、以下のロールがあります。ただし、これらのロールはデータプレーンのアクセス許可モデルがAzureロールベースのアクセス制御 (RBAC) のときだけ機能します。

▼組み込みのAzureロールベースのアクセス制御 (RBAC) のロール

名前	説明
キーコンテナー共同作成者	キーコンテナーを管理できるが管理プレーン操作用。キー、シークレット、証明書へのアクセスはできない。
キーコンテナーシークレットユーザー	シークレットコンテンツを読み取る。
キーコンテナーシークレット責任者	キーコンテナーのシークレットに対して、アクセス許可の管理を除く任意の操作を実行する。
キーコンテナー暗号化サービスの暗号化	キーのメタデータを読み取り、wrapおよびunwrap操作を実行する。
キーコンテナー暗号化ユーザー	キーを使用した暗号化操作を実行する。
キーコンテナー暗号化責任者	キーコンテナーのキーに対して、アクセス許可の管理を除く任意の操作を実行する。
キーコンテナー管理者	キーコンテナーとその内部にあるすべてのオブジェクト (証明書、キー、シークレットを含む) に対して、すべてのデータプレーン操作を実行する。キーコンテナーリソースの管理やロール割り当ての管理はできない。
キーコンテナー証明書責任者	キーコンテナーの証明書に対して、アクセス許可の管理を除く任意の操作を実行する。
キーコンテナー閲覧者	キーコンテナーとその証明書、キー、シークレットのメタデータを読み取る。シークレットコンテンツやキーマテリアルなどの機密値を読み取ることはできない。

5

参考 **AzureのロールベースのアクセスB制御を使用してKey Vaultのキー、証明書、シークレットへのアクセス権を付与する**

https://docs.microsoft.com/ja-jp/azure/key-vault/general/rbac-guide?tabs = azure-cli

(3) コンテナーのアクセスポリシー

コンテナーのアクセスポリシーでは、プリンシパル（ユーザーやグループ、アプリオブジェクトなど）ごとに、キー、シークレット、証明書のアクセス許可を設定します。

アクセスポリシーを設定することで、プリンシパルに対してアクセス許可を割り当てることができます。これらのアクセスポリシーを削除した場合、データプレーンのアクセス許可はなくなります。再度同じアクセス許可を割り当てたい場合、回復はできないので、同じ権限を持つアクセスポリシーを作成する必要があります。

▼アクセスポリシーの追加

ホーム ＞ キー コンテナー ＞ az500labkeyvault2021 ＞

アクセス ポリシーの追加 …

アクセス ポリシーの追加

テンプレートからの構成 (省略可能)	
キーのアクセス許可	0 項目が選択されました
シークレットのアクセス許可	0 項目が選択されました
証明書のアクセス許可	0 項目が選択されました
プリンシパルの選択 *	選択されていません
承認されているアプリケーション ⓘ	選択されていません

追加

3 Key Vaultでのデータ保管

Azure Key Vaultのデータプレーンでは、キー、シークレット、証明書の管理ができます。これらの管理は、Azureロールベースのアクセス制御(RBAC)またはコンテナーのアクセスポリシーで必要な権限が付与されている必要があります。

(1) キー管理

データの暗号化に使用する暗号化キーの作成と制御が容易に行えます。キーの作成では、キーの種類、RSAキーサイズ、アクティブ化した日や有効期限などを設定できます。暗号化キーは、JSON Webキー(JWK)オブジェクトとして示されます。キーの作成方法に応じて、2種類のキーがあります。

・ソフトキー:キーコンテナーによってソフトウェアで処理されるもの
・ハードキー:HSM(ハードウェアセキュリティモジュール)で処理されるキー

▼キーの作成

ホーム > キー コンテナー > az500labkeyvault2021 >

キーの作成 …

オプション	生成
名前 *	Key1
キーの種類	◉ RSA ○ EC
RSA キー サイズ	◉ 2048 ○ 3072 ○ 4096
アクティブ化する日を設定する	☑
アクティブ化した日	2022/03/30 12:00:00 (UTC+09:00) 大阪、札幌、東京
有効期限を設定する	☑
有効期限	2024/03/30 12:00:00 (UTC+09:00) 大阪、札幌、東京
有効	はい いいえ
タグ	タグがありません
キーのローテーション ポリシーを設定 (プレビュー)	構成されていません

Azure Portalで作成されたキーを確認することができます。

▼作成されたキーの確認

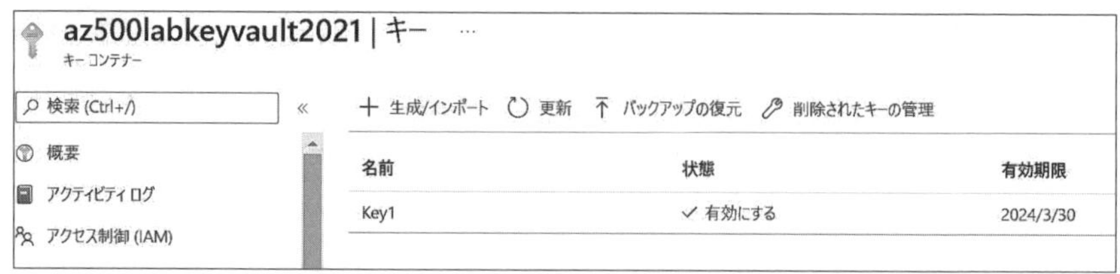

作成されたキーをPowerShellで確認することもできます。

▼作成されたキーの確認(PowerShell)

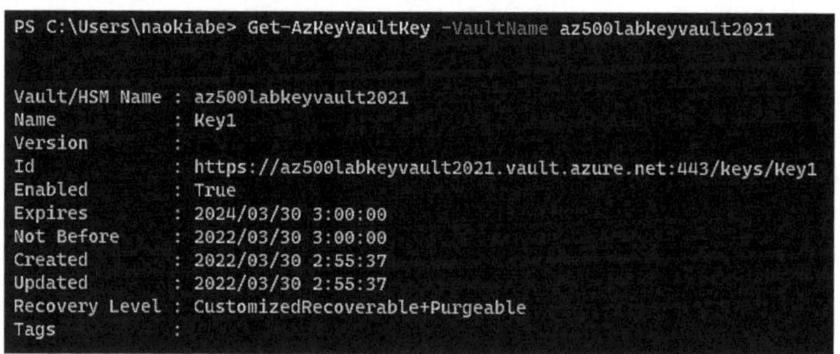

```
PS C:\Users\naokiabe> Get-AzKeyVaultKey -VaultName az500labkeyvault2021


Vault/HSM Name : az500labkeyvault2021
Name           : Key1
Version        :
Id             : https://az500labkeyvault2021.vault.azure.net:443/keys/Key1
Enabled        : True
Expires        : 2024/03/30 3:00:00
Not Before     : 2022/03/30 3:00:00
Created        : 2022/03/30 2:55:37
Updated        : 2022/03/30 2:55:37
Recovery Level : CustomizedRecoverable+Purgeable
Tags           :
```

ポータルでキー作成時の表示名とPowerShellで表示される属性名の対比の一部を示します(上記のTimeZoneはEtc/UTC 0となっています)。

▼ポータルでの表示名とPowerShellで表示される属性名の対比

ポータルでの表示名	属性名	説明
状態	Enabled	有効はTrue、無効はFalse
有効期限	Expires	有効期限の日時
アクティブ化した日	Not Before	使用可能になる日時

Azure Key Vaultは、デフォルトでは論理的な削除の保護が有効な状態で作成されます。この機能は、保持期間(デフォルト90日)中であれば、[削除されたキーの管理]メニューから削除したキーを回復することができます。よって、削除したキーと同じ名前のキーは、保持期間の間は作成することができません。

▼[削除されたキーの管理]メニュー

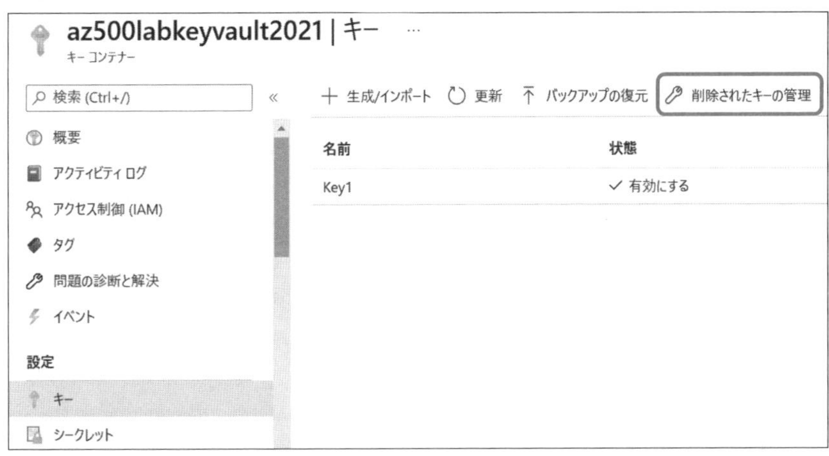

■カスタマーマネージドキー

仮想マシンのディスク暗号化機能であるAzure Disk Encryptionや、ストレージアカウントの暗号化機能であるStorage Service Encryption(SSE)は、デフォルトではMicrosoftが提供するマネージドキーを使用しますが、顧客自らキーの管理を行うことができるカスタマーマネージドキーの利用も可能です。

Azure Disk Encryptionでは、ディスク暗号化キーとシークレットを制御および管理するために、Azure Key Vaultが必要です。Key Vault(キーコンテナー)とVMは、同じAzureリージョンおよびサブスクリプションに存在している必要があります。

参考　暗号化キーのストレージ要件
https://docs.microsoft.com/ja-jp/azure/virtual-machines/windows/disk-encryption-overview#encryption-key-storage-requirements

カスタマーマネージドキーがサポートされているストレージアカウントのサービスは、BlobストレージとAzure Filesです。

参考　保存データに対するAzure Storage暗号化
https://docs.microsoft.com/ja-jp/azure/storage/common/storage-service-encryption

(2) シークレットの管理

シークレットは、パスワードやデータベース接続文字列などの機密情報を安全に保管、管理できます。キーと同様に、シークレット作成時に使用可能となる日時の指定や、有効期限を設定することができます。シークレットは論理的な削除が適用されるので、シークレットが削除されても保持期間であれば回復可能です。

(3) 証明書の管理

Key Vault (KV) 証明書は、作成するか、インポートできます。KV証明書を作成すると、秘密キーはKey Vault内に作成され、証明書の所有者に公開されることはありません。

4 Key Vaultの安全性と回復機能を管理する

キーコンテナーオブジェクト (シークレット、キー、証明書など) の回復機能として、Azure Key Vaultで論理的な削除が有効な場合、設定された保持期間の間は回復することができます。さらにKey Vaultに格納されているキーコンテナーオブジェクトをバックアップすることができます。

バックアップの目的は、Key Vaultにアクセスできなくなるといった不測の事態が発生した場合に、すべてのキーコンテナーオブジェクトのオフラインコピーを入手できることにあります。ただし、現状ではインスタンス全体のキーコンテナーオブジェクトを一括でバックアップすることはできません。よって、それぞれのキーコンテナーオブジェクトのメニューからバックアップを行う必要があります。

この操作を行うためには、バックアップ権限が必要になります。キーコンテナーオブジェクトをバックアップすると、そのオブジェクトは、バックアップ操作によって、暗号化されたBlobとしてダウンロードされます。Azureの外部でこのBlobの暗号化を解除することはできません。このBlobから有効なデータを取得するには、同じAzureサブスクリプションとAzure地域内 (日本では、東日本と西日本) のキーコンテナーにBlobを復元する必要があります。

参考　**Azureの地域**

https://azure.microsoft.com/ja-jp/global-infrastructure/geographies/#overview

演習問題5-1

問題1.

➡解答　p.239 

あなたはユーザーからの依頼でストレージアカウントを作成します。会社のポリシーに従って暗号化キーは自ら管理する必要があります。そのためAzure Key Vaultを使用して鍵管理を行います。ストレージアカウントでカスタマーマネージドキーをサポートする2つのサービスはどれですか？

A. テーブルストレージ
B. Azure Files（ファイル共有）
C. Blobストレージ（コンテナー）
D. キューストレージ

問題2.

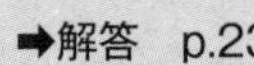

あなたは、会社のAzure Key Vaultの管理者です。User1はシークレットのデータをバックアップ、およびバックアップを戻すタスクを担当します。User1に対して、アクセスポリシーからシークレットの管理操作権限を付与する必要があります。どの権限を付与する必要がありますか？

A. 取得
B. 回復
C. バックアップ
D. 復元

問題3.

➡解答　p.239

あなたは、会社のAzure Key Vaultの管理者です。キーコンテナーの配置とサブスクリプションは下記のようになっています。

名前	リージョン	サブスクリプション名
KV1	西日本	Sub1
KV2	西日本	Sub1
KV3	東日本	Sub1
KV4	西日本	Sub2
KV5	東日本	Sub2

KV1のキーコンテナーにはSecret1という名前のシークレットと、Key1という名前のキーがそれぞれ格納されています。あなたは、Secret1とKey1をバックアップしました。

それぞれのバックアップからリストア可能なキーコンテナーはどれですか？それぞれの問いに答えてください。

(1) Secret1バックアップをリストアできる。
(2) Key1バックアップをリストアできる。

A. KV1
B. KV1、KV2
C. KV1、KV2、KV3
D. KV1、KV2、KV4
E. KV1、KV2、KV3、KV4、KV5

問題4.

➡解答 p.239

あなたは、会社のAzure Key Vaultの管理者です。Vault1という名前のキーコンテナーがあります。2つのシークレットが以下の設定で保管されています。

```
Vault Name    : vault1
Name          : Password1
Version       :
Id            : https://vault1.vault.azure.net:443/secrets/Password1
Enabled       : False
Expires       :
Not Before    : 2022/05/01 12:00:00
Created       : 2022/02/01 12:00:00
Updated       : 2022/02/01 12:00:00
Content Type  :
Tags          :

Vault Name    : vault1
Name          : Password2
Version       :
Id            : https://vault1.vault.azure.net:443/secrets/Password2
Enabled       : True
Expires       : 2022/05/01 12:00:00
Not Before    : 2022/03/01 12:00:00
Created       : 2022/02/01 12:00:00
Updated       : 2022/02/01 12:00:00
Content Type  :
Tags          :
```

いつからアプリケーションはそれぞれのシークレットを使用できますか？ それぞれの問いに答えてください。

(1) Password1

A. 使用できない

B. いつでも使用できる

C. 2022年5月1日以降

5

演習問題

(2) Password2

A. 使用できない

B. いつでも使用できる

C. 2022年3月1日から2022年5月1日まで

問題5.

➡解答　p.240 

あなたは、会社のAzure Key Vaultの管理者です。デフォルトで設定されている削除されたコンテナーを保持する日数は90日です。会社のポリシーとして30日に変更する必要があります。どうすればいいでしょうか？

A. それぞれの「キー、シークレット、証明書」から、キーの場合は削除されたキー管理から削除期間を変更する

B. Key Vaultの新規作成を行い、保持期間を30日にする

C. アクセスポリシーから保持期間を変更する

D. プロパティから保持期間を変更する

問題6.

➡解答　p.240 

あなたは、会社のAzure Key Vaultの管理者です。Sub1という名前のサブスクリプションと西日本のリージョンを使用してUbuntu 20.04-LTSのVM1をデプロイします。VM1にはカスタマーマネージドキーを使用したAzure Disk Encryptionを実装予定です。

Linux VMのAzure Disk Encryptionについて正しいのはどれですか？

A. BasicレベルのVMはサポートされていない

B. StandardレベルのVMはサポートされていない

C. Linux仮想マシンスケールセットのOSドライブの暗号化はサポートされている

D. Linux VMのカスタムイメージの暗号化はサポートされている

解答・解説

問題1.

➡問題　p.235

解答　B、C

カスタマーマネージドキーがサポートされているストレージアカウントのサービスは、Blobストレージと Azure Filesです。

問題2.

➡問題　p.235

解答　C、D

シークレットの管理操作権限のバックアップを選択することで、バックアップが可能になります。また、復元を選択することで、バックアップの復元が可能になります。回復は、削除されたシークレットから回復を行うための権限になります。

問題3.

➡問題　p.236

解答　(1) C、(2) C

キーコンテナーオブジェクト(シークレット、キー、証明書など)をバックアップすると、そのオブジェクトは、バックアップ操作によって、暗号化されたBlobとしてダウンロードされます。Azureの外部でこのBlobの暗号化を解除することはできません。このBlobから有効なデータを取得するには、同じAzureサブスクリプションとAzure地域内のキーコンテナーにBlobを復元する必要があります。

問題4.

➡問題　p.237

解答　(1) A、(2) C

■(1)について

Password1は無効化されているので使用できません。

■(2)について

Not Beforeは使用可能になる日時が表示されます。

Expiresは有効期限の日時が表示されます。

問題5.

➡問題　p.238

解答　B

削除されたコンテナーを保持する日数は、Key Vault（キーコンテナー）作成時のみ7～90日間に構成することができますが、一度作成すると変更や削除はできません。よって現在の保持期間と異なる設定にする場合は、新たにKey Vaultを作成し、保持期間を設定します。

問題6.

➡問題　p.238

解答　A

Azure Disk Encryptionは、Basic、AシリーズVMまたは最小メモリ要件を満たしていない仮想マシンでは利用できません。

参考　**Linux VMでのAzure Disk Encryptionシナリオ**

https://docs.microsoft.com/ja-jp/azure/virtual-machines/linux/disk-encryption-linux

5-2 アプリケーションのセキュリティ機能を構成する

この節では作成したアプリケーションをMicrosoft Azureと連携するように設定する方法と、登録されたアプリケーションをAzureのセキュリティ機能で保護する方法について学習します。

5

1 Microsoft IDプラットフォーム

Microsoft IDプラットフォームは、開発者が作成したアプリケーションをAzure ADと連携させ、認証機能を提供したり、APIアクセスを実現したりするための仕組みです。Microsoft IDプラットフォームは、主に次の3つのシナリオで利用します。

▼Microsoft IDプラットフォームの3つのシナリオ

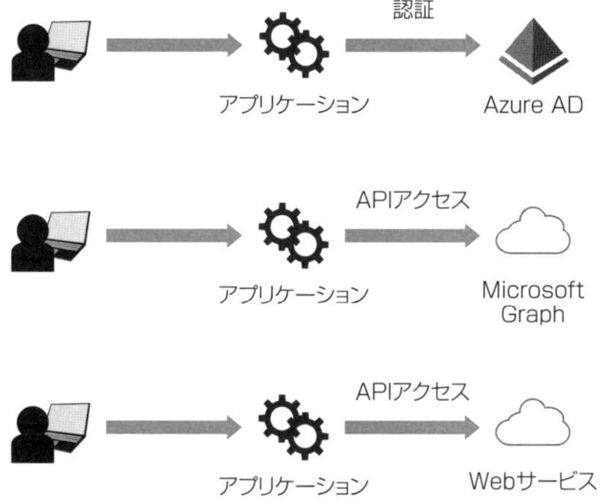

■認証機能

開発者が作成したアプリケーションにアクセスする際、Azure ADで事前に認証を行い、その結果に基づいてアプリケーションにアクセスさせるような仕組みを提供するパターンです。

■Microsoft Graphへのアクセス

Microsoft Graphとは、Microsoft 365にアクセスするために用意されたAPIで、自社開発のアプリケーションからAPI経由でMicrosoft 365の各種データを取得するときに利用します。具体的には自社開発のポータルサイトで「ようこそ○○さん」のようなパーソナライズされたWebページに表示する苗字・名前をAPI経由で取得したり、Exchange Onlineで受信した新着メールをAPI経由で取得してポータルサイトに表示させたりするような使い方があります。

■自社開発のAPIアクセス

開発者が作成したWebサービスにアプリケーションからAPIアクセスを行う際、アクセス制御の仕組みとしてAzure ADを利用するパターンです。

2 Microsoft IDプラットフォームのコンポーネント

Microsoft IDプラットフォームでは、以上のような仕組みを利用する上で必要となるサービスや各種コンポーネントを提供します。ここからはMicrosoft IDプラットフォームのコンポーネントについて順番に解説します。

(1) 認証サービス

Microsoft IDプラットフォームでは、OAuth 2.0とOpenID Connectプロトコルに準拠し、認証サービスを提供しています。そのため認証サービスとしてAzure ADが利用できるだけでなく、MicrosoftアカウントやFacebook、Googleなどのソーシャルアカウント、コンシューマー向けのディレクトリサービスであるAzure AD B2Cを利用することができます。これらの認証サービスと連携することで、Microsoftアカウントで認証した上で自社開発のアプリケーションにアクセスするような仕組みを実現します。

(2) エンドポイント

Microsoft IDプラットフォームにおけるエンドポイントとは、認証や認可などを行う上で必要なやり取りを、Azure ADとの間で行う際の、アクセス先URLを指します。たとえば、Microsoft IDプラットフォームを利用して認証を行う場合、認証エンドポイントとしてhttps://login.microsoftonline.comというURLが用意されているため、アプリケーションから認証エンドポイントのURLにアクセスすることでAzure ADによる認証を開始できます。

なお、Azure ADが提供するエンドポイントには2022年現在、Version 1.0（以下v1.0）のエンドポイントとVersion 2.0（以下v2.0）のエンドポイントがあります。

v1.0はAzure ADで認証したユーザーからのアクセス、v2.0はAzure ADで認証したユーザーだけでなく、Microsoftアカウントやソーシャルアカウントなどのさまざまなユーザーからのアクセスが可能です。

(3) ライブラリ

Microsoft IDプラットフォームにおけるライブラリは、エンドポイントにアクセスする際に必要な機能を提供します。

前述の認証エンドポイントであるhttps://login.microsoftonline.comにアクセスする際、単純にURLにアクセスするだけではアプリケーションが望む正しい認証を行ったり、認証結果を取得したりすることができません。ライブラリでは、エンドポイントに正しくアクセスできるようにするための手続きや仕組みを提供します。

Microsoft IDプラットフォームのライブラリには、Microsoft認証ライブラリ(MSAL)とAzure AD認証ライブラリ(ADAL)があり、MSALはVersion 2.0のエンドポイントへのアクセス、ADALはVersion 1.0のエンドポイントへのアクセスをそれぞれ実現します。そのため、Azure ADの認証・認可の機能を組み込んだアプリケーションの開発を行う場合、MSALまたはADALのライブラリを利用して開発を行います。

(4) アプリの登録

アプリの登録とは、自社開発のアプリケーションをAzure ADと連携させるために必要なAzure ADの設定です。Azure ADではアプリケーションに認証・認可等の機能を利用させる場合、あらかじめ決められたアプリケーションからのみ認証・認可等を利用できるように制限を行っています。

このとき認証・認可等のAzure ADのサービスの利用を許可するアプリケーションをサービスプリンシパルと呼びます。

Azure ADの[アプリの登録]メニューから自社開発のアプリケーションを登録すると、そのアプリケーションはサービスプリンシパルとしてAzure ADに登録されるため、Azure ADの認証・認可等のサービスが利用できるようになります。

(5) Microsoft IDプラットフォームを組み込むアプリケーションの種類

Microsoft IDプラットフォームでは、自社開発のアプリケーションに認証と認可の機能を組み込む際、次のようなアプリケーションから組み込むことが可能です。

- JavaScript シングルページアプリケーション(SPA)
- ユーザーをサインインさせるWebアプリケーション

・Web APIを呼び出すWebアプリケーション
・自社開発のWeb APIを呼び出すWebアプリケーション
・Web APIから別のWeb APIを呼び出す
・デスクトップアプリケーション
・スクリプトやサービスとして実行するデーモン
・モバイルアプリ

3 アプリの登録

Azure ADで自社開発のアプリケーションと連携させ、認証・認可等のサービスを利用する場合、Azure AD管理センター画面の［アプリの登録］メニューを利用してアプリケーションを登録します。［アプリの登録］メニューでは、［新規登録］ボタンをクリックすると、次のような画面で登録を行えます。

▼アプリケーションの登録

アプリケーションの登録 …

* 名前
このアプリケーションのユーザー向け表示名 (後で変更できます)。
SPA-SN

サポートされているアカウントの種類
このアプリケーションを使用したりこの API にアクセスしたりできるのはだれですか?
◉ この組織ディレクトリのみに含まれるアカウント (株式会社　のみ - シングル テナント)
○ 任意の組織ディレクトリ内のアカウント (任意の Azure AD ディレクトリ - マルチテナント)
○ 任意の組織ディレクトリ内のアカウント (任意の Azure AD ディレクトリ - マルチテナント) と個人の Microsoft アカウント (Skype、Xbox など)
○ 個人用 Microsoft アカウントのみ
選択に関する詳細...

リダイレクト URI (省略可能)
ユーザー認証が成功すると、この URI に認証応答を返します。この時点での指定は省略可能で、後ほど変更できますが、ほとんどの認証シナリオで値が必要となります。
シングルページ アプリケーション (S...　https://spa-snxxxx.azurewebsites.net

作業に使用しているアプリをこちらで登録します。ギャラリー アプリと組織外の他のアプリを [エンタープライズ アプリケーション] から追加して統合します。

続行すると、Microsoft プラットフォーム ポリシーに同意したことになります

登録

［アプリの登録］メニューの新規登録画面では、アプリケーションの名前の他、アプリケーションで認証を行う際にサポートするアカウントの種類、認証の完了後にアクセスするアプリケーションのURL（**リダイレクトURI**）をそれぞれ設定します。

［サポートされているアカウントの種類］では、アプリケーションにアクセスする際に事前に行う認証で、どのディレクトリで認証を行うことを許可するかを定義します。設定画面では、自社のAzure ADディレクトリを利用する方法（**シングルテナント**）、自社・他社問わず任意のAzure ADディレクトリが利用可能な方法（**マルチテナント**）、Microsoftアカウントを利用する方法などがあります。

もし、自社のユーザーだけがアクセスすることを想定して作成された自社開発のアプリケーションであれば、シングルテナントを選択し、他社のAzure ADユーザーによるアクセスができないように構成する必要があります。

5

4 APIのアクセス許可

自社開発のアプリケーションからAPIアクセスする場合、［アプリの登録］に登録したアプリケーションのアクセス許可設定に基づいてアクセス可能なAPIの範囲が決まります。

Azure AD管理センターの［アプリの登録］から該当のアプリを開き、［APIのアクセス許可］メニューからアプリケーションが利用可能なAPIを定義します。

▼利用可能なAPIの定義

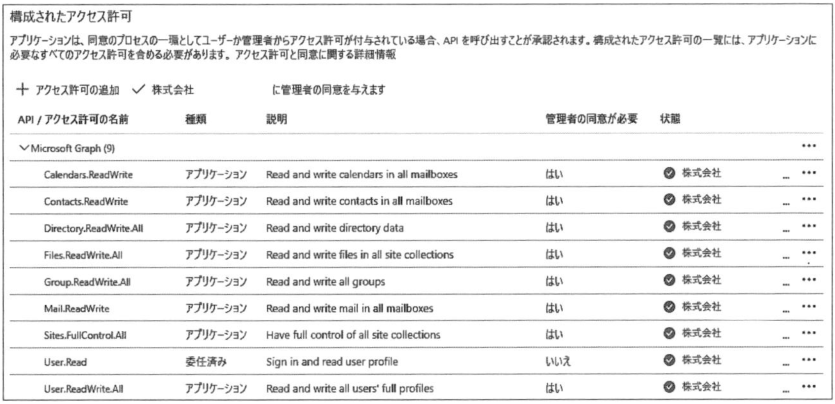

構成されたアクセス許可

アプリケーションは、同意のプロセスの一環としてユーザーか管理者からアクセス許可が付与されている場合、API を呼び出すことが承認されます。構成されたアクセス許可の一覧には、アプリケーションに必要なすべてのアクセス許可を含める必要があります。アクセス許可と同意に関する詳細情報

＋ アクセス許可の追加　✓ 株式会社　に管理者の同意を与えます

API / アクセス許可の名前	種類	説明	管理者の同意が必要	状態	
∨Microsoft Graph (9)					•••
Calendars.ReadWrite	アプリケーション	Read and write calendars in all mailboxes	はい	株式会社	... •••
Contacts.ReadWrite	アプリケーション	Read and write contacts in all mailboxes	はい	株式会社	... •••
Directory.ReadWrite.All	アプリケーション	Read and write directory data	はい	株式会社	... •••
Files.ReadWrite.All	アプリケーション	Read and write files in all site collections	はい	株式会社	... •••
Group.ReadWrite.All	アプリケーション	Read and write all groups	はい	株式会社	... •••
Mail.ReadWrite	アプリケーション	Read and write mail in all mailboxes	はい	株式会社	... •••
Sites.FullControl.All	アプリケーション	Have full control of all site collections	はい	株式会社	... •••
User.Read	委任済み	Sign in and read user profile	いいえ	株式会社	... •••
User.ReadWrite.All	アプリケーション	Read and write all users' full profiles	はい	株式会社	... •••

既定ではUser.ReadというMicrosoft Graphのアクセス許可が割り当てられており、これによりAzure ADにサインインしたユーザーのプロファイル情報を取得することができます。これ以外の情報をAPI経由で取得する必要がある場合、[アクセス許可の追加]をクリックしてアクセス許可を与えるAPIを指定します。

(1) APIの種類

APIの種類にはマイクロソフトのクラウドサービスに保存されている情報にアクセスするためのAPIとして、Microsoft GraphやAzure Service Management、Dynamics CRM、さらには自社開発のWebサービスにアクセスするためのAPIなどを指定できます。

(2) アクセス許可の種類

APIのアクセス許可には、委任されたアクセス許可とアプリケーションの許可の2種類があります。

委任されたアクセス許可は、事前にAzure ADでの認証を行ったユーザーに対して割り当てられるアクセス許可で、ユーザーのメールにアクセスしたり、予定表にアクセスしたり、特定のユーザーの情報をアクセスするときに主に利用します。

それに対して**アプリケーションの許可**は、事前にユーザー認証を行うことなくAPIアクセスが可能なアクセス許可で、サインインログにアクセスしたり、登録されたデバイス情報の一覧にアクセスしたりするなどの管理者がバッチ処理でまとめて情報を取得するようなアクセスに利用します。

▼APIのアクセス許可の種類

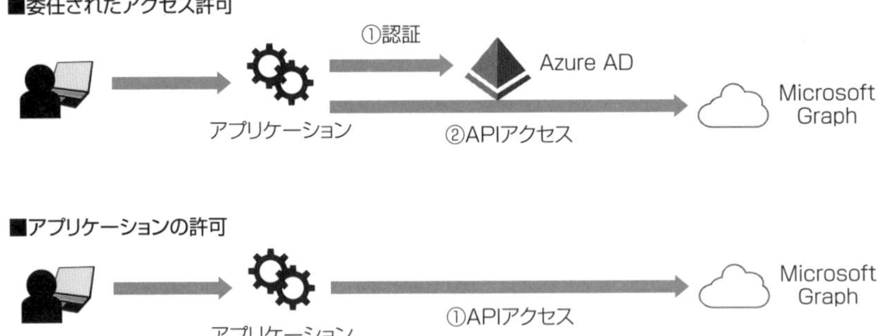

(3) 証明書とシークレット

アプリケーションの許可を利用してAPIアクセス許可を割り当てた場合、ユーザー認証を行わないでAPIアクセスを許可するため、誰でもAPIアクセスができてしまう危険があります。そこで[アプリの登録]では**証明書**と**シークレット**という2種類の方法で事前認証を行うことができるようになっています。

証明書を利用した事前認証は、あらかじめ証明書の公開鍵と秘密鍵を生成しておき、秘密鍵はAPIアクセスを行うデバイスへ、公開鍵はアプリの登録の中へそれぞれ登録します。すると秘密鍵を持つデバイスからのみAPIアクセスが可能になります。

一方、シークレットは、アプリの登録の中で自動生成される文字列(この文字列を**シークレット**と呼ぶ)をアプリケーションの中に登録しておき、アプリケーションに登録したシークレットとアプリの登録で生成したシークレットが同じ文字列であれば、APIアクセスを許可するという仕組みです。

一度生成したシークレットは最大で**24か月間利用可能**で、それ以降もAPIアクセスが必要な場合には、シークレットを再生成する必要があります。シークレットは定期的に再生成することで漏えい対策になりますが、有効期間内にあるシークレットが漏えいすると、どのデバイスからでもAPIアクセスができてしまうという欠点があります。

5 同意

アプリの登録で割り当てられたAPIのアクセス許可は、はじめてAPIアクセスを行うタイミングでユーザーに、アクセスを行っても良いか、について確認をします。この動作を**同意**と呼びます。同意はユーザーがアプリケーション経由でAPIアクセスを行うタイミングで利用するAPIを表示し、アクセスを行うことに対する了承を行います。

同意設定は、一般ユーザーがアクセスするときは自分自身のアクセスに対する同意だけを行います(次ページ画面左)。一方、Azure ADでロールが割り当てられているユーザーがアクセスすると、[組織の代理として同意する]チェックボックスが表示されます。チェックボックスを選択することで、すべてのユーザーを代表して同意を行うことができます(次ページ画面右)。

▼同意設定

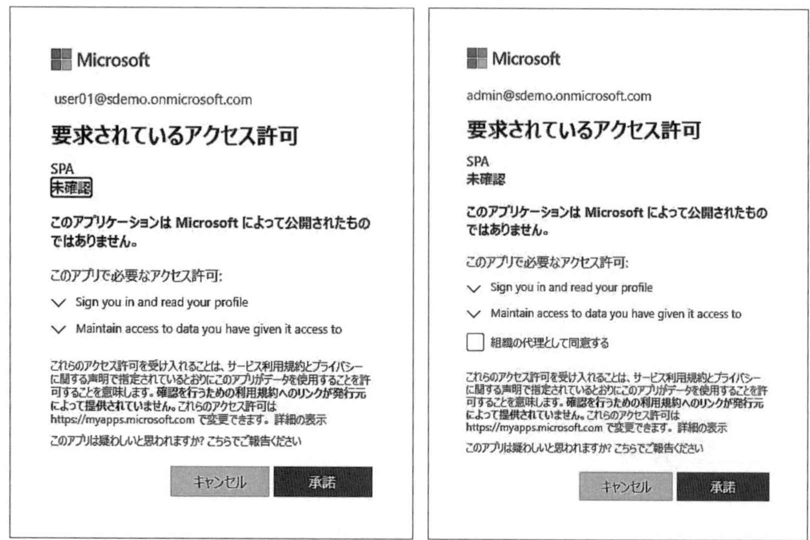

また、アプリケーションの許可を利用してAPIのアクセス許可を割り当てた場合、APIアクセス時に認証を行うことがないため、同意画面を表示することができません。この場合、[アプリの登録]画面の[APIのアクセス許可]メニューから同意を事前に実行することが可能です。

6 マネージドID

マネージドIDは、Microsoft Azureで動作するサービスを動作させるために利用するIDです。マネージドIDを利用することにより、AzureのサービスからAzure ADの認証が必要な別のAzureのサービスに接続するときに、マネージドIDを利用して認証を行うことができます。

たとえば、次の図のように仮想マシンとマネージドIDを関連付けておけば、仮想マシンからMicrosoft Graph、Azure Key Vault、Azure SQLなどのAzure ADの認証が必要なサービスにアクセスする際に、マネージドIDを使って認証ができるようになります。

▼Azure仮想マシンとマネージドIDの関連付け

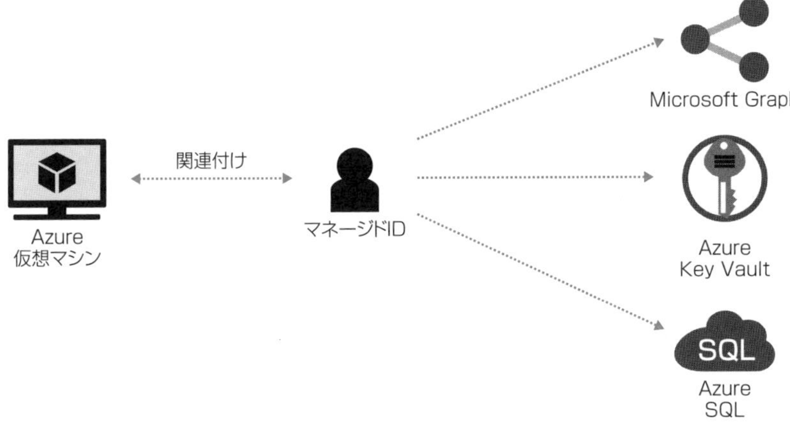

マネージドIDには次の2種類があります。

■システム割り当てマネージドID

特定のAzureサービスのインスタンスに関連付けることで有効になるIDです。そのため、インスタンスが削除されると同時にマネージドIDも削除されます。

■ユーザー割り当てマネージドID

独立して管理されるマネージドIDで、IDを作成後にAzureサービスのインスタンスに関連付けて利用します。システム割り当てマネージドIDと異なり、マネージドIDに紐づけたインスタンスが削除されても、マネージドIDは残り続けるため、必要に応じて手動で削除する必要があります。

演習問題5-2

問題1.

➡解答　p.252 

Microsoft Graphを利用してAzure ADのサインインログを取得するようなPowerShellスクリプトを作成しました。このスクリプトを実行したときにログを収集できるようにするためにAzure ADで行うべき作業はどれでしょうか？

A. エンタープライズアプリケーションにスクリプトを登録する
B. アプリの登録にスクリプトを登録する
C. 条件付きアクセスでスクリプトを登録する
D. MSAL ライブラリにスクリプトを登録する

問題2.

➡解答　p.252 

Microsoft Graphを利用してAzure ADのサインインログを取得するようなPowerShellスクリプトを作成しました。このスクリプトを実行するときにサインインを求められないようにAzure AD管理センターの[アプリの登録]メニューで行うべき作業はどれでしょうか？

A. APIアクセス許可として委任されたアクセス許可を割り当てる
B. APIアクセス許可としてアプリケーションの許可を割り当てる
C. リダイレクトURIを設定する
D. APIの公開設定を行う

問題3.

➡解答　p.252 

Microsoft Graphを利用してAzure ADのサインインログを取得するようなPowerShellスクリプトを作成しました。このスクリプトを実行するときにサインインを求められないようにAPIのアクセス許可を割り当てた場合、同意の設定はどのように行うべきでしょうか？

A. はじめてスクリプトアクセスするタイミングで表示される同意画面で同意を行う
B. はじめてスクリプトアクセスするタイミングで表示される同意画面で[組織の代理として同意する]チェックボックスにチェックをつけて同意を行う
C. APIのアクセス許可設定で同意を行う
D. シークレットを利用した事前認証を設定する

問題4. 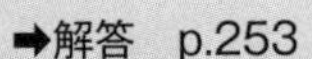 ➡解答 p.253 

Microsoft Graphを利用してAzure ADのサインインログを取得するようなPowerShellスクリプトを作成しました。このスクリプトを特定のデバイスからのみ実行できるように構成する必要があります。このときにAzure AD 管理センターの[アプリの登録]メニューで行うべき作業はどれでしょうか？

A. APIアクセス許可として委任されたアクセス許可を割り当てる
B. APIアクセス許可としてアプリケーションの許可を割り当てる
C. リダイレクトURIを設定する
D. 証明書を利用した事前認証を設定する

問題5. ➡解答 p.253 

Microsoft IDプラットフォームを利用して自社開発のアプリケーションに認証機能を実装しようとしています。このときに利用可能なプロトコルはどれでしょうか？

A. MSAL
B. ADAL
C. Azure AD B2C
D. OpenID Connect

問題6.

➡解答　p.253 

自社開発のアプリケーションでAzure ADによる認証ができるようにするために[アプリの登録]にアプリケーションを登録しました。マルチテナントのアカウントの種類をサポートするように設定した場合、アプリケーションへのサインインが可能なユーザーはどれですか？ 当てはまるものすべて選択してください。

A. アプリを登録したAzure ADディレクトリのユーザー
B. 任意のAzure ADユーザー
C. Microsoftアカウント
D. Googleアカウント

解答・解説

問題1.

➡問題　p.250

解答　B

アプリケーション（PowerShellスクリプト）からMicrosoft GraphにAPIアクセスする場合、**アプリの登録**にアプリケーションを登録しておくことが必要です。

問題2.

➡問題　p.250

解答　B

アプリケーションの許可を利用して**APIアクセス許可**を割り当てると、Azure ADユーザーによる認証を行うことなくAPIアクセスが可能になります。

D.の「APIの公開設定」は自社開発のWebサービスで提供するAPIをAzure ADで管理する必要がある際に行う設定です。

問題3.

➡問題　p.250

解答　C

アプリケーションの許可を利用してAPIアクセス許可を割り当てた場合、サインインを行うことがないため、同意画面が表示されることはありません。そのため、[アプリの登録]画面の[APIのアクセス許可]メニューから**事前に同意の設定**を行っておくことが必要になります。

問題4.

➡問題　p.251

解答　D

スクリプトを実行するデバイスで証明書を作成し、秘密鍵をデバイスにインストール、公開鍵を[アプリの登録]メニューに登録することで秘密鍵がインストールされたデバイスからのみ、スクリプトを実行できるようになります。この設定は、一般にアプリケーションの許可をAPIアクセス許可として選択したときに利用する設定ですが、アプリケーションの許可そのものは特定のデバイスからのみスクリプトを実行できるようにする設定ではありません。

問題5.

➡問題　p.251

解答　D

Microsoft IDプラットフォームでは、**OpenID Connectプロトコル**に準拠し、認証サービスを提供しています。自社開発のアプリケーションからOpenID Connectプロトコルを利用する場合、MSALやADALのようなライブラリを利用して認証サービスを実装します。

問題6.

➡問題　p.252

解答　A、B

[アプリの登録]における**マルチテナント**とは、アプリを登録したAzure ADディレクトリを含む、すべてのAzure ADディレクトリを指します。そのため、任意のAzure ADユーザーからサインインが可能になります。

5-3 ストレージセキュリティを実装する

この節ではAzureストレージとファイルセキュリティ機能を使用して、安全にデータを保存、転送、アクセスする方法について学習します。

1 Azureストレージのアクセスを構成する

Azureストレージサービスを提供するストレージアカウントでは、以下のサービスを提供しています。

・コンテナー(Blobストレージ)
・ファイル共有(Azure Files)
・キュー(Queue)
・テーブル(Table)

これらのセキュリティで保護されたリソースに対して、行われるすべての要求を承認する必要があります。承認が行われると、アクセスを許可されたユーザーまたはアプリケーションは、ストレージアカウント内のリソースに対してブラウザやツール(AzcopyやAzure Storage Explorerなど)、REST APIを使用してアクセスできます。

(1) Azureストレージへの要求を認可するための方法

Azureストレージアカウントを使用するために必要な承認方法は、各サービスによってサポートされる方法が異なります。共有(アクセス)キーとSAS(共有アクセス署名)はすべてのサービスで使用できます。BlobとキューはAzure ADをサポートしています。BlobはAzure ADをサポートしていることもあり、他の承認方法よりも優れたセキュリティと使いやすさを提供します。

▼承認方法

承認方法	説明
コンテナーとBlobへの匿名アクセス	Azure Blobストレージのコンテナーとその Blobに対する匿名のパブリック読み取りアクセスを有効にすることができる。

承認方法	説明
共有(アクセス)キー	アカウントのアクセスキーと他のパラメーターを使用して、接続文字列が生成される。
SAS(Shared Access Signatures:共有アクセス署名)	Azureストレージリソースへの制限付きアクセス権を付与する。
Azure AD	AzureストレージではAzure Active Directory(Azure AD)との統合を提供して、Blob、キューサービス、テーブルへの要求をIDベースで承認する。
Active Directory Domain Services	Azure Filesでは、サーバー メッセージ ブロック(SMB)経由のIDベースの認証がサポートされる。

▼データ操作の認可

承認方法 サービス	共有キー	SAS	Azure AD	AD DS	匿名のパブリック読み取りアクセス
Blob	○	○	○	×	○
ファイル共有(SMB)	○	×	○	○	×
キュー	○	○	×	×	×
テーブル	○	○	○	×	×

2 共有アクセス署名をデプロイする

Blobへのパブリックアクセスを許可するには、コンテナーもしくは、Blobへの匿名アクセスを許可することで、読み取り専用アクセス権を付与します。これにより、他の認証方法よりも容易に構成できます。

▼読み取り専用アクセス権の付与

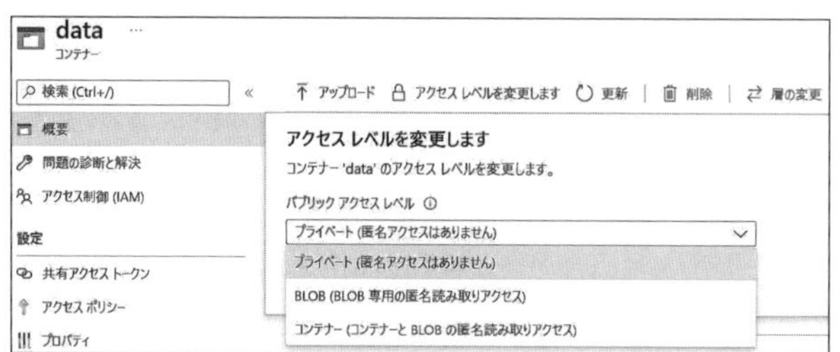

ストレージアカウントのサービスでは、共有アクセスキーを使用することで、すべての権限が付与された状態で利用できます。それゆえに、このストレージアカウントキーは外部のアプリケーションで使用する場合などは、取り扱いに注意が必要です。キーは2種類提供されており、キーの交換を行うことでローテーションを考慮した取り扱いが推奨されます。

▼共有アクセスキーの交換

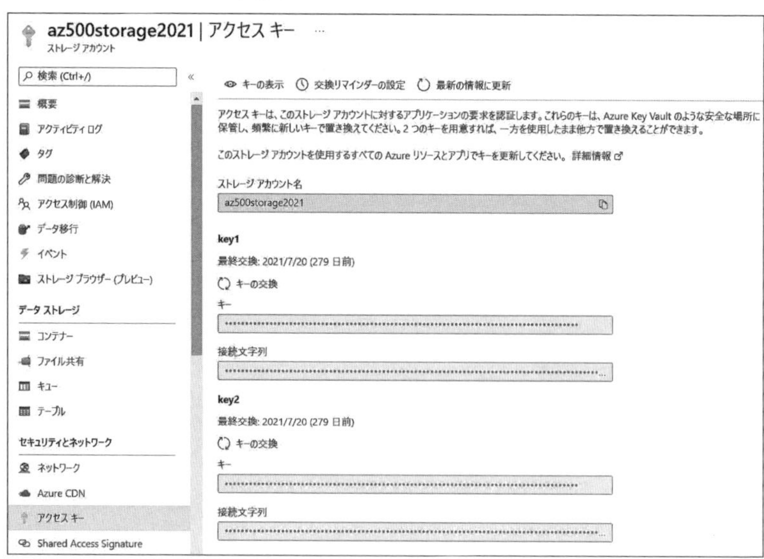

共有アクセスキーの代わりに**SAS**(Shared Access Signature:**共有アクセス署名**)を使用すると、制限されたアクセスを提供することができます。SASはAzureストレージへの制限付きアクセス権を付与するURIです。

SASを使用することで制限された必要最小限の権限を付与することができるので、このSASの情報が流出してもセキュリティリスクを軽減することができます。SASには次の種類があります。

▼SASの種類

SASの種類	署名方法	スコープ
アカウントSAS	ストレージアカウントキー	ストレージアカウント
サービスSAS	ストレージアカウントキー	シングルリソース
ユーザー委任SAS	Azure AD	シングルリソース

(1) アカウントSAS

ストレージアカウントに対して、以下の設定を行うことができます。

- 使用できるサービス(Blob、ファイル、キュー、テーブル)
- 使用できるリソース(サービス、コンテナー、オブジェクト)
- 与えられているアクセス許可(読み取り、書き込み、削除、リスト、追加、作成、更新、プロセス、不変ストレージ)
- Blobバージョン管理のアクセス許可
- 許可されたBlobインデックスのアクセス許可
- 開始日時と有効期限の日時
- 使用できるIPアドレス
- 許可されるプロトコル
- 署名キー

▼アカウントSAS

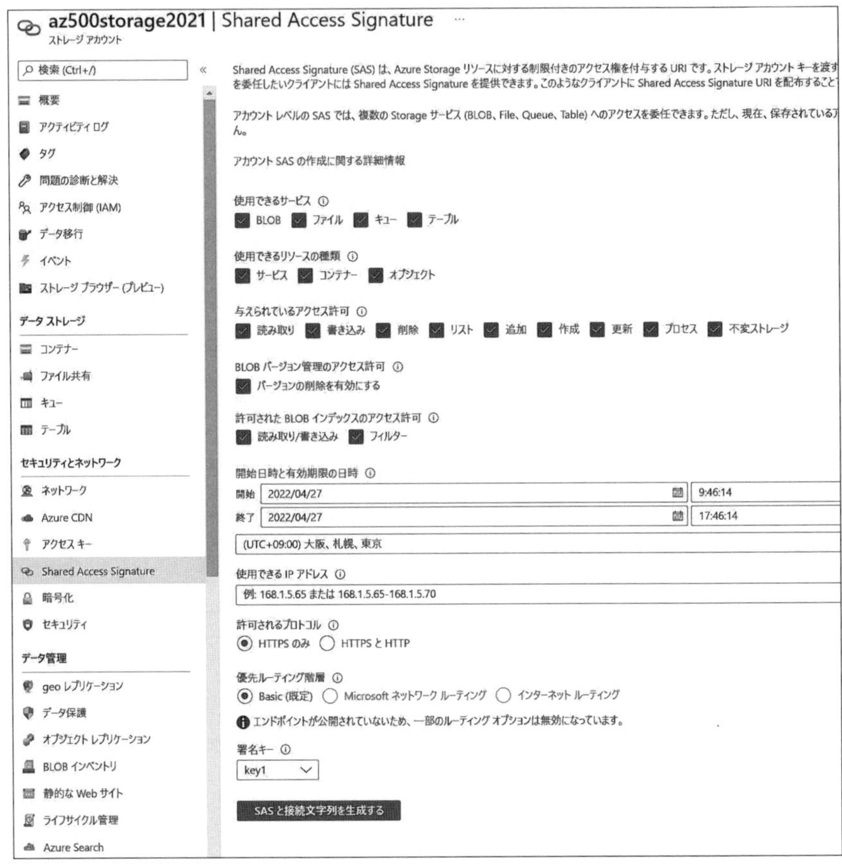

特徴としては、ストレージアカウント単位でSASを作成でき、複数のサービスへのアクセス委任ができます。

(2) サービスSAS

ストレージアカウントの特定のリソースへのアクセスを許可します。サービスSASでは、以下の設定を行うことができます。

- 署名キー
- 保存されているアクセスポリシー
- アクセス許可
- 開始日時と有効期限の日時
- 使用できるIPアドレス

・許可されるプロトコル

これらの設定を行い、[SASトークンおよびURLを生成]します。ここで作成したBlob SAS URLは設定した内容を含んだものになります。一度生成したトークンおよびURLは内容を変更することはできません。よって、有効期限内にこのトークンおよびURLを無効にするには、共有アクセスキーを変更する必要があります。

▼サービスSAS

サービスSASでは、アクセスポリシーの[保存されているアクセスポリシー]を使用することができます。この[保存されているアクセスポリシー]では、生成したトークンの設定を変更できます。[保存されているアクセスポリシー]を使用して、アクセス許可、開始時刻、有効期限を設定可能です。要するにサービスSAS発行時に[保存されているアクセスポリシー]を含むと、すでに発行したURLの制御内容を後から変更することができます。たとえば、当初は1週間の有効期限として発行したのちに、再発行せずに有効期限を1か月に延長することもでき、アクセス許可の変更もできることになります。

▼保存されているアクセスポリシー

(3) ユーザー委任SAS

サービスSASと機能は同じですが、署名キーの生成にアカウントキーではなく、Azure ADの資格情報を使用します。

▼ユーザー委任SAS

許可されるアクセスは、Azure ADのRBACアクセス許可と、SASに明示的に指定されたアクセス許可の和集合で決定されます。RBACでは許可されているが、SASでは許可されていない場合は、そのリソース・サービスへのアクセスは許可されません。逆も同じです。

セキュリティのベストプラクティスとして、より侵害されやすいアカウントキーを使用するサービスSASではなく、可能な限りAzure ADの資格情報を使用するユーザー委任SASが推奨されます。

3 Azure ADストレージ認証の管理

Azureストレージでは、共有アクセスキーとSAS以外に、Azure ADを使用したBlobデータへの認証がサポートされています。Azure ADでは、Azureロールベースのアクセス制御(RBAC)を使用して、サービスプリンシパル(ユーザー、グループ、アプリケーションのサービスプリンシパル、またはマネージドID)にアクセス許可を付与します。セキュリティプリンシパルに割り当てられたRBACロールによって、そのプリンシパルが持つアクセス許可が決定されます。

セキュリティプリンシパルは、Azure ADによって認証されてOAuth 2.0トークンが返されます。そして、そのトークンを使用してBlobに対するアクセス権を取得して使用することができます。

セキュリティプリンシパルにAzureロールベースのアクセス制御(RBAC)を適用する際に考慮する必要があるのは、Azure階層です。**Azure階層**とは、管理グループ、サブスクリプション、リソースグループ、リソースによる継承が行われえるスコープとなります。そして、ストレージアカウントはリソースに相当し、その配下にはコンテナーとコンテナー内のBlobがあり、Azure RBACが継承される範囲になります。

5

▼Azure階層とRBACロール

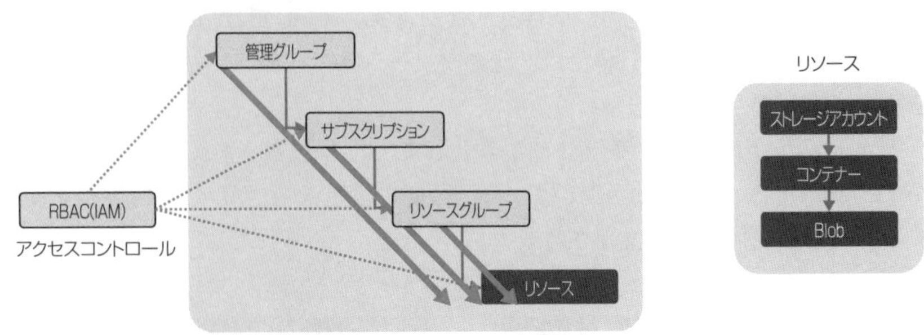

Azure階層の上位である管理グループに対してAzureロールベースのアクセス制御（RBAC）を割り当てると、その下位に相当するサブスクリプション、リソースグループ、リソースに継承されます。

この継承を考慮して、職務を分離し、職務に必要なアクセス許可のみをユーザーに付与することを検討してください。

Azureストレージのデータリソースへのアクセス許可を付与するBlob用組み込みロールの例として以下があります。

▼Blob用組み込みロール

Blob用組み込みロール名	説明
ストレージBlobデータ所有者	Blobコンテナーとデータに対するフルアクセスを許可する。
ストレージBlobデータ共同作成者	Blobコンテナーおよびデータに対する読み取りアクセス、書き込みアクセス、削除アクセスを許可する。
ストレージBlobデータ閲覧者	Blobコンテナーおよびデータに対する読み取りアクセスを許可する。

ストレージアカウントのデータアクセスでは、明示的に定義されたロールによってのみ、セキュリティプリンシパルによるBlobデータへのアクセスが許可されます。所有者、共同作成者、ストレージアカウント共同作成者の組み込みロールでは、セキュリティプリンシパルによるストレージアカウントの管理は許可されますが、Blobデータへのアクセスは提供されません。確認するには、ロール定義の仕組みと実際の組み込みロールを理解する必要があります。

ロールのプロパティの一例を次に示します。

▼ロールのプロパティの一例

プロパティ	説明
Actions	ロールで実行できるコントロールプレーンアクションを指定する文字列の配列。
NotActions	許可されるActionsから除外されるコントロールプレーンアクションを指定する文字列の配列。
DataActions	対象のオブジェクト内のデータに対して、ロールで実行できるコントロールプレーンアクションを指定する文字列の配列。
NotDataActions	許可されるDataActionsから除外されるデータプレーンアクションを指定する文字列の配列。

このアクションは、次の形式の文字列で指定されます。

```
{Company}.{ProviderName}/{resourceType}/{action}
```

アクション文字列の *{action}* 部分では、リソースの種類に対して実行できるアクションの種類を指定します。たとえば、*{action}*には、次の部分文字列が表示されます。

▼アクションの部分文字列

アクションの部分文字列	説明
*	ワイルドカード文字では、文字列と一致するすべてのアクションに対するアクセスを許可する。
read	読み取りアクション(GET)を有効にする。
write	書き込みアクション(PUTまたはPATCH)を有効にする。
action	仮想マシンの再起動(POST)などのカスタムアクションを有効にする。
delete	削除アクション(DELETE)を有効にする。

ロールの定義の例として、JSON形式の「ストレージアカウント共同作成者」ロール定義は、以下のように構成されています。

```
{
  "assignableScopes": [
    "/"
  ],
  "description": "Lets you manage storage accounts, including accessing storage account keys which provide full access to storage account data.",
  "id": "/subscriptions/{subscriptionId}/providers/Microsoft.Authorization/roleDefinitions/17d1049b-9a84-46fb-8f53-869881c3d3ab",
  "name": "17d1049b-9a84-46fb-8f53-869881c3d3ab",
  "permissions": [
    {
      "actions": [
        "Microsoft.Authorization/*/read",
        "Microsoft.Insights/alertRules/*",
        "Microsoft.Insights/diagnosticSettings/*",
        "Microsoft.Network/virtualNetworks/subnets/joinViaServiceEndpoint/action",
        "Microsoft.ResourceHealth/availabilityStatuses/read",
        "Microsoft.Resources/deployments/*",
        "Microsoft.Resources/subscriptions/resourceGroups/read",
        "Microsoft.Storage/storageAccounts/*",
        "Microsoft.Support/*"
      ],
      "notActions": [],
      "dataActions": [],
      "notDataActions": []
    }
  ],
  "roleName": "Storage Account Contributor",
  "roleType": "BuiltInRole",
  "type": "Microsoft.Authorization/roleDefinitions"
}
```

Actionsプロパティには、"Microsoft.Storage/storageAccounts/*"によってストレージアカウントの作成と管理が許可されていますが、DataActionsは何も記載されていないのでBlobデータへのアクセスはできません。

JSON形式の「ストレージBlobデータ所有者」ロール定義は、以下のように構成されています。

```
{
  "assignableScopes": [
    "/"
  ],
  "description": "Allows for full access to Azure Storage blob containers and data,
including assigning POSIX access control.",
  "id": "/subscriptions/{subscriptionId}/providers/Microsoft.Authorization/
roleDefinitions/b7e6dc6d-f1e8-4753-8033-0f276bb0955b",
  "name": "b7e6dc6d-f1e8-4753-8033-0f276bb0955b",
  "permissions": [
    {
      "actions": [
        "Microsoft.Storage/storageAccounts/blobServices/containers/*",
        "Microsoft.Storage/storageAccounts/blobServices/
        generateUserDelegationKey/action"
      ],
      "notActions": [],
      "dataActions": [
        "Microsoft.Storage/storageAccounts/blobServices/containers/blobs/*"
      ],
      "notDataActions": []
    }
  ],
  "roleName": "Storage Blob Data Owner",
  "roleType": "BuiltInRole",
  "type": "Microsoft.Authorization/roleDefinitions"
}
```

DataActionsプロパティには、"Microsoft.Storage/storageAccounts/blobServices/containers/blobs/*"によってBlobのフルアクセス許可が付与されています。

4 ストレージサービスの暗号化を実装する

Azureストレージアカウントでは、Storage Service Encryption（SSE）を使用してデータ保管時に自動的に暗号化されます。この仕組みは既定ですべてのAzureストレージアカウントで有効になっており、無効化することはできません。このためデータは既定で保護されており、Azureストレージアカウントで暗号化を利用するためにコードやアプリケーションを変更する必要はありません。また透過的に動作するので、ユーザーはこの暗号化を意識する必要はありません。この暗号化処理を行う際に使用する暗号化キーは、Microsoftのマネージドキーまたは独自のキーを使用することができます。

▼Azureストレージ暗号化のキー管理オプションの比較

	Microsoftのマネージドキー	カスタマーマネージドキー	カスタマー指定のキー
暗号化・暗号化解除の操作	Azure	Azure	Azure
サポートされているAzureストレージサービス	すべて	Blob、Azure Files	Blob
キー記憶域	Microsoftキーストア	Azure Key Vault	Azure Key Vaultまたはその他のキーストア
キーのローテーションの責任	Microsoft	顧客	顧客
キー使用法	Microsoft	Azure Portal、Storage Resource Provider REST API、Azure Storage管理ライブラリ、PowerShell、CLI	Azure Storage REST API（Blobストレージ）、Azure Storageクライアントライブラリ
キーへのアクセス	Microsoftのみ	Microsoft、顧客	顧客のみ

カスタマーマネージドキーをサポートするストレージサービスは、上記に記載されている通り、BlobとAzure Fileになります。

5 Blobデータ保持ポリシーを構成する

アクセスポリシーの**Blobデータ保持ポリシー**（不変Blobストレージ）を使用すると、Blobデータを消去・変更不可状態にし、その間の読み取りはできる状態になります。このような状態を**WORM**（Write Once、Read Many）といいます。

▼不変ストレージポリシー

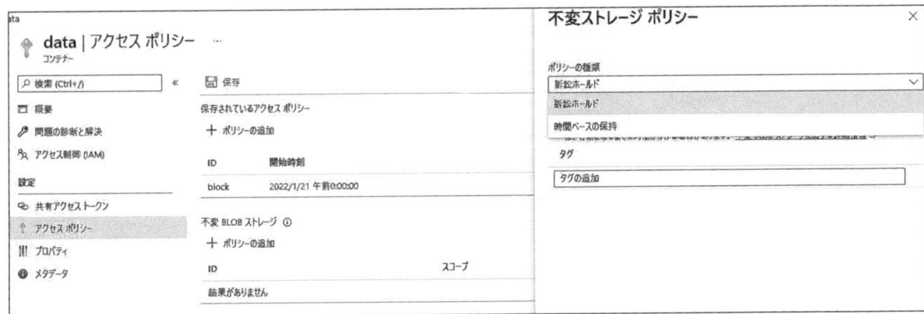

不変Blobストレージの種類は2種類あります。

・訴訟ホールド

保持期間が不明な（明確に決まっていない）場合は、訴訟ホールドを使用することで、訴訟ホールドがクリアされるまでデータをWORM状態にします。これは、英数字のタグに関連付けます。

・時間ベースの保持

指定した時間、WORM状態にします。

このBlobデータ保持ポリシーは、ホット、クール、アーカイブのすべての層に対応しています。またコンテナーレベルで構成できます。コンテナーには、訴訟ホールドと時間ベースの保持ポリシーを両方同時に適用できます。

6 Azureファイル認証を構成する

Azure Files（ファイル共有）は、ファイルサーバーやNASデバイスの置き換えに使用できるマネージファイル共有サービスです。また、クラウド、オンプレミス環境のマシンからSMB 3.0プロトコルを使用したアクセスが可能です。ストレージアカウントの[設定]セクションにある[構成]では、デフォルトの状態で[安全な転送が必須]が有効に設定されており、SMB 3.0はファイル転送では暗号化をサポートしているのでセキュアな転送が可能です。また**Active Directory Domain Services（AD DS）認証**をサポートしているので、既存のファイルサーバーと同様に使用することもできます。

Azure Filesを使用する際、Azure ADのIDを使用したネットワーク経由の共有レベルのアクセス制御とオンプレミス環境のActive DirectoryとAzure AD Connectを使用した連携済みのハイブリッドIDでWindows DACL（Discretionary Access Control List）を使用した、フォルダとファイルレベルでのきめ細かなアクセス制御を使用します（別の方法としてはAzure Active Directory Domain Servicesを使用することも可能）。

AD DS 認証を有効にすることで、Windows DACLを使用した最も厳重なセキュリティで保護された設定が可能です。

共有レベルのアクセス制御は、それらに対応する組み込みのRBACロールを使用します。

▼サポートされている組み込みロール

サポートされている組み込みロール	説明
記憶域ファイルデータのSMB共有の管理者特権の共同作成者	SMBによるファイル共有に対する読み取り、書き込み、削除、およびNTFSアクセス許可の変更のアクセスを許可する。
記憶域ファイルデータのSMB共有の共同作成者	SMBによるファイル共有に対する読み取り、書き込み、削除のアクセスを許可する。
記憶域ファイルデータのSMB共有の閲覧者	SMBによるファイル共有に対する読み取りアクセスを許可する。

ただし、フォルダとファイルレベルでWindows DACLのみを使用して認証を適用したほうがよい場合のシナリオでは、Azure ADのユーザーまたはグループに対

して共有レベルのアクセス許可を構成するのではなく、ストレージ アカウントに既定の共有レベルのアクセス許可を追加することができます。ストレージアカウントに割り当てられた既定の共有レベルのアクセス許可は、そのストレージアカウントに含まれるすべてのファイル共有に適用されます。

Windowsで Azureファイル共有を使用するには、Azureファイル共有にドライブ文字（マウントポイントのパス）を割り当ててマウントするか、または対応するUNCパス経由でアクセスする必要があります。

Azure Portalのファイル共有から接続を行うとマウントできます。マウントする際に、ドライブ文字と認証方法である、[Active Directory]または[ストレージアカウントキー]を選択します。

ストレージアカウントキーを使用する場合、ストレージアカウントキーはファイル共有内のフォルダとファイルすべてに対する管理者アクセス許可を含んだストレージアカウントの管理者キーであるとともに、ストレージアカウントに格納されているすべてのファイル共有および他のストレージリソースの管理者キーでもあります。ストレージアカウントキーを使用した認証で対応できない場合は、Active Directory（SMB経由のIDベースの認証）を使用します。

▼マウント時の選択

マウント後に、Azure Filesの共有されたフォルダやファイルのNTFSアクセス権を設定することができます。

演習問題5-3

問題1.

➡解答　p.273 

あなたは、ストレージアカウントのセキュリティの課題に対してトラブルシューティングを行います。あなたは、ストレージアカウントの診断ログを有効にして宛先をストレージアカウントにアーカイブしました。診断ログを取得するには何を使用すればいいですか？

A. Microsoft 365 コンプライアンスセンター
B. Microsoft Defender for Cloud
C. Azure Cosmon DBエクスプローラー
D. AzCopy

問題2.

➡解答　p.273 

あなたの会社にはcontoso.comというオンプレミスのActive Directoryドメインがあります。このドメインにはUser1という名前のユーザーがいます。Azureにはcontoso.comというテナントがあります。storage1というストレージアカウントにはshare1というファイル共有があります。

現在は、オンプレミス環境と統合されていません。

User1がshare1にオンプレミス環境のドメインの資格情報を使用してshare1にアクセスする必要があります。

あなたは、以下の3つのどのアクションを順番に実行する必要がありますか？

A. storage1にプライベートリンクを作成する
B. storage1でAD DS認証の構成を行う
C. Azure AD Connectを導入する
D. storage1にサービスエンドポイントを作成する
E. share1の共有レベルの権限をアサインする

問題3.

➡解答　p.273

あなたは、storage1という名前のストレージアカウントにdataという名前のコンテナーを持っています。dataコンテナーに対して本日から1週間の有効期限を設定したSASを発行する予定です。ただし、プロジェクトの進捗が遅れた場合は、その期間を延ばす必要があります。どのように対処するのが適切ですか？

A. プロジェクトが遅れることを想定して1年間の有効期限としてSASを発行する
B. アクセスポリシーの［不変Blobストレージ］でポリシーの種類を［訴訟ホールド］で設定する
C. アクセスポリシーの［保存されているアクセスポリシー］で有効期限を1週間で設定する。設定したポリシーを含むSASを発行する
D. 有効期限として1週間のSASを発行する。プロジェクトの進捗が遅れた場合は、同じ発行手続きをしてもらい、新たにSASを発行する

問題4.

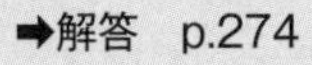
➡解答　p.274

あなたは、storage1という名前のストレージアカウントにdataという名前のコンテナーを持っています。dataコンテナーに保存されているBlobデータは社内外に公開する予定です。ただし、Blobデータの変更および更新作業はdataコンテナーの管理者のみ行うことができます。dataコンテナー管理者は他のコンテナーの操作はできません。どのようなアクセス設定を行いますか？
適切な方法を2つ選択してください。

A. dataコンテナーのアクセスレベルを［プライベート］にする
B. dataコンテナーのアクセスレベルを［コンテナー］にする
C. コンテナーの管理者に対して、サービスSASを使用した権限を与える
D. コンテナーの管理者に対して、アクセスキーを提供する

問題5.

➡解答　p.274  

あなたは、storage1という名前のストレージアカウントにshareという名前のAzureファイル共有を持っています。Windows端末がSMBを使用してshareに接続するために使用するポートはどれですか？

A. 80
B. 443
C. 445
D. 3389

問題6.

➡解答　p.274 

Storage Service Encryption（SSE）の説明として正しいものを選んでください。

A. ユーザーのデータをMicrosoftのデータセンターに書き込む時点で暗号化し、ユーザーがアクセスした時点で自動的に暗号化を解除する
B. ユーザーのデータをネットワーク転送時に暗号化し、ユーザーがアクセスした時点で自動的に暗号化を解除する
C. ユーザーのデータを個別に暗号化し、ユーザーはデータ使用時に個別に暗号化を解除する
D. ユーザーのデータは常に暗号化され、ユーザーがアクセスした時点で自動的に暗号化を解除しメモリに展開される

解答・解説

問題1.

➡問題　p.270

解答　D

診断ログはストレージアカウントに保管されているので、AzCopyを使用してログを取得できます。

参考　**AzCopy**

https://docs.microsoft.com/ja-jp/azure/storage/common/storage-use-azcopy-v10

問題2.

➡問題　p.270

解答　C→B→E

オンプレミス環境とAzureを統合するために**Azure AD Connect**を使用します。AD DSの資格情報をファイル共有で使用するには、ストレージアカウントのファイル共有で**AD DS認証**を有効にします。そして、Azure ADと同期しているIDに、**共有のアクセス許可**を割り当てます。

参考　**概要ーSMBを使用したAzureファイル共有へのオンプレミスのActive Directory Domain Services認証**

https://docs.microsoft.com/ja-jp/azure/storage/files/storage-files-identity-auth-active-directory-enable

問題3.

➡問題　p.271

解答　C

アクセスポリシーの[**保存されているアクセスポリシー**]で設定したポリシーを含んだSASを発行すると、再度SASを発行することなく、有効期限を変更することができます。

問題4.

➡問題　p.271

解答　B、C

コンテナーのパブリックアクセスレベルを［コンテナー（コンテナーとBlobの匿名読み取りアクセス）］に変更することで、社内外のユーザーはdataコンテナー内のBlobデータにアクセスできます。

dataコンテナーの管理者は他のコンテナーにアクセスはできない要件があるので、サービスSASを使用して限定したアクセス権を付与します。アクセスキーを提供するとストレージアカウントにおけるすべての権限を付与することになるので不正解となります。

問題5.

➡問題　p.272

解答　C

SMBを使用した接続に使用するポート番号は445です。

問題6.

➡問題　p.272

解答　A

Storage Service Encryption（SSE）は、ユーザーのデータをMicrosoftのデータセンターに書き込む時点で暗号化し、ユーザーがアクセスした時点で自動的に暗号化を解除します。

5-4 SQLデータベースのセキュリティを構成および管理する

この節ではAzure SQL データベースの多層防御セキュリティを使用する構成および管理によって、格納されている顧客データを保護する方法について学習します。

1 Azure SQLデータベースのセキュリティ機能

5

Azure SQLデータベースでは、アプリケーションのデータ層を保護するために多層防御アプローチによるセキュリティ戦略を実施しています。

▼Azure SQLデータベースの多層防御

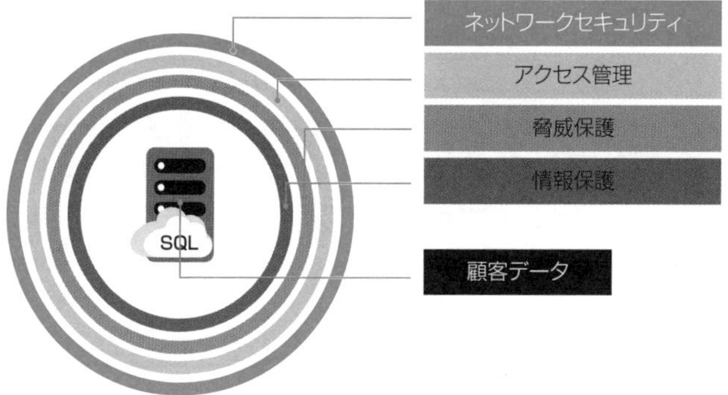

それぞれの層におけるセキュリティ対策を行うことで、よりセキュリティを高めて顧客データを保護します。各層における主要なセキュリティ対策は、次の通りです。

▼各層における主要なセキュリティ対策

セキュリティ層	セキュリティ対策
ネットワークセキュリティ	ファイアウォールの規則
アクセス管理	SQL認証 Azure AD認証 SQL監査
脅威保護	脅威検出機能の提供
情報保護	データ検出と分類 DDMによるデータ公開制限 TLSによる転送中の暗号化 TDEによる保存時の暗号化
顧客データ	Always Encryptedによるデータの暗号化

Azure SQLデータベースのセキュリティ対策を理解する際に重要な概念があります。それはインスタンスとデータベースです。インスタンスとはSQLサーバーのことで、インスタンス内には複数のデータベースを作成することができます。

2 ネットワークセキュリティ

ネットワークセキュリティ対策として、SQLデータベースのファイアウォールがあります。このファイアウォールにはSQLサーバーとSQLデータベースの2種類あります。

Azure Portalで設定できるのは、SQLサーバーのファイアウォールです。

SQLデータベースのファイアウォールは、Azure Portalから操作はできず、SQL文をデータベースに記載してファイアウォールを制御します。

そして、このファイアウォールの特徴は、デフォルトの状態ではアクセスできない状態であることです。よって、SQLデータベースにアクセスするには、必ずどちらかのファイアウォール設定を構成する必要があります。

▼データベースレベルのファイアウォール規制

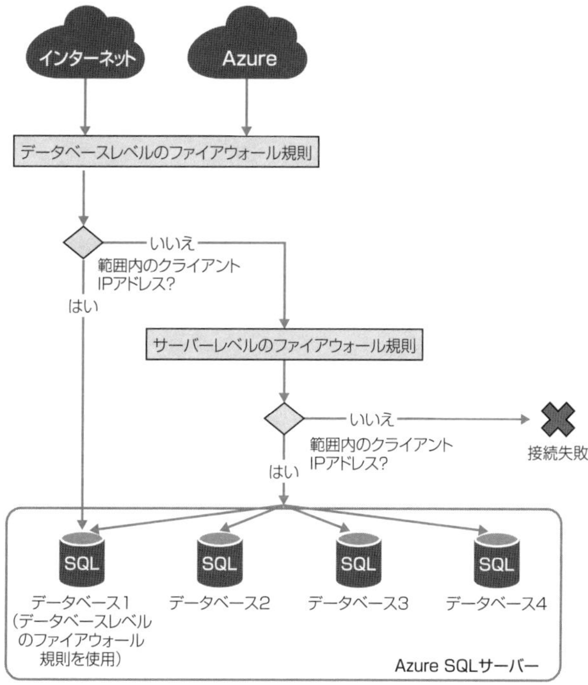

両方のファイアウォールの許可がなくても、どちらかに構成設定がされていればアクセスできます。先に評価されるのはデータベースレベルのファイアウォールになります。ベストプラクティスとしては、可能な限りデータベースレベルのファイアウォール規則を使用することで、限られた範囲でのアクセスとすることです。

▼ファイアウォール設定

ファイアウォール設定 …
az500db2021 (SQL サーバー)

保存　破棄　＋ クライアント IP の追加

パブリック ネットワーク アクセスの拒否

TLS の最小バージョン
1.0　1.1　1.2

接続ポリシー
既定　プロキシ　リダイレクト

Azure サービスおよびリソースにこのサーバーへのアクセスを許可する
はい　いいえ

クライアント IP アドレス

規則名	開始 IP	終了 IP
ClientIPAddress		
query-editor-f7f3e0		

仮想ネットワーク
+ 既存の仮想ネットワークを追加 + 新しい仮想ネットワークの作成

規則名	仮想ネットワーク	サブネット	アドレス範囲	エンドポイントの状態
このサーバーの VNET ルールはありません。				

送信ネットワーク
完全修飾ドメイン名を指定して、リソースの特定のセットへのネットワーク アクセスを制限します。詳細

送信ネットワークの制限
制限が無効になりました
送信ネットワーク制限の構成

Azureからの接続制御として、特定の仮想ネットワークのみに接続を限定したサービスエンドポイントがあります。デフォルトの状態では仮想ネットワークから限定された接続範囲は設定されていません。ベストプラクティスとしては、仮想ネットワークからの接続範囲を狭めるサービスエンドポイントによるセキュリティ対策を行うことです。

3 アクセス管理

SQLサーバーには、ログインアカウントとユーザーアカウントの2種類のユーザーが存在しています。

▼ユーザーの種類

ユーザーの種類	説明
ログインするユーザー（ログインアカウント）	SQLサーバー（インスタンス）へログインする際に使用するユーザー
データベースを利用するユーザー（ユーザーアカウント）	データベース毎に作成するユーザー

SQLサーバーはインスタンス内に複数のデータベースを作成することができます。たとえば、データベースを新規で作成します。このデータベースを利用するユーザーはSQLサーバーへのログインも行い、データベースも利用するとします。この場合、2種類のユーザーを作成する必要があります。ベストプラクティスとしてはデータベース毎にユーザーアカウントを作成します。ユーザーアカウントを個別に作成することで他のデータベースに波及せず、侵害のリスクを軽減することができます。

SQLサーバーへの接続には、SQL Server Management Studio（SSMS）やAzure Data Studioを使用することができます。SSMSはSQLサーバーの管理インターフェースとして、SQLサーバーのインフラストラクチャ管理からSQL言語のクエリ作成やスクリプト作成まで幅広く利用できます。

（1）Azure SQLの認証

Azure SQLサーバーでは、SQL認証とAzure Active Directory認証の2つの認証方法をサポートしています。ログインアカウントおよびユーザーアカウントはこれらの認証方法を使用できます。

SQL認証は、Windowsユーザーアカウントに基づいていないSQLサーバーでログインアカウントが作成されます。SQLサーバー認証を使用して接続するユーザーは、接続するたびに資格情報を入力する必要があります。

Azure Active Directory認証は、[MFAで汎用]と[パスワード]、および[統合]があります。

▼**認証方法**

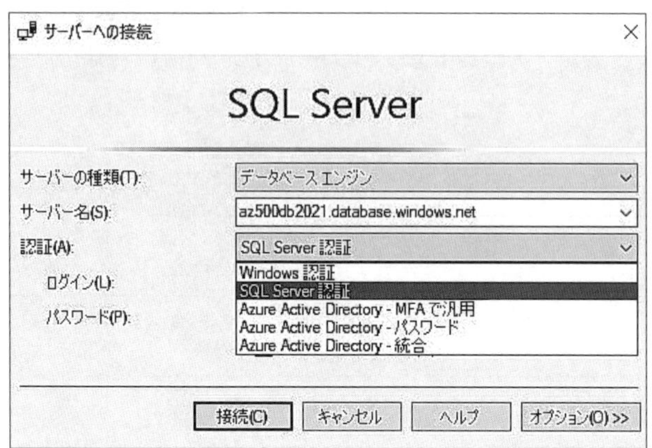

［統合］認証の場合、オンプレミス環境のActive DirectoryとAzure Active Directoryを連携したSSO（シングルサインオン）環境が必要です。この場合、接続時には既存の資格情報を使用するため、パスワードは必要なく、入力もできません。

［パスワード］認証の場合は、Azure ADクラウド専用IDユーザー、またはAzure ADハイブリッドIDを使用するユーザーを使用して、SQLデータベースに対して認証を行います。

［MFAで汎用］の場合は、多要素認証（MFA）の有無にかかわらず、パスワードが対話式に要求されている対話型認証に使用します。

(2) Azure SQLデータベース監査

データベースイベントを追跡して、Azureストレージアカウント、Log Analyticsワークスペース、またはイベントハブに監査ログを書き込みます。現状ではプレミアムストレージはサポートされていません。

▼Azure SQLデータベース監査

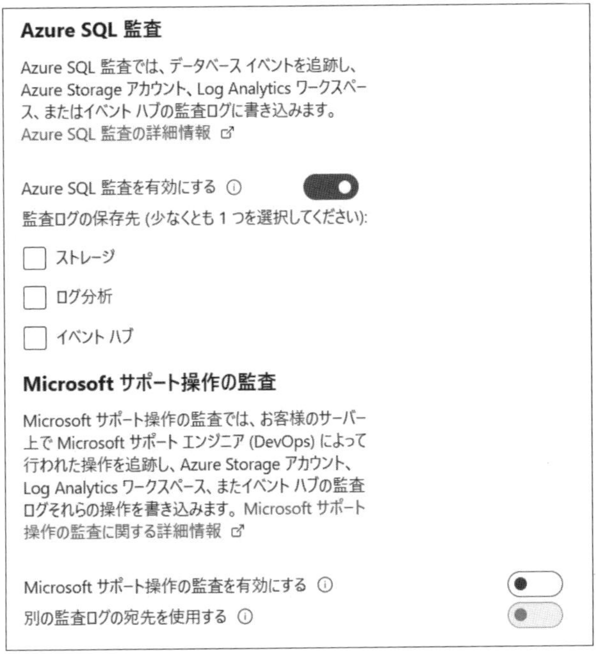

Azure SQL 監査

Azure SQL 監査では、データベース イベントを追跡し、Azure Storage アカウント、Log Analytics ワークスペース、またはイベント ハブの監査ログに書き込みます。
Azure SQL 監査の詳細情報

Azure SQL 監査を有効にする
監査ログの保存先 (少なくとも 1 つを選択してください):

ストレージ
ログ分析
イベント ハブ

Microsoft サポート操作の監査

Microsoft サポート操作の監査では、お客様のサーバー上で Microsoft サポート エンジニア (DevOps) によって行われた操作を追跡し、Azure Storage アカウント、Log Analytics ワークスペース、またイベント ハブの監査ログそれらの操作を書き込みます。Microsoft サポート操作の監査に関する詳細情報

Microsoft サポート操作の監査を有効にする
別の監査ログの宛先を使用する

この監査機能を使用すると、サーバーレベルおよびデータベースレベルのイベントのグループおよび個別のイベントを監査することができます。

サーバーレベルでは、データベースに対して実行されたすべてのクエリとストアドプロシージャに加えて、成功および失敗したログインを監査（管理の変更やログオンおよびログオフの操作などのサーバーの操作を含む）します。

データベースレベルでは、データ操作言語（DML）とデータ定義言語（DDL）の操作が含まれます。

サーバーレベルの監査設定を行うと、データベースレベルの監査設定の有無にかかわらず、データベースレベルの監査が行われます。

ベストプラクティスとしては、特別な要件がない限りサーバーレベルの監査のみを有効にし、すべてのデータベースに対してデータベースレベルの監査を無効にしたままにします。

4 脅威保護

(1) SQLサーバーの脅威検出

Microsoft Defender for Cloudでは、データベースリソースの保護を提供します。Microsoft Defender for SQLは、SQL脆弱性評価や高度な脅威保護など、高度なSQLセキュリティ機能のための統合パッケージです。

SQL脆弱性評価により、データベースの潜在的な脆弱性を検出、追跡、修復することができます。この機能を使用して積極的にセキュリティを向上することができます。この機能はセキュリティの脆弱性にフラグを付ける規則のナレッジベースを採用しています。設定ミス、過剰な権限、保護されていない機密データなど、ベストプラクティスに遵守していない点を教えてくれます。

Microsoft Defender for Cloudでは、対象となるリソースに対してセキュリティアラートを生成します。このセキュリティアラートは高度な検出によってトリガーされます。また、セキュリティインシデントは、各アラート個別の一覧ではなく、関連するアラートの集合です。

Azure SQLデータベース向けの脅威保護では、データベースへのアクセスやデータベースの悪用を試みるような、脅威となる可能性のある異常なアクティビティを検出して、アラートを通知します。

参考　**SQL Databaseのアラート**
https://docs.microsoft.com/ja-jp/azure/defender-for-cloud/alerts-reference#alerts-sql-db-and-warehouse

アラートの一例として、SQLインジェクションにつながる可能性のある脆弱性アラートがあります。これは、アプリケーションが誤ったSQLステートメントをデータベース内で生成したときにトリガーされます。

5 情報保護

(1) データ検出と分類

SQLデータベースでは、データベース内の機微なデータの検出、分類、ラベル付け、およびレポート作成のための基本的な機能を提供します。この機能によって、組織の情報保護の取り組みにおいて、以下のような重要な役割を果たすことができます。

- データのプライバシーと、規制遵守の要件を満たすのに役立つ
- 機密データへの異常なアクセスの監視、監査、警告など、さまざまなセキュリティシナリオに対応
- 機密性の高いデータを含むデータベースへのアクセス制御とセキュリティ強化

▼データの検出と分類

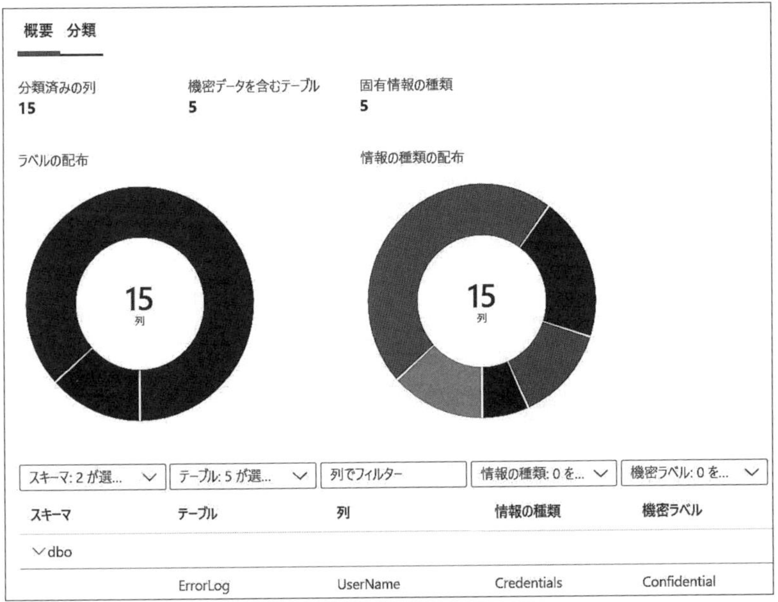

(2) DDMによるデータ公開制限

動的データマスク (DDM : Dynamic Data Masking) は、特権のないユーザーに対して機微なデータをマスクし、データの公開を制限します。データベース内のデータはそのままで、指定されたデータベースフィールドに対するクエリの結果セットで機微なデータを非表示にすることができます。

利用シナリオとしては、個人情報の漏洩対策として個人を特定せずに実務に必要な情報のみを表示させる、などがあります。

動的データマスキングからマスクの追加を行います。[マスクルールの編集]では、マスク名、マスク項目（スキーマ、テーブル、列）の選択をして、マスクフィールド形式を指定します。

▼マスクルールの編集

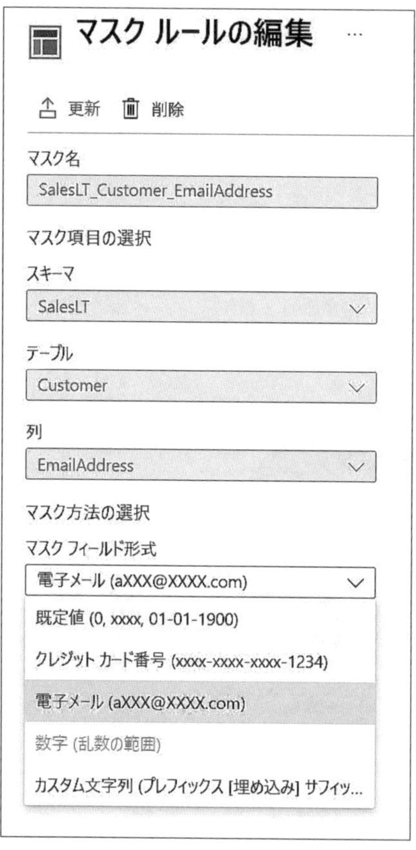

(3) TLSによる転送中の暗号化

トランスポート層セキュリティ（TLS）を使用して、転送中のデータ暗号化により顧客データを保護できます。SQLデータベースでは、すべての接続において常に暗号化（SSL/TLS）が適用されます。これにより、データベースやデータ自体の暗号化の有無にかかわらず、すべてのデータが転送中に暗号化され、保護されることになります。

ベストプラクティスとしては、アプリケーションで使用される接続文字列に、暗号化接続を指定し、サーバー証明書を信頼しないことを推奨します。これによって、アプリケーションはサーバー証明書を強制的に検証するため、アプリケーションのMan In The Middle攻撃に対する脆弱性を防ぐことができます。

(4) TDEによる保存時の暗号化

Transparent Data Encryption（TDE）とは、データベース全体を暗号化するための機能です。Azureストレージと同じく、Azure SQLデータベースではデフォルトの設定で、保存データを暗号化します。

TDEでは、ページレベルでデータのリアルタイムI/O暗号化と暗号化解除が実行されます。各ページは、メモリに読み込まれるときに暗号化解除され、ディスクに書き込まれる前に暗号化されます。

また、TDEでは、データベース暗号化キー（DEK）という対称キーを使用して、データベース全体のストレージが暗号化されます。データベースの起動時に、暗号化されたDEKは復号され、データベースの暗号化解除と再暗号化を行うために使用されます。

DEKはTDE保護機能によって保護されます。TDE保護機能は、サービスによって管理される証明書（サービスによって管理される透過的なデータ暗号化）またはAzure Key Vaultに格納される非対称キー（顧客によって管理される透過的なデータ暗号化）のどちらかになります。

5

6 顧客データ

(1) Always Encryptedによるデータの暗号化

Always Encryptedはデータ暗号化機能です。Always Encryptedを使用することで、サーバーでの保存時、クライアントとサーバー間の移動中、およびデータの使用中も機密データを保護することができます。

Always Encryptedにより、データベースシステム内で機密データがプレーンテキストとして表示されることはありません。データ暗号化の構成後に、プレーンテキストデータにアクセスできるのは、キーへのアクセス権を持つクライアントアプリケーションまたはアプリケーションサーバーだけです。

▼Always EncryptedとTransparent Data Encryption（TDE）の比較

	Always Encrypted	TDE
保管データを保護	○	○
使用中のデータを保護	○	×
SQL管理者および管理者からデータを保護	○	×
データはクライアント側で暗号化／復号	○	×
データはサーバー側で暗号化／復号	×	○
列レベルで暗号化	○	×（データベース全体を暗号化）
アプリケーションに対して透過的	△（部分的）	○
暗号化オプション	○	×
暗号化キー管理	カスタマーマネージドキー	サービスまたはカスタマーマネージドキー
使用中のキー保護	○	×
ドライバが必要	○	×

Always Encryptedを適用するには、SSMS（SQL Server Management Studio）やPowerShellなどを使用します。SSMSではウィザードに従って構成することで、データベース内の列に対して暗号化の種類を選択して、カラム暗号化キー

(CEK)とカラムマスターキー(CMK)を作成し、暗号化が行われます。

▼SSMSを使用したAlways Encryptedによる列の暗号化

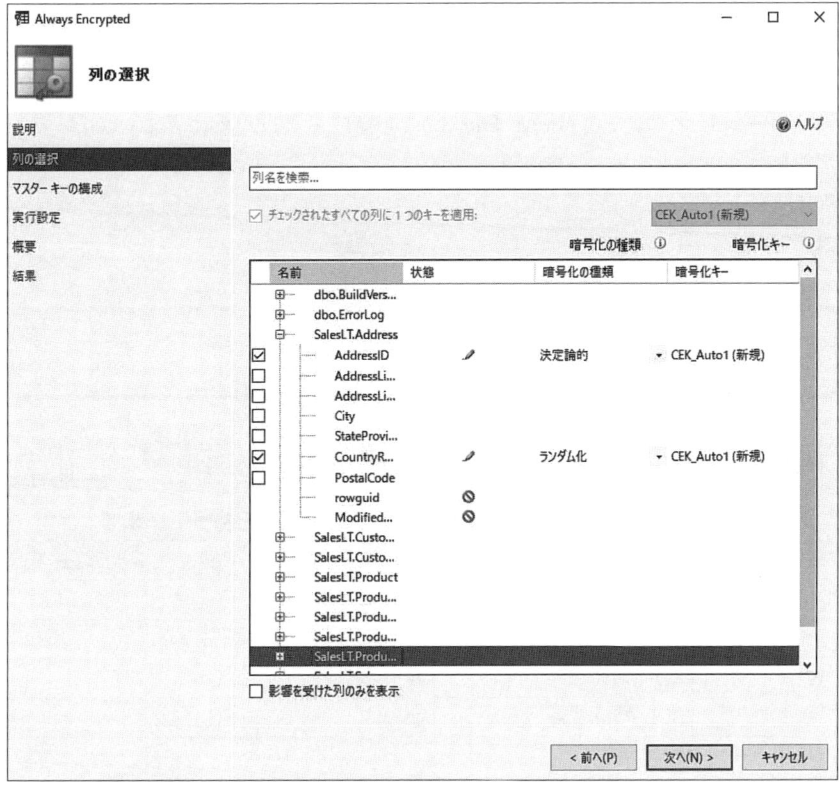

CEK(カラム暗号化キー)の種類は、決定論的(Deterministic)とランダム化(Randomized)の2種類あります。ID番号など、検索またはグループ化のパラメーターとして使用される列には、決定論的暗号化を使用します。他のレコードとグループ化されておらず、テーブルの結合に使用されていないデータには、ランダム暗号化を使用します。

CMK(カラムマスターキー)の格納は、Azure Key Vaultのキーコンテナーおよびマネージド HSMとWindows証明書ストアがサポートされています。

Azure Key Vaultの場合は、Azureロールベースのアクセス制御(RBAC)による権限が必要です。ユーザーに必要な権限を付与する最もかんたんな方法は、ユーザーを[キーコンテナー暗号化ユーザー]ロールに追加することです。アプリケーションに必要な権限を付与する最もかんたんな方法は、そのIDを[キーコンテナー暗号化ユーザー]ロールに追加することです。

Windows証明書ストアの場合は、秘密キーを使用して証明書をエクスポートしてから、暗号化された列に格納されたデータの暗号化または暗号化解除を行うアプリケーション、またはAlways Encryptedの構成およびAlways Encryptedキーの管理を行うツールをホストするすべてのコンピューターに証明書をインポートする必要があります。

演習問題5-4

問題1.

➡解答　p.291

あなたは、以下のリソースを含むサブスクリプションを持っています。

名前	タイプ	リージョン	リソースグループ
SA1	ストレージアカウント	東日本	RG1
VM1	仮想マシン	東日本	RG2
KV1	Key Vault	西日本	RG1
SQL1	SQL database	西日本	RG2

あなたは、VM1にSQL1のデータベースに含まれるデータベースユーザーを使用したデータベースへの安全なアクセスを提供できることを確認する必要があります。

あなたは、何をしますか？

A. VM1でマネージドIDを許可する
B. KV1でシークレットを作成する
C. SQL1でサービスエンドポイントを構成する
D. KV1でキーを作成する

問題2.

➡解答 p.291 

あなたの会社には、Azure Key VaultとDatabase1という名前のAzure SQLデータベースがあります。

AppSrv1とAppSrv2という名前の2つのApp Serviceで展開されたWebアプリがあり、システムマネージドIDを使用して、Database1にアクセスできるように構成されています。

Database1に対して、以下の要件を満たす暗号化ソリューションを実装する必要があります。

・Database1のDiscountというカラムのデータは、AppSrv1だけがデータを復号できるように暗号化されていなければならない。

Database1の暗号化設定はどのように行うべきですか？

A. Azure Key Vault を使用したAlways Encrypted
B. Windows証明書ストアを使用したAlways Encrypted
C. サービスによって管理されたTransparent Data Encryption
D. ユーザーが管理するTransparent Data Encryption

問題3.

➡解答　p.292

　あなたの会社には、Database1とDatabase2という名前のAzure SQLデータベースがあります。

　サーバーレベルのファイアウォール規則には、本社のグローバルIPを設定しました。Database2にはデータベースレベルのファイアウォール規則として支社のグローバルIPを設定しました。それぞれのデータベースにアクセス可能な組み合わせを答えてください。

	データベース	本社	支社
A	Database1	○	○
B	Database1	○	×
C	Database1	×	○
D	Database1	×	×
E	Database2	○	○
F	Database2	○	×
G	Database2	×	○
H	Database2	×	×

問題4.

➡解答　p.292

　次のシナリオでAzure SQLデータベースのセキュリティ対策として使用するテクノロジーはどれですか？

　データベースに保管されるデータの暗号化を行いますが、メモリに読み込まれるデータに関しては対象外とします。

A. Always Encrypted
B. Transparent Data Encryption (TDE)
C. 動的データ マスク
D. トランスポート層セキュリティ (TLS)

問題5.

➡解答　p.292 

あなたはSQL1という名前のAzure SQL データベースを持っています。SQL1はサーバーレベルの監査設定を行います。監査ログの保存先として選択可能なものはどれですか？

A. ストレージ
B. Log Analytics ワークスペース
C. ファイル共有
D. イベントハブ

解答・解説

問題1.

➡問題　p.288

解答　B

Azure Key Vaultを使用すると、ユーザーはサービスやアプリケーションのパスワードやアクセスキーなどの資格情報をシークレットとして安全に保存できます。シークレット値で、データベースまたはサービスにアクセスするために必要な資格情報を保存します。ユーザー名／パスワードなどの複合資格情報の場合は、接続文字列またはJSONオブジェクトとして保存できます。

問題2.

➡問題　p.289

解答　A

Database1のDiscountというカラムのデータは、AppSrv1だけがデータを復号できる必要があるので、Always Encryptedによる暗号化を実装する必要があります。また、アプリケーションはAzure ADを使用するので、キーストアプロバイダーとしてAzure Key Vaultを使用します。

問題3. ➡問題　p.290

解答　B、E

サーバーレベルのファイアウォールとして本社のグローバルIPを設定したので、本社からすべてのデータベースにアクセス可能です。Database2にはデータベースレベルのファイアウォールとして支社のグローバルIPを設定したので、支社からアクセス可能なデータベースはDatabase2だけとなります。

問題4. ➡問題　p.290

解答　B

Transparent Data Encryption (TDE) は、データベース全体を暗号化するための機能です。TDEでは、ページレベルでデータのリアルタイムI/O暗号化と暗号化解除が実行されます。各ページは、メモリに読み込まれるときに暗号化解除され、ディスクに書き込まれる前に暗号化されます。

問題5. ➡問題　p.291

解答　A、B、D

監査ログの保存先として、Azureストレージアカウント、Log Analyticsワークスペース、またはイベントハブを選択できます。

模擬問題

最後に模擬問題を掲載します。いままで学んだ「総まとめ」として解いてみましょう。
模擬問題は第2章から第5章に関する問題をランダムに並べてあり、試験に近い形になっています。
解説には、参照する節を記してありますので、わからない場合や、あやふやな場合は、テキストの該当する節に戻って復習をしましょう。
また、模擬問題には、テキストでは触れていない問題も入っています。この場合は、参照する節の関連事項として問題を解いて覚え、知識を補完し、理解を深めてください。

問題

問題 1.

➡解答 p.328 

あなたの会社では、Microsoft AzureにAzure Active Directoryドメインサービス（Azure AD DS）を実装し、Azure仮想マシンをAzure AD DSドメインに参加させて、仮想マシンへの接続にドメインのユーザー名とパスワードを利用できるようにしようと考えています。このとき、ドメインのユーザー名に既存のオンプレミスのActive Directoryドメインのユーザー名とパスワードを利用できるようにする場合、実装ステップとして最初に行うべき作業はどれでしょうか？

A. 仮想マシンでAzure AD DSドメインを利用するように構成する
B. Azure AD Connectをインストールする
C. Azure Key VaultにAzure AD DSドメインの管理者パスワードを保存する
D. Azure VPNを利用してオンプレミスのネットワークとAzure仮想ネットワーク間を相互接続できるようにする

問題 2.

➡解答 p.328 

Microsoft Graphを利用して、Azure ADのサインインログを取得するようなPowerShellスクリプトを作成しました。このスクリプトから正しくAPIアクセスが実現できるようにするために、Azure AD管理センターでどのような設定を行う必要があるでしょうか？ 必要な作業を選択し、操作手順に沿って並べてください。

A. 委任されたアクセス許可を割り当てる
B. アプリケーションの許可を割り当てる
C. アプリの登録を作成する
D. 管理者の同意を行う
E. スクリプトを実行し、サインインを行った上で同意を行う

問題3.

➡解答 p.328 

Azure Container Registryを利用して、アプリケーションを展開予定です。安全に利用するために、セキュリティの強化を考えています。Azure Container RegistryへのアクセスをRBACで保護する予定です。社内のユーザーがそれぞれ以下のようなロールを保有するとき、イメージをダウンロードすることができるユーザーはどれですか？ 当てはまるもの、すべて選択してください。

ユーザー名	割り当てられたロール
user1	AcrPush
user2	AcrPull
user3	AcrImageSigner
user4	Contributor

A. user1
B. user2
C. user3
D. user4

問題4.

➡解答 p.328  

Azure Monitorを使用してログを収集し、分析といくつかのセキュリティアラートを作成する予定です。最初に何を作成する必要がありますか？

A. ストレージアカウント
B. Log Analyticsワークスペース
C. イベントハブ
D. Automationアカウント

問題5.

➡解答　p.329

Azureサブスクリプション内に、次のような仮想ネットワーク(VNET)とサブネットを作成し、それぞれのサブネットにWindows Server 2019仮想マシンを作成しました。

VNET	サブネット
VNET1	Subnet1-1
	Subnet1-2
VNET2	Subnet2-1
VNET3	Subnet3-1

この状態でストレージアカウントを作成したとき、Subnet1-2サブネットの仮想マシンだけがストレージアカウントに接続できるように限定したいと考えています。このような接続方法を実現するために、どのようなAzureリソースの設定を利用すればよいでしょうか?

A. ストレージアカウントの設定でプライベートエンドポイントを作成する
B. ストレージアカウントで暗号化設定を行い、暗号化スコープとしてSubnet1-2サブネットを指定する
C. サブネットの設定でサービスエンドポイントを定義する
D. 仮想ネットワークの設定でBastionを有効にする

問題6.

➡解答　p.329

あなたの会社では、Azure ADユーザーとして以下のユーザーを作成しました。

ユーザー名	state属性の値
user1	Saitama
user2	aichi
user3	Aichi
user4	Hokkaido

動的ユーザーグループを作成し、State match ^ai* というクエリを作成した場合、グループのメンバーとなるユーザーはどれでしょうか？

A. user1
B. user2
C. user3
D. user4

問題7.

➡解答　p.329  

ストレージアカウントには以下のタイプが構成されています。

名前	タイプ
storage1	Blobストレージ
storage2	ファイル共有
storage3	テーブルストレージ

それぞれのストレージに認証アクセスを設定する必要があります。各ストレージアカウントに使用できる認証の種類は何ですか？

(1) storage1

A. アクセスキー(共有キー)
B. Shared Access Signature(SAS)
C. Azure Active Directory(Azure AD)
D. アクセスキー(共有キー)とShared Access Signature(SAS)
E. アクセスキー(共有キー)とShared Access Signature(SAS)とAzure Active Directory(Azure AD)

(2) storage2

A. アクセスキー(共有キー)
B. Shared Access Signature(SAS)
C. アクセスキー(共有キー)とShared Access Signature(SAS)

(3) storage3

A. アクセスキー(共有キー)

B. Shared Access Signature (SAS)

C. Azure Active Directory (AzureAD)

D. アクセスキー(共有キー)とShared Access Signature (SAS)

E. アクセスキー(共有キー)とShared Access Signature (SAS)とAzure Active Directory (Azure AD)

問題8.

➡解答 p.330 

あなたはSQL1という名前のAzure SQLデータベース(インスタンス)と3つのデータベース、3つのストレージアカウントを持っています。

ストレージ名	ストレージタイプ	パフォーマンス
Storage1	汎用v2	Standard
Storage2	Blobストレージ	Standard
Storage3	汎用v2	Premium

SQL1の構成は、以下の通りです。

監査:オン

監査ログの宛先:Storage1

各データベースの構成は、以下の通りです。

データベース名	監査	監査ログの宛先
DB1	オフ	なし
DB2	オン	Storage2
DB3	オフ	なし

以下のそれぞれの質問について答えてください。

(1) DB1の監査イベントはStorage1に書き込まれる。

A. はい

B. いいえ

(2) DB2の監査イベントはStorage1とStorage2に書き込まれる。

A. はい

B. いいえ

(3) Storage3はDB3の監査ログの宛先に使用できる。

A. はい

B. いいえ

問題9.

➡解答　p.330  

あなたの会社では、Azureサブスクリプションを利用して Windows Server2008 R2仮想マシンを移行しました。この仮想マシンに対するセキュリティ対策の一環として、マルウェア対策機能を追加で実装したいと考えています。これを実現するために、どのように実装すればよいでしょうか？

A. アプリケーションセキュリティグループからエンドポイント保護を追加する

B. マルウェア対策拡張機能を仮想マシンに追加する

C. Azure Network Watcherを追加し、エンドポイントを監視する

D. Microsoft Defender for Cloudの有償版にアップグレードし、Microsoft Defender for Endpointにオンボーディングする

問題10.

➡解答　p.330  

あなたの会社では、Azure AD Privileged Identity Management (PIM) を利用して、限定的なロール割り当てを行おうとしています。ユーザーへのロール割り当てに先立ち、アプリケーション開発者のAzure ADロールに対して、次のようなロールの設定を行おうとしています。

アクティブ化	
設定	状態
アクティブ化の最大期間 (時間)	8 時間
アクティブ化に理由が必要	はい
アクティブ化の時にチケット情報を要求します	いいえ
アクティブにするには承認が必要です	いいえ
承認者	なし
割り当て	
設定	状態
永続的に資格のある割り当てを許可する	いいえ
次の後に、資格のある割り当ての有効期限が切れる:	1 月
永続するアクティブな割り当てを許可する	いいえ
次の後に、アクティブな割り当ての有効期限が切れる:	15 日
アクティブな割り当てに Azure Multi-Factor Authentication を必要とする	いいえ
アクティブな割り当てに理由が必要	はい

この設定を行うことができるAzure ADのロールはどれでしょうか？ 設定可能な必要最小限のロールを選択してください。

A. グローバル管理者
B. セキュリティ管理者
C. パスワード管理者
D. ロール割り当て管理者

問題11.

➡解答 p.331

Microsoft Defender for Cloudを使用して、オペレーティングシステムのセキュリティ構成を変更できることを確認します。この目標を達成するには、適切な価格レベルを設定する必要があります。次のうち、必要な価格設定はどれですか？

A. Advanced
B. Premium
C. Standard
D. Free

問題12.

➡解答 p.331  

Microsoft Sentinelで疑わしい脅威を検出して、応答を自動化する分析ルールを作成することを計画しています。

このルールにはどのコンポーネントが必要ですか？

(1) 疑わしい脅威を検出する

A. KQLクエリ

B. Transact-SQLクエリ

C. Azure PowerShellスクリプト

D. Microsoft Sentinelプレイブック

(2) 応答の自動化

A. Azure Functionアプリ

B. Azure PowerShellスクリプト

C. Microsoft Sentinelプレイブック

D. Microsoft Sentinelワークブック

問題13.

➡解答 p.332  

あなたは、会社のAzure Key Vaultの管理者です。キーコンテナーの配置とサブスクリプションは下記のようになっています。

名前	リージョン	サブスクリプション名
KV1	西日本	Sub1
KV2	西日本	Sub1
KV3	東日本	Sub1
KV4	西日本	Sub2
KV5	東日本	Sub2

Sub1のサブスクリプションと西日本のリージョンを使用してUbuntu 20.04-LTSのVM1をデプロイします。VM1には、カスタマーマネージドキーを使用したAzure Disk Encryptionを実装予定です。

模擬問題

利用可能なKey Vaultはどれですか？

A. KV1
B. KV1、KV2
C. KV1、KV2、KV3
D. KV1、KV2、KV4
E. KV1、KV2、KV3、KV4、KV5

問題14.

➡解答　p.332

あなたの会社では、無料試用版のMicrosoft Azureを利用して仮想マシンを作成し、実行しています。Microsoft Azure Portalへの接続をセキュアなものにするために、Azure AD Identity Protectionユーザーリスクポリシーと条件付きアクセスを利用して、接続の制限を行おうとしています。そこで、あなたは以下のようなポリシーを作成しました。

・ユーザーリスクポリシー

条件付きアクセスの項目	値
ユーザー	Group1、Group2
条件	ユーザーリスクポリシー：高・中
制御	パスワードの変更が必要

・条件付きアクセスポリシー

条件付きアクセスの項目	値
ユーザー	対象：Group1 対象外：Group2
アプリ	Microsoft Azure Management
条件	ユーザーリスクポリシー：高
制御	ブロック

・ユーザーの所属グループ

ユーザー	所属グループ
user1	Group1
user2	Group1
user3	Group2
user4	Group1、Group2

・ユーザーに割り当てられたライセンス

ユーザー	ライセンス
user1	Office 365 E5、Azure AD Premium P2
user2	Office 365 E5、Azure AD Premium P2
user3	Office 365 E3、Azure AD Premium P2
user4	Office 365 E1、Azure AD Premium P2

user1、user2、user3、user4の各ユーザーが普段とは異なる場所からMicrosoft Azureに登録したアプリケーションにアクセスした場合、パスワードの変更を求められるユーザーを（当てはまるものすべて）選択してください。

A. user1
B. user2
C. user3
D. user4

問題15.

➡解答 p.332 ☑ ☑ ☑

あなたの会社では、Azure AD Privileged Identity Management（PIM）を利用して、限定的なロール割り当てを行おうとしています。ユーザーへのロール割り当てに先立ち、アプリケーション開発者のAzure ADロールに対して、次のようなロールの設定を行いました。

アクティブ化

設定	状態
アクティブ化の最大期間 (時間)	8 時間
アクティブ化に理由が必要	はい
アクティブ化の時にチケット情報を要求します	いいえ
アクティブにするには承認が必要です	いいえ
承認者	なし

割り当て

設定	状態
永続的に資格のある割り当てを許可する	いいえ
次の後に、資格のある割り当ての有効期限が切れる:	1 月
永続するアクティブな割り当てを許可する	いいえ
次の後に、アクティブな割り当ての有効期限が切れる:	15 日
アクティブな割り当てに Azure Multi-Factor Authentication を必要とする	いいえ
アクティブな割り当てに理由が必要	はい

Azure AD PIMを利用してアプリケーション開発者ロールの資格のある割り当てを2022年10月1日に行った後、ロールが割り当てられたユーザーが2022年10月3日午前9:00に、今からロールを利用開始できるようにアクティブ化を行いました。アクティブ化を行うことによって連続してロールが利用できる最大の日時はどれでしょうか？

A. 2022年10月3日午後5:00
B. 2022年10月18日午前9:00
C. 2022年10月18日午後5:00
D. 2022年11月1日午前0:00

問題16.

➜解答 p.332 

あなたの組織には、Windows Server 2019が稼働するオンプレミスサーバーが10台あります。これらのサーバーに対してMicrosoft Defender for Cloudの脆弱性スキャンを実装する予定です。

あなたは、これらのサーバーに対して最初に何をインストールする必要がありますか？

A. Azure Arc対応サーバーのAzure Connected Machineエージェント
B. Microsoft Defender for Endpointエージェント

C. Microsoft SentinelのSecurity Eventsデータコネクタ
D. Microsoft Endpoint Configuration Managerクライアント

問題17.

➡解答 p.333  

あなたは、storage1という名前のストレージアカウントにdataという名前のコンテナーを持っています。dataコンテナー内にBlobデータを保管しますが、そのBlobデータは変更されないようにする必要があります。

あなたは、何をする必要がありますか？ 最も適切なものを選択してください。

A. dataコンテナーで、アクセスレベルを変更する
B. dataコンテナーで、アクセスポリシーを追加する
C. dataコンテナーで、アクセス制御（IAM）を変更する
D. storage1のストレージアカウントで、Blobのソフトデリートを有効にする

問題18.

➡解答 p.333  

あなたの会社のAzureサブスクリプションでは、vnet仮想ネットワークを作成し、その仮想ネットワーク内にWorkloadサブネットとJumpサブネットをそれぞれ作成しました。WorkloadサブネットにはVM1という名前のWindows Server 2019仮想マシン、JumpサブネットにはVM2という名前のWindows 11仮想マシンをそれぞれ作成しました。このとき、それぞれの仮想マシンへの安全なアクセスを実現するためにAzure Firewallを実装する必要があります。Azure Firewallを実装するにあたり、最初に行う必要のある操作はどれでしょうか？

A. VM1とVM2のネットワークセキュリティグループにAzure Firewall用のルールを追加する
B. 既存のネットワークセキュリティグループを削除する
C. Azure DDoS Protectionを実装する
D. 新しいサブネットを追加する

問題19.

➡解答　p.333

あなたは、Microsoft Defender for Cloudを運用しています。Azure SQL DatabaseサーバーのMicrosoft Defender for SQLを有効にする必要があります。

アプリケーションによってデータベースに誤ったSQL文が生成された場合、次のどのアラートが起こりますか？

A. SQLインジェクションの可能性
B. SQLインジェクションにつながる可能性のある脆弱性
C. 潜在的に有害なアプリケーションによりログオンが試行された
D. ブルートフォース攻撃の可能性

問題20.

➡解答　p.334

Microsoft Azureに関連付けられた仮想マシンのうち、ストレージアカウントに保存された.vhdファイルを利用して、稼働させている仮想マシンを探し出したいと考えています。この検索にふさわしいサービスは次のうち、どれでしょうか？

A. Microsoft Defender for Cloud
B. Azure Policy
C. Azure ブループリント
D. Azure AD PIM

問題21.

➡解答　p.334

あなたは、Microsoft Sentinelを導入しました。Microsoft以外のファイアウォール（NVA）をデプロイし、仮想マシンからのすべてのインターネット接続をルーティングします。

前提要件：

・NVAのファイアウォールルールを管理するスクリプトが含まれるAzure Function

・すべての仮想マシンに対してMicrosoft Defender for Cloudの有効化
・Microsoft Sentinelのワークスペース作成を済み
・仮想マシンは30台

Microsoft Defender for Cloudで重要度が高のアラートが生成されると、Microsoft Sentinelでインシデントが作成され、NVAのファイアウォールルールを構成するためのスクリプトが開始されるようにする必要があります。

要件を満たすために、Microsoft Sentinelをどのように構成する必要がありますか？ 要件ごとに解答してください。各コンポーネントは1回だけ使用することも、2回以上使用することも、まったく使用しないこともできます。

要件：
(1) Microsoft Defender for Cloudからのアラート通知を有効にする
(2) インシデントの作成
(3) ファイアウォールルールを構成するためのスクリプト実行

コンポーネント：
A. Microsoft Defender for Cloudのデータコネクタ
B. ファイアウォールのデータコネクタ
C. プレイブック
D. 分析ルール
E. セキュリティイベントコネクタ
F. ワークブック

問題22.

➡解答 p.335 ☑ ☑ ☑

Active Directoryドメインに作成されたユーザーとグループを、Azure ADにおける認証・認可で流用したいと考えています。将来的にオンプレミスにあるサーバーをすべて廃止し、クラウドサービスへ移行することを計画しているため、今からサーバーを増やしたくありません。このとき、どのような方法でActive DirectoryのユーザーとグループをAzure ADで利用できるように構成することが最も適切な方法でしょうか？

A. Active Directory Federation Services (AD FS) サーバー
B. Azure AD Connect パススルー認証
C. Azure AD Connect パスワードハッシュ同期

問題23.

➡解答 p.335 ☑ ☑ ☑

あなたは、会社のAzure Key Vaultの管理者です。KeyVault1というキーコンテナーは下記のようになっています。

名前	タイプ
Item1	キー
Item2	シークレット
Policy1	コンテナーのアクセスポリシー

KeyVault1で次の操作を行いました。
・Item1の削除
・Item2の削除
・Policy1の削除

次のそれぞれの問いに答えなさい。
(1) Policy1を回復できる。
A. はい
B. いいえ

(2) Item1という同じ名前の新しいキーを作成できる。
A. はい
B. いいえ

(3) Item2を回復できる。
A. はい
B. いいえ

問題24.

➡解答 p.336

あなたは以下のテーブルを含むAzureサブスクリプションを持っています。

名前	タイプ	関連付け	NSG
NSG1	NSG	VM5	―
NSG2	NSG	Subnet1	―
Subnet1	サブネット	―	―
VM5	仮想マシン	Subnet1	NSG1

VM5には10.1.0.4のIPアドレスが付与されています。VM5にはパブリックIPアドレスは付与されていません。VM5には以下のJust-In-Time VMアクセスの設定がされています。

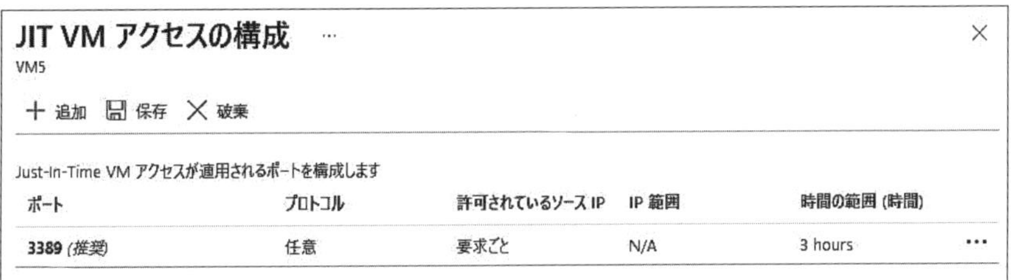
JIT VM アクセスの構成
VM5
＋ 追加　保存　✕ 破棄

Just-In-Time VM アクセスが適用されるポートを構成します

ポート	プロトコル	許可されているソース IP	IP 範囲	時間の範囲 (時間)
3389 (推奨)	任意	要求ごと	N/A	3 hours

あなたはVM5のJust-In-Time VMアクセスを要求しました。

NSG1の受信セキュリティ規則は以下の通りです。

優先度	名前	ポート	プロトコル	ソース	宛先	アクション
100	SecurityCenter-JITRule-…	3389	任意	0.0.0.0/32	10.1.0.4	Allow
1000	⚠ SecurityCenter-JITR…	3389	任意	任意	10.1.0.4	Deny
1001	⚠ RDP	3389	TCP	任意	任意	Allow
65000	AllowVnetInBound	任意	任意	VirtualNetwork	VirtualNetwork	Allow
65001	AllowAzureLoadBalanc…	任意	任意	AzureLoadBalancer	任意	Allow
65500	DenyAllInBound	任意	任意	任意	任意	Deny

以下の説明文に対して、はい・いいえで答えてください。

(1) 優先度100のセキュリティルールを削除すると、承認されたJITアクセス要求が無効になる。

A. はい

B. いいえ

(2) VM5へのインターネット経由のリモートデスクトップはブロックされる。

A. はい
B. いいえ

(3) Azure Bastionホストを使用したインターネット経由のVM5へのリモートデスクトップ接続は可能。

A. はい
B. いいえ

問題25.

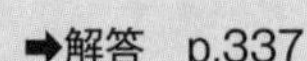
➡解答 p.337

Azure Monitorを使用してWindows Server 2016コンピューターからログを収集することを検討しています。そのためにAzureリソーステンプレートを構成してMicrosoft Monitoring Agent (MMA) をすべてのサーバーに展開します。テンプレートに含める必要があるのは次のうちどれでしょうか？ 該当するものをすべて選択してください。

A. ワークスペースID
B. アプリケーションID
C. ワークスペースキー
D. ストレージアカウントキー

問題26.

➡解答 p.337

Azure ADで条件付きアクセスを利用する場合、必要となるAzure ADのライセンスはどれですか？ 当てはまるものすべて選択してください。

A. Azure AD Free
B. Office 365から提供されるAzure AD
C. Azure AD Premium P1
D. Azure AD Premium P2

問題27.

➡解答　p.337  

あなたはMicrosoft AzureにWebアプリケーションが実装された仮想マシンを作成しました。このWebアプリケーションはAzure ADで認証させた上でMicrosoft Graphを利用してユーザーの苗字/名前を収集し、Webページに表示させる必要があります。

これらのWebアプリケーションの動作を効率よく実行させるためには、Azure AD管理センターのどのメニューから設定を行う必要があるでしょうか？ それぞれの設定を行うために利用すべきメニューを選択してください。

(1) Webアプリケーションから Azure ADで認証を行うための設定

A. アプリの登録

B. エンタープライズアプリケーション

(2) Microsoft Graphを利用して、名字、名前を収集するための設定

A. アプリの登録

B. エンタープライズアプリケーション

問題28.

➡解答　p.338  

あなたはAzure仮想マシン上にWebアプリを作成しました。インターネット経由でのアクセスを許可するにあたり、不正アクセスを防ぐ目的でWebアプリケーションファイアウォール(WAF)を実装したいと考えています。このとき、追加で実装する必要のあるAzureリソースはどれでしょうか？

A. アプリケーションゲートウェイを作成する

B. 仮想マシンの拡張機能としてWAFを追加する

C. 仮想ネットワークにサブネットを追加する

D. Azure Firewallを追加する

問題29.

➡解答 p.338 ☑ ☑ ☑

あなたの会社では、Microsoft Azure Portalへの接続をセキュアなものにするために、Azure AD Identity Protectionユーザーリスクポリシーと条件付きアクセスを利用して、接続の制限を行おうとしています。そこで、あなたは以下のようなポリシーを作成することを計画しています。

・ユーザーリスクポリシー

条件付きアクセスの項目	値
ユーザー	Group1、Group2
条件	ユーザーリスクポリシー：高・中
制御	パスワードの変更が必要

・条件付きアクセスポリシー

条件付きアクセスの項目	値
ユーザー	対象：Group1 対象外：Group2
アプリ	Microsoft Azure Management
条件	ユーザーリスクポリシー：高
制御	ブロック

・ユーザーの所属グループ

ユーザー	所属グループ
user1	Group1
user2	Group1
user3	Group2
user4	Group1、Group2

・ユーザーに割り当てられたライセンス

ユーザー	ライセンス
user1	Office 365 E5、Azure AD Premium P1
user2	Office 365 E5、Azure AD Premium P1
user3	Office 365 E3、Azure AD Premium P1
user4	Office 365 E1、Azure AD Premium P1

以上の設定を行うために最初に行うべき作業を選択してください。

A. Azure AD管理センターで条件付きアクセスポリシーを作成する
B. Azure AD管理センターでユーザーリスクポリシーを作成する
C. user3ユーザーに追加でライセンスを割り当てる
D. すべてのユーザーに追加でライセンスを割り当てる

問題30.

➡解答　p.338 

現在使用しているサブスクリプションでは、Azure Monitorで監視している100台の仮想マシンがあります。それぞれの仮想マシンはセキュリティに関するパフォーマンスカウンターを収集するように設定されています。仮想マシンのパフォーマンス異常の兆候が見られる場合は、アラートを発生させる必要があります。また、アラートルールの作成時間は最小限に抑える必要があります。アラートルールの作成には、何を確認しますか？

A. アプリケーションログ
B. メトリック
C. アクティビティログ
D. 監査ログ

問題31.

➡解答　p.339

あなたは、Sub1というサブスクリプションを持っています。RG1というリソースグループにsa1というストレージアカウントを作成しました。

ユーザーとアプリケーションは、いくつかのShared Access Signature (SAS)と[保存されているアクセスポリシー]を使用して、sa1のBlobサービスとファイルサービスにアクセスします。

承認されていないユーザーがBlobサービスとファイルサービスの両方にアクセスしていることが報告されました。sa1へのすべてのアクセスを取り消す必要があります。

次のそれぞれの解決策は目標を達成していますか？

(1) 解決策：新しい[保存されているアクセスポリシー]を作成する。

A. はい

B. いいえ

(2) 解決策：sa1にロックを作成する。

A. はい

B. いいえ

(3) 解決策：共有アクセスキー（アクセスキー）を変更する。

A. はい

B. いいえ

問題32.

➡解答　p.339 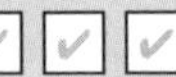

あなたは、会社のAzure Key Vaultへの管理アクセス権限を委任する必要があります。特定のユーザーが管理プレーンにアクセスできるようにKey Vaultのアクセスポリシーの設定を確認する必要があります。また、最小特権の原則に従ってアクセス権が割り当てられることを確認する必要があります。

目標を達成するために、次のどのアクションを使用する必要がありますか？

A. Azure Information Protection
B. RBAC
C. Azure AD Privileged Identity Management (PIM)
D. Azure DevOps

問題33.

➡解答 p.339 

あなたの会社では、Azureサブスクリプションを利用して仮想ネットワークとsn1サブネットをそれぞれ作成し、sn1サブネットにWindows Server 2019仮想マシンを作成しました。また、ネットワークセキュリティグループはsn1サブネットに作成してあります。このとき、作成した仮想マシンの通信ログを取得する場合、どのサービスを有効化する必要があるでしょうか？

A. サブスクリプションのアクティビティログを参照する
B. NSGフローログを有効にする
C. Azure AD の監査ログを参照する
D. Azure Network Watcherを有効にする

問題34.

➡解答 p.340  

あなたは、RG1というリソースグループとServerAdminsというセキュリティグループを含むサブスクリプションを持っています。

RG1には10台の仮想マシンとVNET1という仮想ネットワーク、NSG1というネットワークセキュリティグループが含まれます。

ServerAdminsのメンバーは、RDPを使用して仮想マシンにアクセスできます。あなたは、ServerAdminsのメンバーがアクセスを要求したときに、最大60分間、NSG1に関連付けされた仮想マシンへのRDP接続のみを許可することを確認する必要があります。

あなたは何をする必要がありますか？

A. RG1に割り当てられたAzureポリシーの設定
B. Microsoft Defender for CloudのJust-In-Time VMの使用
C. Azure Active Directory (Azure AD) Privileged Identity Management (PIM) の役割の割り当て
D. VNET1 上のAzure Bastionホストの使用

問題35.

➡解答 p.340  

Azure ADでoutlook.comドメインのユーザーをゲストユーザーとして登録できないようにしたいと考えています。このとき、どのような設定を行えばよいでしょうか？

A. Azure AD管理センターの[External Identities]メニューを利用する
B. Azure AD管理センターの[ユーザー]メニューを利用する
C. Azure AD管理センターで事前に同じ名前のユーザーを作成しておく
D. ユーザー管理者のロールが割り当てられたユーザーが、PowerShellコマンドレットでゲストユーザー作成を禁止する

問題36.

➡解答 p.340  

あなたの会社では、Azure Container Registryを利用してアプリケーションの展開を行っています。またセキュリティ対策の一環としてMicrosoft Defender for Cloudを利用してコンテナーイメージの脆弱性評価を行っています。評価の結果、脆弱性が発見された場合、その内容を管理者はいち早く確認したいと考えています。この場合、どのように確認すればよいでしょうか？

A. Azureサブスクリプションメニューのイベント画面から確認する
B. Microsoft Defender for Cloudのダッシュボード画面から確認する
C. 既定のAzureプライベートダッシュボード画面から確認する
D. 脆弱性は自動的に修復されるため、ユーザーインターフェースで確認する必要はない

問題37.

➡解答　p.341  

あなたの会社はAzure Active Directoryとオンプレミス環境のAD DSをAzure AD Connectを使用して連携しています。オンプレミス環境ではWindows10を使用しています。

あなたは、Azure AD認証が可能なAzure SQLデータベースを管理しています。データベース管理者が、Microsoft SQL Server Management Studio (SSMS) を使用してAzure SQLデータベースに接続できることを確認する必要があります。また、開発者は、オンプレミス環境のAD DSアカウントを使用できることを確認する必要があります。あなたは、認証プロンプトを最小限に抑えることができるようにする必要があります。

開発者が使用すべき認証方法は、次のうちどれですか？

A. SQL Server認証
B. Azure Active Directory–MFAで汎用
C. Azure Active Directory–統合
D. Azure Active Directory–パスワード

問題38.

➡解答　p.341  

あなたの会社のMicrosoft Teamsには、社内プロジェクトで使用するチームがあります。このチームにアクセス許可が割り当てられているユーザーのうち、プロジェクトから離脱したユーザーに対するアクセス許可を削除する必要があります。この操作を行うために、アクセスレビューで以下のような設定を行いました。

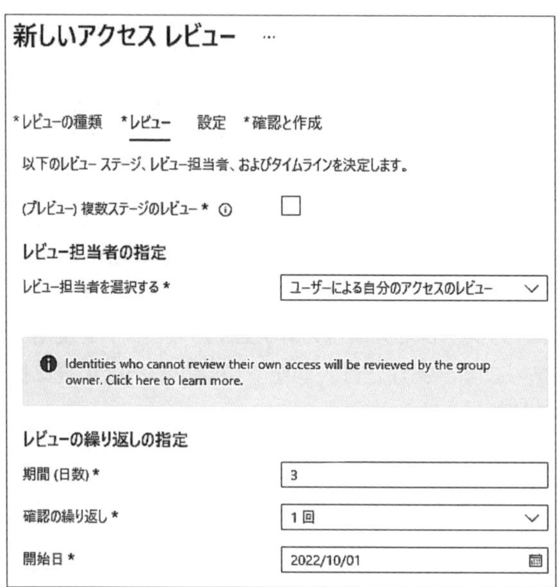

この設定においてuser1ユーザーに割り当てられたレビューを行うことができるユーザーは誰でしょうか？

A. user1
B. グローバル管理者
C. 所有者
D. Teams 管理者

問題39.

➡解答　p.341

あなたの会社のAzureサブスクリプションでは、4台のVMを作成し、VM1、VM2で共通のネットワークセキュリティグループとVM3専用のネットワークセキュリティグループ、そしてVM4専用のネットワークセキュリティグループをそれぞれ作成しました。

VM1とVM2はWebサーバーとしてインターネットからのアクセスを、VM3とVM4はパブリックIPを経由して互いに通信できるように許可する必要があります。このとき、ネットワークセキュリティグループに最低限作成する必要のあるセキュリティ規則はいくつですか？

A. 1
B. 2
C. 3
D. 4

問題40.

➡解答　p.342 

あなたの会社では、自社で利用するAzureリソースに関わる管理作業の一部をAzure ADユーザーに割り当てようと考えています。権限の割り当てを行うために利用可能な操作方法として適切なものはどれでしょうか？

A. Azure AD管理センターで管理単位を設定し、管理単位内でロールを割り当てる
B. Azure AD管理センターの［ロールと管理者］メニューからMicrosoft Azureのロールを割り当てる
C. Microsoft Azure管理ポータルの［サブスクリプション］メニューから［共同管理者の追加］を選択してロールを割り当てる
D. New-AzRoleAssignmentコマンドレットを利用する

問題41.

➡解答　p.342 

あなたの会社では、Azure SQLデータベースでAlways Encryptedを有効にしました。あなたは、アプリケーション開発者がデータベース内のデータにアクセスできるように、関連する情報を利用できるようにする必要があります。

次のオプションのうち、どの2つを利用可能にする必要がありますか？

A. 列（カラム）暗号化キー
B. DLPポリシー
C. SAS
D. Key Vaultアクセスポリシー
E. 列（カラム）マスターキー

問題42.

➡解答 p.342 

あなたは、Microsoft Sentinelを導入しました。Microsoft SentinelでMicrosoft Defender for Cloudと接続しました。あなたは、Microsoft Sentinelのインシデントを自動的に処理する必要があります。また、管理作業を最小限に抑える必要があります。何を作成する必要がありますか？

A. アラートルール
B. プレイブック
C. 関数アプリ
D. ランブック

問題43.

➡解答 p.343 

あなたの会社では、Active Directoryドメインに作成されたユーザーとグループをAzure AD Connectを利用してAzure ADに同期しようとしています。これからAzure AD Connectのインストールを行いますが、このときに必要となるAzure ADユーザーのロールはどれでしょうか？

A. ユーザー管理者
B. グループ管理者
C. セキュリティ管理者
D. グローバル管理者

問題44.

➡解答 p.343 

Azureサブスクリプション内に次のような仮想ネットワーク（VNET）とサブネットを作成し、さらにサブネットにネットワークセキュリティグループ（NSG）を実装しました。

（注）VNETとはサービスタグのVirtual Network、Azure LBとはサービスタグのAzure Load Balancerを表しています。

VNET	サブネット	NSG	所属するVM
VNET1	Subnet1-1	NSG1	VM1
	Subnet1-2	NSG2	VM2
VNET2	Subnet2-1	NSG3	VM3
VNET3	Subnet3-1	NSG4	VM4

また、それぞれのネットワークセキュリティグループでは次のような規則を設定しました。

・NSG1 受信ポートの規則

優先順位	ポート	プロトコル	送信元	宛先	アクション
65000	任意	任意	VNET	VNET	許可
65001	任意	任意	Azure LB	VNET	許可
65500	任意	任意	任意	任意	拒否

・NSG2 受信ポートの規則

優先順位	ポート	プロトコル	送信元	宛先	アクション
100	80	TCP	Internet	VNET	許可
65000	任意	任意	VNET	VNET	許可
65001	任意	任意	Azure LB	VNET	許可
65500	任意	任意	任意	任意	拒否

・NSG3 受信ポートの規則

優先順位	ポート	プロトコル	送信元	宛先	アクション
100	任意	任意	任意	任意	許可
65000	任意	任意	VNET	VNET	許可
65001	任意	任意	Azure LB	VNET	許可
65500	任意	任意	任意	任意	拒否

・NSG4 受信ポートの規則

優先順位	ポート	プロトコル	送信元	宛先	アクション
100	任意	任意	任意	任意	拒否
65000	任意	任意	VNET	VNET	許可
65001	任意	任意	Azure LB	VNET	許可
65500	任意	任意	任意	任意	拒否

・NSG1～4 送信ポートの規則

優先順位	ポート	プロトコル	送信元	宛先	アクション
65000	任意	任意	VNET	VNET	許可
65001	任意	任意	任意	Internet	許可
65500	任意	任意	任意	任意	拒否

以上の構成で、それぞれの仮想マシンでWebサーバーを実装している場合、VM1からWebサーバーへ通信可能なVMを当てはまるものすべて選択してください。

A. VM2
B. VM3
C. VM4

問題45.

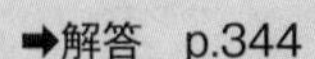
➡解答 p.344
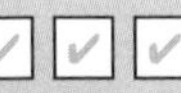

あなたは、会社のAzure Key Vaultの管理者です。特定のユーザーがデータプレーンの証明書を追加および削除できることを確認する必要があります。また、最小特権の原則に従ってアクセス権が割り当てられることを確認する必要があります。

目標を達成するために、次のどのアクションを使用する必要がありますか？

A. コンテナーのアクセスポリシー
B. Azureポリシー
C. Azure AD Privileged Identity Management (PIM)
D. Azure DevOps

問題46.

➡解答 p.344

あなたの会社では、Azure AD Privileged Identity Management (PIM) を利用して、限定的なロール割り当てを行おうとしています。ユーザーへのロール割り当てに先立ち、アプリケーション開発者のAzure ADロールに対して、

次のようなロールの設定を行いました。

アクティブ化

設定	状態
アクティブ化の最大期間 (時間)	8 時間
アクティブ化に理由が必要	はい
アクティブ化の時にチケット情報を要求します	いいえ
アクティブにするには承認が必要です	いいえ
承認者	なし

割り当て

設定	状態
永続的に資格のある割り当てを許可する	いいえ
次の後に、資格のある割り当ての有効期限が切れる:	1 月
永続するアクティブな割り当てを許可する	いいえ
次の後に、アクティブな割り当ての有効期限が切れる:	15 日
アクティブな割り当てに Azure Multi-Factor Authentication を必要とする	いいえ
アクティブな割り当てに理由が必要	はい

その後、Azure AD PIMを利用してアプリケーション開発者ロールのアクティブな割り当てを2022年10月1日午前9:00に行い、user1ユーザーがロールを利用開始できるようにしました。user1ユーザーは、いつまでアプリケーション開発者のロールを連続して利用できるでしょうか？

A. 2022年10月1日午後5:00
B. 2022年10月16日午前9:00
C. 2022年10月16日午後5:00
D. 2022年10月31日午前9:00

問題47.

➡解答　p.345 

現在使用しているサブスクリプションではAzure Monitorで監視している100台の仮想マシンがあります。15日前に仮想マシンを削除したユーザーIDを確認する必要がある場合、Azure Monitorのどのメニューを確認しますか？

A. アプリケーション
B. メトリック
C. アクティビティログ
D. ログ

問題48.

➡解答　p.345 

あなたの会社のAzureサブスクリプションでは、vnet仮想ネットワークを作成し、その仮想ネットワーク内にSN1サブネットをそれぞれ作成しました。またSN1サブネットには、VM1という名前のWindows Server 2019仮想マシンを作成しました。しかし、VM1仮想マシンにはパブリックIPアドレスを設定していないため、RDPプロトコルを経由したインターネット上にいる管理者からの管理アクセスができない状態です。このとき、パブリックIPアドレスを設定することなく、インターネットからのRDPプロトコルによる接続ができるようにするために、どのような設定を行えばよいでしょうか？ 当てはまるもの3つを選択してください。

A. Azure Firewallを実装する
B. ネットワークセキュリティグループの設定を変更する
C. NATルールを作成する
D. DDoS Protectionを実装する
E. 新しいサブネットを作成する
F. Azure Front Doorを実装する

問題49.

➡解答　p.345 

あなたはストレージアカウントの読み取り権限を付与するカスタムRBACロールを作成します。RBACロール構成に必要なプロパティはどれですか？

A. NotActions []
B. DataActions []
C. AssignableScopes []
D. Actions []

問題50.

➡解答 p.346 

あなたは、Microsoft Sentinelを運用しています。Microsoft SentinelはAzureの複数のワークロードのイベントを取り込むように構成されています。サードパーティ製のサービス管理プラットフォームで、インシデントの管理を行っています。

次の要件を満たすためにMicrosoft Sentinelで、どのコンポーネントを構成するか特定する必要があります。

・Microsoft Sentinelでインシデントが作成されると、サービス管理プラットフォームでチケットが記録されなければならない

各要件について、どのコンポーネントを使用する必要がありますか？

要件：

(1) Microsoft Sentinelで脅威を特定するときに、インシデントを作成しなければならない。
(2) Microsoft Sentinelでインシデントが作成されたときに、サービス管理プラットフォームにログインしてチケットを発行しなければならない。

コンポーネント：

A. 分析
B. データコネクタ
C. プレイブック
D. ワークブック

問題51.

➡解答 p.346 

あなたはMicrosoft AzureにWebアプリケーションが実装された仮想マシンを作成しました。このWebアプリケーションでは、Office 365ユーザーのカレンダーにアクセスし、現在の予定の表示と新たな予定の追加ができるように構成されています。あなたはWebアプリケーションからカレンダーへのアクセスを実現するために、必要なアプリの登録の設定を行う必要があります。

アプリの登録からAPIのアクセス許可を割り当てる場合、どのような設定が必要になるでしょうか？ 必要な設定を選択してください。

A. アプリケーションの許可としてCalendars.ReadWrite許可を割り当て、[APIのアクセス許可]メニューから管理者の同意を設定する
B. 委任されたアクセス許可としてCalendars.ReadWrite許可を割り当て、[APIのアクセス許可]メニューから管理者の同意を設定する
C. アプリケーションの許可としてCalendars.ReadWrite許可を割り当て、ユーザーによるサインインのタイミングで同意を行う
D. 委任されたアクセス許可としてCalendars.ReadWrite許可を割り当て、ユーザーによるサインインのタイミングで同意を行う

問題52.

➡解答 p.346 

あなたの会社では、Microsoft Azure Portalへの接続をセキュアなものにするために、Azure AD Identity Protectionユーザーリスクポリシーと条件付きアクセスを利用して、接続の制限を行おうとしています。そこで、あなたは以下のようなポリシーを作成しました。

・ユーザーリスクポリシー

条件付きアクセスの項目	値
ユーザー	Group1、Group2
条件	ユーザーリスクポリシー：高・中
制御	パスワードの変更が必要

・条件付きアクセスポリシー

条件付きアクセスの項目	値
ユーザー	対象：Group1 対象外：Group2
アプリ	Microsoft Azure Management
条件	ユーザーリスクポリシー：すべてのリスクレベル
制御	ブロック

・ユーザーの所属グループ

ユーザー	所属グループ
user1	Group1
user2	Group1
user3	Group2
user4	Group1、Group2

・ユーザーに割り当てられたライセンス

ユーザー	ライセンス
user1	Office 365 E5、Azure AD Premium P2
user2	Office 365 E5、Azure AD Premium P2
user3	Office 365 E3、Azure AD Premium P2
user4	Office 365 E1、Azure AD Premium P2

user1、user2、user3、user4の各ユーザーでは、ダークウェブに公開されているパスワードを設定してしまいました。その状態でMicrosoft Azureへアクセスしている場合、アクセスがブロックされるユーザーを（当てはまるものすべて）選択してください。

A. user1
B. user2
C. user3
D. user4

解答・解説

問題1.

➡問題　p.294

解答　B

Azure AD DSはAzure ADに格納されているユーザーとグループの情報を同期して作られるActive Directoryドメインです。そのため、オンプレミスActive Directoryドメインのユーザーアカウントを Azure AD DSで利用する場合、事前にAzure AD Connectを利用してActive Directoryドメインのユーザーを Azure ADに同期させておくことが必要です。

→「2-2　ハイブリッドIDを実装する」参照

問題2.

➡問題　p.294

解答　C→B→D

スクリプトからバッチ処理でAPIアクセスし、データを取得する場合、アプリケーションの許可を利用してAPIアクセス許可を割り当てます。また、アプリケーションの許可でアクセス許可を割り当てた場合、サインインを行うタイミングがなくなるため、事前に[アプリの登録]-[APIのアクセス許可]メニューで管理者の同意と呼ばれる同意作業を行っておく必要があります。

→「5-2　アプリケーションのセキュリティ機能を構成する」参照

問題3.

➡問題　p.295

解答　A、B、D

イメージのダウンロード、すなわちプルの操作を行うことができるロールはOwner（所有者）、Contributor（共同作成者）、Reader（閲覧者）、AcrPush、AcrPullのいずれかになります。

→「3-4　コンテナーのセキュリティを有効にする」参照

問題4.

➡問題　p.295

解答　B

Log Analyticsを使用する場合は、最初にLog Analyticsワークスペースを作成する必要があります。

→「4-1　Azure Monitorの構成と管理」参照

問題5.

➡問題　p.296

解答　C

サービスエンドポイントは、特定のサブネットからのみAzureリソースへの接続を許可させることができる設定で、仮想ネットワーク内のサブネットの設定でサービスエンドポイントを利用するAzureリソースの種類を選択します。問題文で指定しているストレージアカウントをサービスエンドポイントとして指定する場合、Microsoft.Storageを選択します。

→「3-2　ネットワーク セキュリティの構成」参照

問題6.

➡問題　p.296

解答　B

動的ユーザーグループのクエリでmatchを演算子として使用した場合、値には正規表現を利用した指定が可能になります。正規表現で ^ai* と記述した場合、aiで始まる文字列（小文字）が条件に合致することになります。以上を踏まえてユーザー一覧を参照すると、都道府県属性（State属性）でaiから始まる属性値を持つユーザーはuser2（state属性の値がaichi）となります。

→「2-1　Azure ADを使用してAzureソリューションをセキュリティで保護する」参照

問題7.

➡問題　p.297

解答　(1) E、(2) A、(3) E

参考　Azure Storage内のデータへのアクセスを承認する

https://docs.microsoft.com/ja-jp/azure/storage/common/authorize-data-access

→「5-3　ストレージセキュリティを実装する」参照

問題8.

➡問題　p.298

解答　(1) A、(2) A、(3) B

■ (1) について

サーバーレベルの監査がオンに設定されているので、DB1の監査イベントはストレージに書き込まれます。よって、(1)は「はい」となります。

■ (2) について

DB2はデータベースレベルの監査がオンになっているので、サーバーレベルの監査設定と合わせて、Storage1とStorage2に監査イベントは書き込まれます。よって、(2)は「はい」となります。

■ (3) について

監査イベントでは、Premiumストレージは現在サポートされていないので、(3)は「いいえ」となります。

→「5-4　SQLデータベースのセキュリティを構成および管理する」参照

問題9.

➡問題　p.299

解答　B

Azure仮想マシンでは拡張機能を利用することで、エンドポイント保護(Endpoint Protection)をはじめとするさまざまな機能を追加し、仮想マシンを動作させることができます。なお、Microsoft Defender for Cloudの有償版にアップグレードするとMicrosoft Defender for Endpointを利用することができます。しかし、Microsoft Defender for Endpointが提供するのはEndpoint Detection & Response (EDR)としての機能であって、エンドポイント保護機能そのものではありません。

→「3-3　ホストセキュリティを構成および管理する」参照

問題10.

➡問題　p.299

解答　A

Azure AD PIMの設定を利用するにあたり、必要な事前設定はすべてグローバル管理者または特権ロール管理者が行う必要があります。なお、セキュリティ管理者はAzure AD PIMの設定に対する閲覧権限のみを持ちます。また、ロール割り当て管理者というロールは存在しません。

→「2-4　Azure AD Privileged Identity Managementを構成する」参照

問題11.

➡問題　p.300

解答　C

Microsoft Defender for CloudはFree（無償版）とStandard（有償版）の価格レベルが存在します。Free（無償版）で使用可能な機能は、推奨事項とセキュアスコアです。OSのセキュリティ構成を変更するにはStandard（有償版）に価格レベルを変更する必要があります。

参考　**Defender for Cloudのプラン**

https://docs.microsoft.com/ja-jp/azure/defender-for-cloud/enhanced-security-features-overview#what-are-the-plans-offered-by-defender-for-cloud

→「3-3　ホストセキュリティを構成および管理する」、「4-2　Microsoft Defender for Cloudを有効にして管理する」参照

問題12.

➡問題　p.301

解答　(1) A、(2) C

解説

■ (1) について

Microsoft SentinelではKQLクエリを使用してハンティングなどの分析を行うことができます。

■ (2) について

分析ルールに自動応答を設定するには、オートメーションルールとプレイブックが設定できます。Microsoft SentinelのプレイブックはAzure Logic Appsで構築されたワークフローをベースにしています。Sentinelから設定できるプレイブックは、Sentinelのトリガーが含まれるものになります。

→「4-3　Microsoft Sentinelを構成して監視する」参照

問題13.

➡問題　p.301

解答　B

Azure Disk Encryptionでは、ディスク暗号化キーとシークレットを制御および管理するために、Azure Key Vaultが必要です。利用するAzure Key VaultとVMは、同じリージョンおよびサブスクリプションに存在している必要があります。

→「5-1　Azure Key Vaultをデプロイしてセキュリティで保護する」参照

問題14.

➡問題　p.302

解答　A、B、C、D

Azure AD Identity Protectionでは、普段とは異なる場所からクラウドサービスへの接続を行った場合、(一般的に)リスクレベルが中のイベントとして扱われます。そのため、ユーザーリスクポリシーのみが該当するイベントとなります。また、ユーザーリスクポリシーには、Group1とGroup2のユーザーが設定されているため、user1からuser4までのすべてのユーザーが対象となります。

→「2-3　Azure AD Identity Protectionをデプロイする」参照

問題15.

➡問題　p.303

解答　A

資格のある割り当てがなされたユーザーがアクティブ化を行った場合、[アクティブ化の最大時間]項目で定められている設定に基づいて、ロールを連続して利用できる時間が決まります。この問題では、アクティブ化するタイミング(2022年10月3日午前9:00)からロールを利用開始しようしているので、連続してロールが利用できるのは、その8時間後である2022年10月3日午後5:00になります。

→「2-4　Azure AD Privileged Identity Managementを構成する」参照

問題16.

➡問題　p.304

解答　A

Azure Arc対応サーバーであれば自動的にMicrosoft Defender for Cloudにオ

ンボーディングできます。Azure Arc対応サーバーにするためには、**Azure Connected Machineエージェント**をインストールする必要があります。

→「4-2　Microsoft Defender for Cloudを有効にして管理する」参照

問題17.　➡問題　p.305

解答　B

アクセスポリシーには、**Blobデータ保持ポリシー**（不変Blobストレージ）があります。このポリシーを有効にすると、データをWORM（Write Once、Read Many）状態で保存できます。ユーザーが指定した時間、データを消去・変更不可になります。保持期間の間、Blobの読み取りは可能です。

→「5-3　ストレージセキュリティを実装する」参照

問題18.　➡問題　p.305

解答　D

Azure Firewallを仮想ネットワーク内に実装する場合、専用のサブネットを作成し、実装する必要があります。

→「3-1　境界セキュリティを実装する」参照

問題19.　➡問題　p.306

解答　B

SQLインジェクションにつながる可能性のある脆弱性アラートは、アプリケーションが誤ったSQLステートメントをデータベース内で生成したときにトリガーされます。

問題のあるステートメントを生成する理由として、次の2つが考えられます。

- 弊害のあるSQLステートメントを作成するアプリケーションコードの欠陥
- アプリケーションコードまたはストアドプロシージャは、SQLインジェクションを悪用される可能性のある、弊害があるSQLステートメントが構築されるときに、ユーザー入力を精査しないため

→「5-4　SQLデータベースのセキュリティを構成および管理する」参照

問題20.

➡問題　p.306

解答　B

Azure PolicyではMicrosoft Azureの各リソースに対してポリシーで定められた設定値でリソースが実装されるように構成したり、現状の構成があらかじめ定めた設定値になっているかを検証したりすることができます。Azure Policyではポリシー定義そのものがあらかじめ用意されており、その中にある[Managed Diskを使用していないVMの監査]を利用することにより、Managed Diskを使用していない(=ストレージアカウントを利用している)仮想マシンを見つけることができます。

→「2-5　エンタープライズ ガバナンス戦略を設計する」参照

問題21.

➡問題　p.306

解答　(1) A、(2) D、(3) C

■(1)について

Microsoft SentinelでMicrosoft Defender for Cloudのデータコネクタを使用して、イベントを取り込みます。

■(2)について

Microsoft Sentinelワークスペースに取り込み済みのイベントに対して、分析ルールからインシデントの作成をします。

■ (3) について

Azure Logic Appsを使うと、ギャラリーからAzure Functionsなどのサービスに用いる200以上のコネクタを含んだ**プレイブック**を入手できます。NVAのファイアウォールルールを管理するスクリプトが含まれるAzure Functionをプレイブックに構成して自動実行できます。プレイブックは、自動実行だけでなく手動で実行することも可能です。

→「4-3　Microsoft Sentinelを構成して監視する」参照

問題22.

➡問題　p.307

解答　C

いずれの選択肢もAzure AD Connectサーバーをインストールしなければならないため、**サーバーを増やさない選択肢はありません**。しかし、その中で冗長構成の必要性という考え方に基づくと、必要なサーバー台数は変わってきます。

AD FSサーバーとパススルー認証は、冗長構成を採らないと認証そのものができなくなる可能性があるため、複数台のサーバーを設置することは事実上、必須といえます。それに対して**パスワードハッシュ同期**は、冗長構成を採らず、サーバーが動作しなくなっても認証そのものができなくなってしまうわけではないので、他の構成に比べて冗長化の重要度は下がります。

このように考えると、最もサーバーの台数を少なくして問題文にある構成を実現できる方法は、パスワードハッシュ同期といえます。

→「2-2　ハイブリッドIDを実装する」参照

問題23.

➡問題　p.308

解答　(1) B、(2) B、(3) A

■ (1) について

アクセスポリシーを削除したら、回復はできません。

■ (2) について

キーが削除されたキーは「削除されたキー管理」で管理されているため同じ名前のキーを作成することはできません。

■ (3) について

シークレットは、「削除されたキー管理」で管理されているため回復できます。

模擬問題

解答・解説

→「5-1　Azure Key Vaultをデプロイしてセキュリティで保護する」参照

問題24.

➡問題　p.309

解答　(1) A、(2) A、(3) A

■(1)について

Just-In-Time VMアクセスの要求によって、優先度100のルールが追加されRDPが許可されています。よって、このルールを削除するとJust-In-Time VMアクセスの要求が無効になります。

■(2)について

VM5にはパブリックIPアドレスがないので、リモートデスクトップ接続はできません。

■(3)について

NSG1にはVM5のNIC、Subnet1にはNSG2が関連付けされています。

Just-In-Time VMアクセスの要求によって、それぞれのネットワークセキュリティグループは以下のようになります。

▼NSG2(上)とNSG1(下)の受信ポートの規則

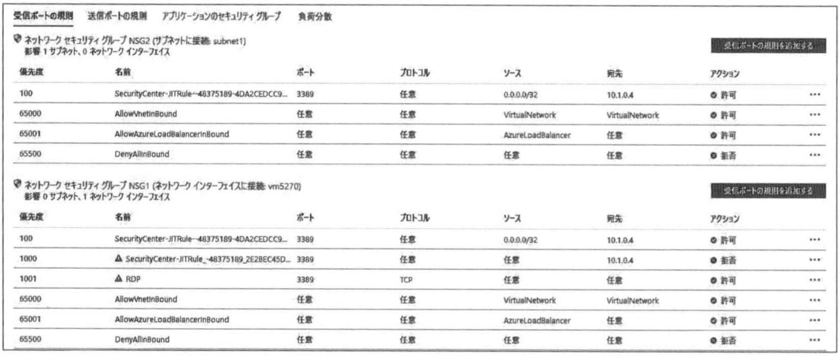

受信ポートの規則　送信ポートの規則　アプリケーションのセキュリティ グループ　負荷分散

ネットワーク セキュリティ グループ NSG2 (サブネットに接続: subnet1)
影響 1 サブネット、0 ネットワーク インターフェイス　[受信ポートの規則を追加する]

優先度	名前	ポート	プロトコル	ソース	宛先	アクション
100	SecurityCenter-JITRule--48375189-4DA2CEDCC9...	3389	任意	0.0.0.0/32	10.1.0.4	許可
65000	AllowVnetInBound	任意	任意	VirtualNetwork	VirtualNetwork	許可
65001	AllowAzureLoadBalancerInBound	任意	任意	AzureLoadBalancer	任意	許可
65500	DenyAllInBound	任意	任意	任意	任意	拒否

ネットワーク セキュリティ グループ NSG1 (ネットワーク インターフェイスに接続: vm5270)
影響 0 サブネット、1 ネットワーク インターフェイス　[受信ポートの規則を追加する]

優先度	名前	ポート	プロトコル	ソース	宛先	アクション
100	SecurityCenter-JITRule--48375189-4DA2CEDCC9...	3389	任意	0.0.0.0/32	10.1.0.4	許可
1000	⚠ SecurityCenter-JITRule_-48375189_2E2BEC45D...	3389	任意	任意	10.1.0.4	拒否
1001	⚠ RDP	3389	TCP	任意	任意	許可
65000	AllowVnetInBound	任意	任意	VirtualNetwork	VirtualNetwork	許可
65001	AllowAzureLoadBalancerInBound	任意	任意	AzureLoadBalancer	任意	許可
65500	DenyAllInBound	任意	任意	任意	任意	拒否

よって、それぞれのネットワークセキュリティグループで、優先度100に「3389」ポートが許可されるのでBastionホスト経由でのリモートデスクトップ接続は可能です。

→「4-2　Microsoft Defender for Cloudを有効にして管理する」参照

問題25.

➡問題　p.310

解答　A、C

Microsoft Monitoring Agent (Log Analyticsエージェント) は、さまざまな方法でインストールすることができます。その際に、ワークスペースIDとキーが必要になります。

参考　**Windows JSONテンプレートでMicrosoft Monitoring Agentを使えるようにする**

https://docs.microsoft.com/ja-jp/archive/blogs/manageabilityguys/enabling-the-microsoft-monitoring-agent-in-windows-json-templates

→「4-1　Azure Monitorの構成と管理」参照

問題26.

➡問題　p.310

解答　C、D

条件付きアクセスは、Azure AD Premium P1のライセンスを通じて提供される機能で、アクセス制御の対象となるすべてのユーザーがライセンスを保有する必要があります。また、Azure AD Premium P2ライセンスでは、Azure AD Premium P1のすべての機能がライセンスに含まれます。

→「2-1　Azure ADを使用してAzureソリューションをセキュリティで保護する」参照

問題27.

➡問題　p.311

解答　(1) A、(2) A

WebアプリケーションでAzure ADを利用した認証を行う場合、**OAuth2.0/OpenID Connectプロトコル**を利用して連携することが一般的です。これらのプロトコルを利用した連携を行う場合、Azure ADでは[**アプリの登録**]からWebアプリケーションの登録を行います。

また[アプリの登録]では、[**APIのアクセス許可**]メニューからアクセス許可を設定しておくことで、Microsoft 365に格納されたさまざまなデータへのアクセスを行うことができます。

なお、[アプリの登録]に登録されたアプリの情報は、サービスプリンシパルとしての情報を登録する目的で、同じアプリの情報がエンタープライズアプリケーションにも登録されます。

→「5-2　アプリケーションのセキュリティ機能を構成する」参照

問題28. ➡問題　p.311

解答　A

Azureのサービスとして提供するWAFは、ロードバランシングのサービスであるアプリケーションゲートウェイやAzure Front Door、またはAzure CDNと組み合わせて利用することができます。

→「3-2　ネットワーク セキュリティの構成」参照

問題29. ➡問題　p.312

解答　D

Azure AD Identity Protectionは、Azure AD Premium P2のライセンスを通じて提供される機能です。そのため、Azure AD Identity Protectionを利用開始するために最初に行うべき作業は、すべてのユーザーにAzure AD Premium P2のライセンスを割り当てることです。

→「2-3　Azure AD Identity Protectionをデプロイする」参照

問題30. ➡問題　p.313

解答　B

Azure Monitorを使用してメトリックのアラートを作成することができます。これによって、ほぼリアルタイムに近い状態のメトリックを監視して、異常があった場合は、アラートをトリガーすることで、通知やアクションを行うことができます。

参考　**Azure Monitorを使用してメトリックアラートを作成、表示、管理する**

https://docs.microsoft.com/ja-jp/azure/azure-monitor/alerts/alerts-metric

→「4-1　Azure Monitorの構成と管理」参照

問題31.　➡問題　p.314

解答　(1) B、(2) B、(3) A

■(1)について

新しい追加の[保存されているアクセスポリシー]を作成しても、既存のポリシーやSASに影響しません。SASを失効させるには[保存されているアクセスポリシー]を削除するか、アカウントキーを変更します。

■(2)について

サービスアカウントにロックを作成しても既存のポリシーやSASに影響しません。SASを失効させるには[保存されているアクセスポリシー]を削除するか、アカウントキーを変更します。

■(3)について

SASを失効させるには[保存されているアクセスポリシー]を削除するか、共有アクセスキー(アクセスキー)を変更します。

→「5-3　ストレージセキュリティを実装する」参照

問題32.　➡問題　p.314

解答　B

管理プレーンのアクセス権設定は、Azureロールベースのアクセス制御(RBAC)を使用します。

> 参考　**Azure Key Vaultセキュリティ**
> https://docs.microsoft.com/ja-jp/azure/key-vault/general/security-features
> 

→「5-1　Azure Key Vaultをデプロイしてセキュリティで保護する」参照

問題33.　➡問題　p.315

解答　B

NSGフローログは、ネットワークセキュリティグループに紐づいているサブネットで行われる通信のログを収集するサービスです。収集したログはストレージアカウントに格納され、Azure Network Watcherサービスから参照することができます。

→「3-2　ネットワークセキュリティの構成」参照

問題34.　➡問題　p.315

解答　B

Microsoft Defender for Cloudの高度な保護機能の1つであるJust-In-Time VMを使用することで、ネットワークセキュリティグループに対して指定したポートに対して限られた時間、許可するルールを付与することができます。

→「4-2　Microsoft Defender for Cloudを有効にして管理する」参照

問題35.　➡問題　p.316

解答　A

Azure AD管理センターの[External Identities]-[外部コラボレーションの設定]-[コラボレーションの制限]メニューより特定ドメインのユーザーをゲストユーザーとして追加することを制限できます。[コラボレーションの制限]メニューよりoutlook.comドメインへの招待を拒否するように構成することで問題文にある構成を実現できます。

→「2-1　Azure ADを使用してAzureソリューションをセキュリティで保護する」参照

問題36.　➡問題　p.316

解答　B

コンテナーイメージの脆弱性評価は、Microsoft Defender for Cloudの有償版から提供されるサービスで、Azure Container Registryを有償版の対象とすることで利用可能なMicrosoft Defender for Containersサービスの一部として提供されます。スキャナーを使った脆弱性評価を行った結果は、Microsoft Defender for Cloudのダッシュボード画面の中で推奨事項として表示され、その内容に沿って脆弱性対策を行うことができます。

→「3-4　コンテナーのセキュリティを有効にする」参照

問題37.　➡問題　p.317

解答　C

オンプレミス環境のAD DSと連携したAzure Active Directoryの資格情報を使用して認証プロンプトを最小限にしてAzure SQLデータベースにログインするには[Azure Active Directory-統合]を使用します。これによって、既存の資格情報を使用してログインできます。

→「5-4　SQLデータベースのセキュリティを構成および管理する」参照

問題38.　➡問題　p.317

解答　A

レビュー担当者を[ユーザーによる自分のアクセスのレビュー]に設定している場合、自分だけが自分のレビューを担当できます。そのため、user1ユーザーのレビューは、user1ユーザーだけが行うことができます。なお、この問題の設定では、レビューの繰り返し設定を2022年10月1日から3日間の間に行うように構成されていますが、2022年10月4日までにレビュー行わなかった場合には、レビューを行うように催促のメールが送信されます。

→「2-4　Azure AD Privileged Identity Managementを構成する」参照

問題39.　➡問題　p.318

解答　C

VM1とVM2では共通のネットワークセキュリティグループを利用しているため、互いにWebサーバーとしてインターネットからのアクセスを許可するための規則は1つ作成すれば十分です。

一方、VM3とVM4は別々のネットワークセキュリティグループを作成して運用しています。VM3とVM4はパブリックIPを経由して互いに通信できるように構成する場合、同じ規則をVM3とVM4に設定すればよいのですが、ネットワークセキュリティグループの中に作成する規則は別のネットワークセキュリティグループで再利用することはできません。そのため、同じ規則であってもVM3のネットワークセキュリティグループとVM4のネットワークセキュリティグループでそれぞれ規則を作成しなければなりません。

→「3-2　ネットワークセキュリティの構成」参照

問題40. ➡問題　p.319

解答　D

New-AzRoleAssignmentコマンドレットは、Windows PowerShellからMicrosoft Azureのリソースに対するロール割り当てを行うためのコマンドレットです。GUIから同じ操作を行う場合は、Microsoft Azure管理ポータルから行うこともできますが、[サブスクリプション]メニューから[共同管理者の追加]の設定を利用した場合、サブスクリプション全体に対するロールが割り当てられてしまい、問題文にある「管理作業の一部」を割り当てることはできません。

なお、Windows PowerShellではNew-AzRoleDefinitionコマンドレットを利用するとロールそのものを新たに作成することも可能です。

→「2-1　Azure ADを使用してAzureソリューションをセキュリティで保護する」参照

問題41. ➡問題　p.319

解答　A、E

Always Encryptedを適用するには、データベース内の列に対して暗号化の種類を選択してカラム暗号化キー（CEK）とカラムマスターキー（CMK）を作成し、暗号化を行います。

→「5-4　SQLデータベースのセキュリティを構成および管理する」参照

問題42. ➡問題　p.320

解答　B

Microsoft Sentinelでは、オートメーションルールとプレイブックを組み合わせてインシデント対応を自動化し、検出されたセキュリティ上の脅威を修復することができます。

参考　**オートメーションルールとプレイブックを使用する**
https://docs.microsoft.com/ja-jp/azure/sentinel/tutorial-respond-threats-playbook

→「4-3　Microsoft Sentinelを構成して監視する」参照

問題43.

➡問題　p.320

解答　D

サーバーにAzure AD Connectをインストールする場合、オンプレミスActive Directoryに対する設定変更とAzure ADに対する設定変更を行うため、それぞれの管理者権限を持つユーザーをインストールウィザードの中で指定する必要があります。

オンプレミスActive Directoryの管理者権限はEnterprise Adminsグループのメンバーに相当する権限、Azure ADの管理者権限はグローバル管理者のロールが必要になります。グローバル管理者のロールは、以降、Azure ADへの接続と同期を行うために利用するアカウントを作成するために必要な権限であり、インストール後にグローバル管理者のロールが利用されることはありません。

詳細　**Azure AD Connect：アカウントとアクセス許可**
https://docs.microsoft.com/ja-jp/azure/active-directory/hybrid/reference-connect-accounts-permissions

→「2-2　ハイブリッドIDを実装する」参照

問題44.

➡問題　p.320

解答　A、B

異なる仮想ネットワーク間での通信を行う場合、インターネットからパブリックIP経由で仮想マシンに接続することになります（ピアリングを設定していない場合）。この問題ではVM1からVM3、VM4への接続は異なる仮想ネットワークへの接続になるため、インターネット経由での接続扱いになります。このケースにおいてVM3のWebサーバーへの接続は、NSG3受信ポートの優先順位100の規則によって許可されることになります。このことから選択肢B.は正解となります。

一方、VM4のWebサーバーへの接続は、NSG4受信ポートの優先順位100の規則によって拒否されることになります。このことから選択肢C.は不正解となります。

また、VM1とVM2は同じ仮想ネットワーク内の異なるサブネットに所属しています。このケースにおけるVM1からVM2への接続はインターネット経由での接続ではなく、**仮想ネットワーク内のサブネット間の通信**となります。この接続は、NSG2受信ポートの優先順位65000の規則によって許可されることになります。このことから選択肢A.は正解となります。

→「3-2　ネットワーク セキュリティの構成」参照

問題45.

➡問題　p.322

解答　A

データプレーンのアクセス権設定は、コンテナーのアクセスポリシーもしくはAzureロールベースのアクセス制御（RBAC）のどちらかを使用します。

→「5-1　Azure Key Vaultをデプロイしてセキュリティで保護する」参照

問題46.

➡問題　p.322

解答　B

アクティブな割り当てがなされたユーザーは、[資格のある割り当て]とは異なり、アクティブ化を行うことなくロールを利用開始できます。このとき、ロールが連続して利用できる期間は、ロールの設定にある**[次の後に、アクティブな割り当ての有効期限が切れる]項目**で定められている設定に基づいて決まります。この問題では、アクティブな割り当てを2022年10月1日午前9:00に行っているので、ロールの設定で定義されている15日後に当たる2022年10月16日午前9:00がロールの有効期限になります。

→「2-4　Azure AD Privileged Identity Managementを構成する」参照

問題47.

➡問題　p.323

解答　C

アクティビティログは、サブスクリプション内のリソースで実行された操作に関する内容を提供します。

→「4-1　Azure Monitorの構成と管理」参照

問題48.

➡問題　p.324

解答　A、C、E

パブリックIPアドレスが設定されていない仮想マシンが、インターネット上のコンピューターと相互通信を行うためには、**NATを利用した代理アクセス**を実装する必要があります。NATはAzure Firewallを通じて提供されるため、事前に**Azure Firewall**を実装しておく必要があります。また、Azure Firewallは**専用のサブネット**を作成する必要があります。以上のことから、新しいサブネットを作成する（E）→Azure Firewallを実現する（A）→NATルールを作成する（C）のステップでの作業が必要になります。

→「3-1　境界セキュリティを実装する」参照

問題49.

➡問題　p.324

解答　D

ストレージアカウントの読み取り、つまり**ストレージアカウントの一覧を表示するにはActions権限**が必要です。

JSON形式のカスタムロールでは、以下のようになります。

```
"actions": ["Microsoft.Storage/storageAccounts/read"]
```

→「5-3　ストレージセキュリティを実装する」参照

問題50. ➡問題 p.325

解答　(1) A、(2) C

■(1)について

分析ルールを作成し、アラートからインシデントを作成します。

■(2)について

Microsoft Sentinelでは、自動化処理としてオートメーションルールがあります。プレイブックを含めることで、サービス管理プラットフォームへのチケット発行を自動化できます。

→「4-3　Microsoft Sentinelを構成して監視する」参照

問題51. ➡問題 p.326

解答　D

Office 365のカレンダーにアクセスする場合、「誰のカレンダーにアクセスするか？」を明確にするために、委任されたアクセス許可でAPIアクセス許可を設定します。委任されたアクセス許可を利用することで、Azure ADへの認証を行った後に、カレンダーへのアクセスができるようになります。また、初めて認証を行うタイミングでは同意画面が表示され、APIアクセスに同意することでカレンダーへのアクセスが許可されます。

→「5-2　アプリケーションのセキュリティ機能を構成する」参照

問題52. ➡問題 p.326

解答　A、B

漏洩した資格情報を利用したAzure ADへのサインインは、(一般的に) リスクレベル高のイベントとして扱われます。そのため、ユーザーリスクポリシーと条件付きアクセスポリシーに設定した条件の両方に当てはまるイベントとして処理されます。

ユーザーリスクポリシーではパスワードの変更、条件付きアクセスポリシーではブロックを定義していますが、ブロックが設定されたルールは最優先されるルールであり、ブロックが適用されると他のどのポリシーよりも優先されます。そのため、条件付きアクセスポリシーの条件に当てはまるユーザーがアクセスをブロックされるユーザーとなります。

それを踏まえて条件付きアクセスポリシーが適用されるユーザーを確認すると、Group1グループのメンバーが対象グループ、Group2グループのメンバーが対象外グループとなっています。対象と対象外の設定が同時に設定されている場合は対象外の設定が優先されるため、対象と対象外の両方（つまりGroup1とGroup2の両方）に所属するuser4は対象外となります。

以上からGroup1グループに所属し、Group2に所属しないuser1とuser2ユーザーが条件付きアクセスポリシーを適用されるユーザーとなり、Microsoft Azureへの接続がブロックされます。

→「2-3　Azure AD Identity Protectionをデプロイする」参照

さくいん

INDEX

A

せ

そ

た

て

と

ね

の

は

ふ

ほ

ま

め

ゆ

り

■著者略歴

阿部　直樹（あべ　なおき）

Microsoft Corporation
Worldwide Learning
Azure Technical Trainer
マイクロソフト認定トレーナー（MCT）
2006年よりマイクロソフト認定トレーナーの活動を開始。2010年にMicrosoftトレーナーアワード受賞およびMicrosoft MVP受賞（Virtual Machine）し、MVPは2016年まで継続。多数のWindows Server関連のトレーニングコースを担当。その後セキュリティコンサルタントを経て、2021年にMicrosoftコーポレーションにAzure Technical Trainerとして入社し、Microsoft Azureトレーニングコースのトレーナーとして活動中。現在はAZ-500を含むセキュリティ関連のトレーニングをデリバリーしている。

国井　傑（くにい　すぐる）

株式会社エストディアン代表取締役
マイクロソフト認定トレーナー（MCT）、Microsoft MVP for Enterprise Mobility
インターネットサービスプロバイダーでの業務経験を経て、1997年よりマイクロソフト認定トレーナーとしてインフラ基盤に関わるトレーニング全般を担当。
2022年からは株式会社エストディアンに所属し、Microsoft 365/Microsoft Azureのセキュリティに特化したトレーニングに従事し、それぞれの企業ごとに必要なスキルを伸ばすワークショップなどを多数手がけている。

神谷　正（かみや　まさし）

マイクロソフト認定トレーナー（MCT）
2005年からMCTとしてトレーナ業に従事。Microsoft Server系の教育などを提供し、近年はAzureやセキュリティ系の教材開発・コース提供などを手掛ける。
2010年にはMCT年間アワードを受賞した。
基盤系技術以外に、.Netなどの開発コンテンツ作成やコース提供も行い、幅広い知識に基づいてICT技術の教育を提供している。

●装丁　菊池　祐（株式会社ライラック）
●本文デザイン・DTP　株式会社ウイリング
●図版　株式会社ウイリング
●編集　遠藤　利幸、佐藤　民子

■**お問い合わせについて**

・ご質問前に p.2「ご購入・ご利用の前に必ずお読みください」に記載されている事項をご確認ください。

・ご質問は本書に記載されている内容に関するものに限定させていただきます。本書の内容と関係のないご質問には一切お答えできませんので、あらかじめご了承ください。

・電話でのご質問は一切受け付けておりませんので、FAX または書面にて下記までお送りください。また、ご質問の際には書名と該当ページ、返信先を明記してくださいますようお願いいたします。

・お送り頂いたご質問には、できる限り迅速にお答えできるよう努力いたしておりますが、お答えするまでに時間がかかる場合がございます。また、回答の期日をご指定いただいた場合でも、ご希望にお応えできるとは限りませんので、あらかじめご了承ください。

・ご質問の際に記載された個人情報は、ご質問への回答以外の目的には使用しません。また、回答後は速やかに破棄いたします。

■**問い合わせ先**

〒 162-0846
東京都新宿区市谷左内町 21-13
株式会社技術評論社 書籍編集部
「最短突破　Microsoft Azure セキュリティ テクノロジ［AZ-500］合格教本」係
FAX：03-3513-6183
技術評論社ホームページ
https://gihyo.jp/book/

最短突破 Microsoft Azure セキュリティ テクノロジ [AZ-500] 合格教本

2022年　9月27日　初版　第1刷発行

著者　阿部　直樹、国井　傑、神谷　正
発行者　片岡　巌
発行所　株式会社技術評論社
東京都新宿区市谷左内町 21-13
電話　03-3513-6150　販売促進部
03-3513-6166　書籍編集部
印刷／製本　日経印刷株式会社

定価はカバーに表示してあります。

ISBN 978-4-297-12952-1 C3055
Printed in Japan